Python项目案例开发
从入门到实战
爬虫、游戏和机器学习

基础入门+项目案例+微课视频版

郑秋生 夏敏捷 ◎ 主编　　宋宝卫　李 娟 ◎ 副主编

清华大学出版社

北京

内容简介

本书以 Python 3.7 为编程环境,从基本的程序设计思想入手,逐步展开 Python 语言教学,是一本面向广大编程学习者的程序设计类图书。全书分为基础篇、图像处理和可视化篇、爬虫技术开发篇、人工智能开发篇和游戏开发提高篇。基础篇(第1~7章)主要讲解 Python 的基础语法知识、控制语句、函数、文件、面向对象编程基础、Tkinter 图形界面设计、网络编程和多线程、Python 数据库应用等知识,并以游戏案例作为各章的阶段性任务。图像处理和可视化篇(第8~9章)通过"人物拼图游戏""学生成绩分布柱状图展示"案例学习 Python 图像处理和可视化功能。爬虫技术开发篇(第10~13章)应用爬虫技术开发"小小翻译器""校园网搜索引擎""爬取百度图片"和使用爬虫模拟登录技术的案例,讲解 Python 爬虫的关键技术。人工智能开发篇(第14~16章)主要讲解基于朴素贝叶斯算法的文本分类、基于卷积神经网络的手写体识别和基于 OpenCV 实现人脸识别三个案例。游戏开发提高篇(第17章)借助第三方 Pygame 库开发大家耳熟能详的 Flappy Bird(又称笨鸟先飞)游戏。

通过本书,读者将学会 Python 编程技术和技巧,掌握第三方库的使用,了解程序设计的所有相关内容。本书不仅列出了完整的代码,同时对所有的源代码进行了非常详细的解释,做到通俗易懂,图文并茂。

本书适用于 Python 语言学习者、程序设计人员和游戏编程爱好者。

本书封面贴有清华大学出版社防伪标签,无标签者不得销售。
版权所有,侵权必究。举报: 010-62782989, beiqinquan@tup.tsinghua.edu.cn。

图书在版编目(CIP)数据

Python 项目案例开发从入门到实战: 爬虫、游戏和机器学习: 基础入门+项目案例+微课视频版/郑秋生,夏敏捷主编. —北京: 清华大学出版社, 2023.3(2024.1重印)
(清华科技大讲堂丛书)
ISBN 978-7-302-62178-2

Ⅰ. ①P… Ⅱ. ①郑… ②夏… Ⅲ. ①软件工具—程序设计 Ⅳ. ①TP311.561

中国版本图书馆 CIP 数据核字(2022)第 214331 号

策划编辑: 魏江江
责任编辑: 王冰飞
封面设计: 刘 键
责任校对: 李建庄
责任印制: 曹婉颖

出版发行: 清华大学出版社
网　　址: https://www.tup.com.cn, https://www.wqxuetang.com
地　　址: 北京清华大学学研大厦 A 座　　邮　编: 100084
社 总 机: 010-83470000　　邮　购: 010-62786544
投稿与读者服务: 010-62776969, c-service@tup.tsinghua.edu.cn
质量反馈: 010-62772015, zhiliang@tup.tsinghua.edu.cn
课件下载: https://www.tup.com.cn, 010-83470236

印 装 者: 三河市天利华印刷装订有限公司
经　　销: 全国新华书店
开　　本: 185mm×260mm　　印　张: 22.75　　字　数: 552 千字
版　　次: 2023 年 3 月第 1 版　　印　次: 2024 年 1 月第 2 次印刷
印　　数: 1501~2500
定　　价: 69.80 元

产品编号: 099157-01

PREFACE 前言

　　自从20世纪90年代初Python语言诞生至今，它逐渐被广泛应用于系统管理任务处理和科学计算，是最受欢迎的程序设计语言之一。

　　学习编程是工程专业学生教育的重要部分。除了直接的应用外，学习编程是了解计算机科学本质的方法。计算机科学对现代社会产生了毋庸置疑的影响。Python是新兴程序设计语言，是一种解释型、面向对象、动态数据类型的高级程序设计语言。由于Python语言的简洁、易读以及可扩展性，许多高校纷纷开设Python课程。

　　本书作者长期从事程序设计语言教学与应用开发，在长期的教学实践中积累了丰富的经验，了解在学习编程的时候需要什么样的书才能提高Python开发能力，以最少的时间投入取得最大的学习收获。本书以游戏案例为驱动，使读者在游戏设计开发过程中，不知不觉地学会这些枯燥的技术。

　　本书内容如下：

　　基础篇（第1～7章）主要讲解Python的基础知识和面向对象编程基础，Tkinter图形界面设计、网络编程和多线程、Python数据库应用等知识，每章最后都有应用本章知识点的游戏案例。

　　图像处理和可视化篇（第8～9章）通过"人物拼图游戏""学生成绩分布柱状图展示"案例学习Python图像处理和可视化功能。

　　爬虫技术开发篇（第10～13章）应用爬虫技术开发"小小翻译器""校园网搜索引擎""爬取百度图片"和使用爬虫模拟登录技术的案例，讲解Python爬虫的关键技术。

　　人工智能开发篇（第14～16章）主要讲解基于朴素贝叶斯算法的文本分类、基于卷积神经网络的手写体识别和基于OpenCV实现人脸识别三个案例。

　　游戏开发提高篇（第17章）借助第三方Pygame库开发大家耳熟能详的Flappy Bird（又称笨鸟先飞）游戏。

　　本书特点：

　　（1）Python程序设计涉及的范围非常广泛，本书内容编排并不求全、求深，而是考虑零基础读者的接受能力，语言语法介绍以够用、实用和应用为原则，选择Python中必备、实用的知识进行讲解，强化程序思维能力培养。

　　（2）案例选取贴近生活，有助于提高学习兴趣。

　　（3）每个案例均提供详细的设计思路、关键技术分析以及具体的设计步骤。

　　为便于教学，本书提供丰富的配套资源，包括教学课件、程序源码和600分钟的微课视频。

资源下载提示

课件等资源：扫描封底的"课件下载"二维码，在公众号"书圈"下载。
素材（源码）等资源：扫描目录上方的二维码下载。
视频等资源：扫描封底的文泉云盘防盗码，再扫描书中相应章节的二维码，可以在线学习。

本书由郑秋生和夏敏捷（中原工学院）主持编写，宋宝卫（郑州轻工业大学）编写第1和9章，吴婷（中原工学院）编写第10章，张锦歌（河南工业大学）编写第11章，高艳霞（中原工学院）编写第14章，李娟（中原工学院）编写第15章，其余章节由郑秋生和夏敏捷编写。在本书的编写过程中，为确保内容的正确性，参阅了很多资料，并且得到了资深Web程序员的支持，在此谨向他们表示衷心的感谢。

由于作者水平有限，书中疏漏之处在所难免，敬请广大读者批评指正，在此表示感谢。

夏敏捷
2023年1月

CONTENTS 目录

源码下载

基 础 篇

第 1 章 Python 基础知识 ……………………………………………………………… 3
- 1.1 Python 语言概述 …………………………………………………………………… 3
  - 1.1.1 Python 语言简介 …………………………………………………………… 3
  - 1.1.2 安装 Python ………………………………………………………………… 5
  - 1.1.3 Python 开发环境 IDLE 的启动 …………………………………………… 6
  - 1.1.4 利用 IDLE 创建 Python 程序 …………………………………………… 7
  - 1.1.5 在 IDLE 中运行和调试 Python 程序 …………………………………… 7
  - 1.1.6 Python 基本输入 …………………………………………………………… 9
  - 1.1.7 Python 基本输出 …………………………………………………………… 10
  - 1.1.8 Python 代码规范 …………………………………………………………… 10
  - 1.1.9 Python 帮助 ………………………………………………………………… 12
- 1.2 Python 语法基础 …………………………………………………………………… 13
  - 1.2.1 Python 数据类型和运算符 ………………………………………………… 13
  - 1.2.2 序列数据结构 ……………………………………………………………… 16
  - 1.2.3 Python 控制语句 …………………………………………………………… 25
  - 1.2.4 Python 函数与模块 ………………………………………………………… 32
- 1.3 Python 文件的使用 ………………………………………………………………… 38
  - 1.3.1 打开(建立)文件 …………………………………………………………… 38
  - 1.3.2 读取文本文件 ……………………………………………………………… 40
  - 1.3.3 写文本文件 ………………………………………………………………… 41
  - 1.3.4 文件内移动 ………………………………………………………………… 43
  - 1.3.5 文件的关闭 ………………………………………………………………… 44
  - 1.3.6 文件应用案例——游戏地图存储 ………………………………………… 44
- 1.4 Python 的第三方库 ………………………………………………………………… 46
- 思考与练习 ……………………………………………………………………………… 47

第2章 序列应用——猜单词游戏 ... 49

- 2.1 猜单词游戏功能介绍 ... 49
- 2.2 程序设计的思路 ... 49
- 2.3 random 模块 ... 50
- 2.4 程序设计的步骤 ... 53
- 2.5 拓展练习——人机对战井字棋游戏 ... 55
  - 2.5.1 人机对战井字棋游戏功能介绍 ... 55
  - 2.5.2 人机对战井字棋游戏设计思想 ... 55
  - 2.5.3 人机对战井字棋游戏设计步骤 ... 56
- 思考与练习 ... 60

第3章 面向对象设计应用——发牌游戏 ... 61

- 3.1 发牌游戏功能介绍 ... 61
- 3.2 Python 面向对象设计 ... 61
  - 3.2.1 定义和使用类 ... 62
  - 3.2.2 构造函数 ... 63
  - 3.2.3 析构函数 ... 63
  - 3.2.4 实例属性和类属性 ... 64
  - 3.2.5 私有成员和公有成员 ... 65
  - 3.2.6 方法 ... 66
  - 3.2.7 类的继承 ... 67
  - 3.2.8 多态 ... 69
- 3.3 扑克牌发牌程序设计的步骤 ... 71
  - 3.3.1 设计类 ... 71
  - 3.3.2 主程序 ... 73
- 3.4 拓展练习——斗牛扑克牌游戏 ... 74
  - 3.4.1 斗牛游戏功能介绍 ... 74
  - 3.4.2 程序设计的思路 ... 75
  - 3.4.3 程序设计的步骤 ... 76
- 思考与练习 ... 79

第4章 Python 图形界面设计——猜数字游戏 ... 80

- 4.1 使用 Tkinter 开发猜数字游戏功能介绍 ... 80
- 4.2 Python 图形界面设计 ... 80
  - 4.2.1 创建 Window 窗口 ... 81
  - 4.2.2 几何布局管理器 ... 82
  - 4.2.3 Tkinter 组件 ... 85
  - 4.2.4 Tkinter 字体 ... 96

4.2.5　Python 事件处理 ······················· 98
　4.3　猜数字游戏程序设计的步骤 ·················· 102
　思考与练习 ······································ 104

第 5 章　Tkinter 图形绘制——图形版发牌程序 ·············· 105

　5.1　扑克牌发牌窗体程序功能介绍 ················ 105
　5.2　程序设计的思路 ···························· 106
　5.3　Canvas 图形绘制技术 ······················ 106
　　　5.3.1　Canvas 画布组件 ······················ 106
　　　5.3.2　Canvas 上的图形对象 ·················· 107
　5.4　图形版发牌程序设计的步骤 ·················· 116
　5.5　拓展练习——弹球小游戏 ···················· 118
　5.6　图形界面应用案例——关灯游戏 ·············· 120
　思考与练习 ······································ 122

第 6 章　数据库应用——智力问答游戏 ·············· 123

　6.1　智力问答游戏功能介绍 ······················ 123
　6.2　程序设计的思路 ···························· 123
　6.3　数据库访问技术 ···························· 124
　　　6.3.1　访问数据库的步骤 ······················ 124
　　　6.3.2　创建数据库和表 ························ 126
　　　6.3.3　数据库的插入、更新和删除操作 ············ 126
　　　6.3.4　数据库表的查询操作 ···················· 127
　　　6.3.5　数据库使用实例——学生通讯录 ············ 127
　6.4　智力问答游戏程序设计的步骤 ················ 130
　　　6.4.1　生成试题库 ···························· 130
　　　6.4.2　读取试题信息 ·························· 131
　　　6.4.3　界面和逻辑设计 ························ 131
　思考与练习 ······································ 132

第 7 章　网络编程应用——网络五子棋游戏 ·············· 133

　7.1　网络五子棋游戏简介 ························ 133
　7.2　网络编程基础 ······························ 134
　　　7.2.1　互联网 TCP/IP 协议 ···················· 134
　　　7.2.2　IP 协议 ······························ 134
　　　7.2.3　TCP 和 UDP 协议 ······················ 135
　　　7.2.4　HTTP 和 HTTPS 协议 ·················· 135
　　　7.2.5　端口 ································ 136
　　　7.2.6　Socket ······························ 136

7.3　TCP 编程 139
　　7.3.1　TCP 客户端编程 139
　　7.3.2　TCP 服务器端编程 142
7.4　UDP 编程 145
7.5　多线程技术 146
　　7.5.1　进程和线程 146
　　7.5.2　创建线程 148
　　7.5.3　线程同步 150
　　7.5.4　定时器 Timer 152
7.6　网络五子棋游戏设计步骤 152
　　7.6.1　数据通信协议和算法 152
　　7.6.2　服务器端程序设计 156
　　7.6.3　客户端程序设计 161
思考与练习 164

图像处理和可视化篇

第 8 章　Python 图像处理——人物拼图游戏 167

8.1　人物拼图游戏介绍 167
8.2　程序设计的思路 168
8.3　Python 图像处理 168
　　8.3.1　Python 图像处理类库（PIL） 168
　　8.3.2　复制和粘贴图像区域 171
　　8.3.3　调整尺寸和旋转 171
　　8.3.4　转换成灰度图像 171
　　8.3.5　对像素进行操作 172
8.4　程序设计的步骤 173
　　8.4.1　Python 处理图片切割 173
　　8.4.2　游戏逻辑实现 174
8.5　拓展练习——Python 生成验证码图片 178
　　8.5.1　PIL 库的 ImageDraw 类的基础知识 178
　　8.5.2　PIL 库的 ImageDraw 类的方法 178
　　8.5.3　ImageFilter 类 181
　　8.5.4　ImageEnhance 类 183
　　8.5.5　用 Python 生成验证码图片 184
思考与练习 185

第 9 章　可视化应用——学生成绩分布柱状图展示 186

9.1　程序功能介绍 186

9.2 程序设计的思路 ·· 187
9.3 关键技术 ·· 187
    9.3.1 Python 的第三方库 Matplotlib ·· 187
    9.3.2 Matplotlib.pyplot 模块——快速绘图 ·· 187
    9.3.3 绘制条形图、饼图、散点图 ··· 192
    9.3.4 Python 操作 Excel 文档 ·· 196
9.4 程序设计的步骤 ·· 199
思考与练习 ·· 201

爬虫技术开发篇

第 10 章 调用百度 API 应用——小小翻译器 ·· 205

10.1 小小翻译器功能介绍 ··· 205
10.2 程序设计的思路 ··· 205
10.3 关键技术 ··· 206
    10.3.1 urllib 库简介 ··· 206
    10.3.2 urllib 库的基本使用 ··· 206
    10.3.3 JSON 使用 ·· 211
10.4 程序设计的步骤 ··· 215
    10.4.1 设计界面 ··· 215
    10.4.2 使用百度翻译开放平台 API ·· 216
10.5 API 调用拓展——爬取天气预报信息 ··· 219

第 11 章 爬虫应用——校园网搜索引擎 ·· 222

11.1 校园网搜索引擎功能分析 ··· 222
11.2 校园网搜索引擎系统设计 ··· 222
11.3 关键技术 ··· 224
    11.3.1 正则表达式 ·· 224
    11.3.2 中文分词 ·· 230
    11.3.3 安装和使用 jieba ·· 230
    11.3.4 为 jieba 添加自定义词典 ·· 231
    11.3.5 文本分类的关键词提取 ··· 232
    11.3.6 deque ··· 233
11.4 程序设计的步骤 ··· 234
    11.4.1 信息采集模块——网络爬虫的实现 ··· 234
    11.4.2 索引模块——建立倒排词表 ·· 237
    11.4.3 网页排名和搜索模块 ·· 239

第 12 章 爬虫应用——爬取百度图片 ··· 242

12.1 程序功能介绍 ·· 242

12.2 程序设计的思路 ·················· 242
12.3 关键技术 ······················ 243
 12.3.1 图片文件下载到本地 ············ 243
 12.3.2 爬取指定网页中的图片 ··········· 243
 12.3.3 BeautifulSoup 库概述 ············ 244
 12.3.4 用 BeautifulSoup 库操作解析 HTML 文档树 ··· 248
 12.3.5 requests 库的使用 ·············· 251
12.4 程序设计的步骤 ·················· 260
 12.4.1 分析网页源代码和网页结构 ········ 260
 12.4.2 设计代码 ················· 263
12.5 动态网页爬虫拓展——爬取今日头条新闻 ···· 265
 12.5.1 找到 JavaScript 请求的数据接口 ····· 266
 12.5.2 分析 JSON 数据 ·············· 267
 12.5.3 请求和解析数据接口 ··········· 268

第 13 章 selenium 操作浏览器应用——模拟登录 270

13.1 模拟登录程序功能介绍 ··············· 270
13.2 程序设计的思路 ·················· 270
13.3 关键技术 ······················ 271
 13.3.1 安装 selenium 库 ·············· 271
 13.3.2 selenium 详细用法 ············· 273
 13.3.3 selenium 应用实例 ············· 277
13.4 程序设计的步骤 ·················· 279
 13.4.1 selenium 定位 iframe（多层框架） ····· 279
 13.4.2 模拟登录豆瓣网站 ············· 280
13.5 基于 Cookie 绕过验证码实现自动登录 ········ 282
 13.5.1 为什么要使用 Cookie ············ 282
 13.5.2 查看 Cookie ················ 282
 13.5.3 使用 Cookie 绕过百度验证码自动登录账户 ·· 284
13.6 selenium 实现 AJAX 动态加载抓取今日头条新闻 ··· 284
 13.6.1 selenium 处理滚动条 ············ 284
 13.6.2 selenium 动态加载抓取今日头条新闻 ···· 286
13.7 selenium 实现动态加载抓取新浪国内新闻 ······ 287

人工智能开发篇

第 14 章 机器学习案例——基于朴素贝叶斯算法的文本分类 293

14.1 文本分类功能介绍 ················· 293
14.2 程序设计的思路 ·················· 293

14.3 关键技术 ··· 294
    14.3.1 贝叶斯算法的理论基础 ··· 294
    14.3.2 朴素贝叶斯分类 ··· 296
    14.3.3 使用 Python 进行文本分类 ·· 298
14.4 程序设计的步骤 ··· 298
    14.4.1 收集训练数据 ·· 298
    14.4.2 准备数据 ·· 299
    14.4.3 分析数据 ·· 299
    14.4.4 训练算法 ·· 300
    14.4.5 测试算法并改进 ··· 303
    14.4.6 使用算法进行文本分类 ··· 303
14.5 使用朴素贝叶斯分类算法过滤垃圾邮件 ··· 305
    14.5.1 收集训练数据 ·· 305
    14.5.2 将文本文件解析为词向量 ·· 305
    14.5.3 使用朴素贝叶斯算法进行邮件分类 ·· 306
    14.5.4 改进算法 ·· 308
14.6 使用 Scikit-learn 库进行文本分类 ··· 309
    14.6.1 文本分类常用的类和函数 ·· 309
    14.6.2 案例实现 ·· 313

第 15 章 深度学习案例——基于卷积神经网络的手写体识别 ·································· 315

15.1 手写体识别案例需求 ··· 315
15.2 深度学习的概念及关键技术 ··· 315
    15.2.1 神经网络模型 ·· 315
    15.2.2 深度学习之卷积神经网络 ·· 317
15.3 Python 深度学习库——Keras ·· 321
    15.3.1 Keras 的安装 ··· 321
    15.3.2 Keras 的网络层 ·· 321
    15.3.3 用 Keras 构建神经网络 ··· 324
15.4 程序设计的思路 ··· 325
15.5 程序设计的步骤 ··· 326
    15.5.1 MNIST 数据集 ··· 326
    15.5.2 手写体识别案例实现 ·· 327
    15.5.3 制作自己的手写图像 ·· 330

第 16 章 人工智能实战——基于 OpenCV 实现人脸识别 ·· 332

16.1 功能介绍 ·· 332
16.2 程序设计的思路 ··· 332
16.3 关键技术 ·· 332

16.3.1　OpenCV 基础知识 ……………………………………………………………… 332
　　16.3.2　OpenCV 变换操作 ……………………………………………………………… 335
　　16.3.3　检测人脸 ………………………………………………………………………… 336
16.4　程序设计的步骤 ………………………………………………………………………… 339
　　16.4.1　检测人脸 ………………………………………………………………………… 339
　　16.4.2　获取人脸检测信息和对应标签 ………………………………………………… 339
　　16.4.3　识别器训练 ……………………………………………………………………… 340
　　16.4.4　识别人脸 ………………………………………………………………………… 341

游戏开发提高篇

第 17 章　Pygame 游戏编程——Flappy Bird 游戏  …………………………………… 347

参考文献 ……………………………………………………………………………………………… 349

基础篇

第1章　Python基础知识

第2章　序列应用——猜单词游戏

第3章　面向对象设计应用——发牌游戏

第4章　Python图形界面设计——猜数字游戏

第5章　Tkinter图形绘制——图形版发牌程序

第6章　数据库应用——智力问答游戏

第7章　网络编程应用——网络五子棋游戏

第1章 Python基础知识

Python 是一门跨平台、开源、免费的解释型高级动态编程语言，作为动态语言，更适合初学编程者。Python 可以让初学者把精力集中在编程对象和思维方法上，而不用担心语法、类型等外在因素。Python 易于学习，拥有大量的库，可以高效地开发各种应用程序。本章介绍 Python 语言的优缺点，安装 Python 和 Python 开发环境 IDLE 的使用，以及进行 Python 程序设计的基础内容。

1.1 Python 语言概述

视频讲解

1.1.1 Python 语言简介

Python 语言是 1989 年由荷兰人吉多·范罗苏姆(Guido van Rossum)开发的一种编程语言，被广泛应用于处理系统管理任务和科学计算，是最受欢迎的程序设计语言之一。自从 2004 年以后，Python 的使用率呈线性增长，2011 年 1 月，Python 被 TIOBE(编程语言排行榜)评为 2010 年度语言。自从 2018 年以后，Python 的使用率呈线性增长，TIOBE 公布的 2021 年编程语言指数排行榜，Python 超越 C，排名处于第一位，排行榜的榜首位置首次出现了除 Java 和 C 以外的第三个编程语言——Python。这也就意味着，Java 和 C 的长期霸权已经结束。根据 IEEE Spectrum 发布的研究报告显示，Python 已经成为世界上最受欢迎的语言。

Python 支持命令式编程、函数式编程，完全支持面向对象程序设计，语法简洁清晰，并且拥有大量的、几乎支持所有领域应用开发的成熟扩展库。

众多开源的科学计算软件包都提供了 Python 的调用接口，例如著名的计算机视觉库 OpenCV、三维可视化库 VTK 和医学图像处理库 ITK。Python 专用的科学计算扩展库更多，例如三个十分经典的科学计算扩展库 NumPy、SciPy 和 Matplotlib，分别为 Python 提供了快速数组处理、数值运算及绘图功能。因此，Python 语言及其众多的扩展库所构成的开发环境十分适合工程技术、科研人员处理实验数据、制作图表，甚至开发科学计算应用程序。

Python 提供了非常完善的基础代码库，覆盖了网络、文件、GUI、数据库、文本等大量内容。用 Python 开发程序，许多功能不必从零编写，直接使用现成的即可。除了内置的库，Python 还有大量的第三方库，可直接使用其中的文件。当然，如果开发的程序进行了很好的封装，也可以作为第三方库供别人使用。Python 就像胶水一样，可以把多种用不同语言编写的程序融合到一起，实现无缝拼接，更好地发挥不同语言和工具的优势，满足不同应用领域的需求。

Python 同时也支持伪编译，可将 Python 源程序转换为字节码来优化程序和提高运行速度，也可以在没有安装 Python 解释器和相关依赖包的平台上运行 Python 程序。

Python 语言除了其强大的功能及广泛的应用范围，也存在以下缺点。

(1) 运行速度慢。同 C 程序相比，Python 运行速度非常慢，因为 Python 是解释型语言，代码在执行时会一行一行地翻译成 CPU 能理解的机器码，翻译过程非常耗时，所以很慢。而 C 程序是运行前直接编译成 CPU 能执行的机器码，所以非常快。

(2) 代码不能加密。如果要发布 Python 程序，实际上就是发布源代码，这一点跟 C 程序不同。C 程序不用发布源代码，只需要把编译后的机器码（也就是在 Windows 上常见的 ×××.exe 文件）发布出去。要从机器码反推出 C 程序源代码是不可能的，所以，凡是编译型的语言都不存在泄露源代码的问题；而解释型的语言则必须把源代码发布出去。

(3) 用缩进来区分语句关系的方式给很多初学者带来困惑。即使很有经验的 Python 程序员也可能出现理解错误的情况。最常见的情况是 tab 制表符和空格的混用会导致错误。

Python 语言的应用领域主要有：

(1) Web 开发。Python 语言支持网站开发，比较流行的开发框架有 web2py、Django 等。许多大型网站就是用 Python 开发的，例如 YouTube、Instagram 等。很多大公司，如 Google、Yahoo 等，甚至 NASA（美国航空航天局）都大量地使用 Python。

(2) 网络编程。Python 语言提供了 socket 模块，对 Socket 接口进行了两次封装，支持 Socket 接口的访问；还提供了 urllib、httplib、scrapy 等大量模块，用于对网页内容进行读取和处理，结合多线程编程以及其他有关模块可以快速开发网页爬虫之类的应用程序；可以使用 Python 语言编写 CGI 程序，也可以把 Python 程序嵌入网页中运行。

(3) 科学计算与数据可视化。Python 中用于科学计算与数据可视化的模块很多，如 NumPy、SciPy、Matplotlib、Traits、TVTK、Mayavi、VPython、OpenCV 等，涉及的应用领域包括数值计算、符号计算、二维图表、三维数据可视化、三维动画演示、图像处理以及界面设计等。

(4) 数据库应用。Python 数据库模块有很多，例如可以通过内置的 sqlite3 模块访问 SQLite 数据库；使用 pywin32 模块访问 Access 数据库；使用 pymysql 模块访问 MySQL 数据库；使用 pywin32 和 pymysql 模块访问 SQL Server 数据库。

(5) 多媒体开发。PyMedia 模块可以对 WAV、MP3、AVI 等多媒体格式文件进行编码、解码和播放；PyOpenGL 模块封装了 OpenGL 应用程序编程接口，通过该模块可在 Python 程序中集成二维或三维图形；PIL（Python Imaging Library，Python 图形库）为 Python 提供了强大的图像处理功能，并提供广泛的图像文件格式支持。

(6) 电子游戏应用。Pygame 是用来开发电子游戏软件的 Python 模块。使用 Pygame 模块，可以在 Python 程序中创建功能丰富的游戏和多媒体程序。

Python 有大量的第三方库,可以说需要什么应用就能找到什么 Python 库。

目前,Python 有两个系列版本,一个是 2.x 版,一个是 3.x 版,这两个版本是不兼容的。由于 3.x 版越来越普及,本书将以最新的 Python 3.7 版本为基础进行讲解。

1.1.2 安装 Python

学习 Python 编程,首先要安装 Python 软件,安装后会得到 Python 解释器(负责运行 Python 程序),一个命令行交互环境,以及一个简单的集成开发环境。

用户在 Windows 上安装 Python,首先需要根据 Windows 版本(64 位或 32 位)从 Python 的官方网站(https://www.python.org/downloads/windows/)下载 Python 3.7 对应的安装程序,然后,运行下载的 EXE 安装包。安装界面如图 1-1 所示。

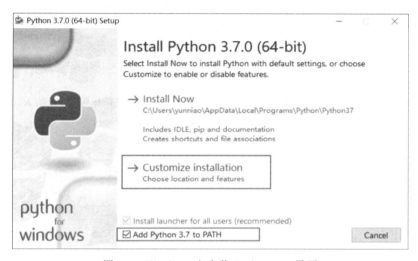

图 1-1　Windows 上安装 Python 3.7 界面

特别要注意,在图 1-1 中选中 Add Python 3.7 to PATH,然后单击 Install Now 即可完成安装。

安装成功后,输入"cmd",会出现图 1-2 所示的命令提示符窗口。输入"python"后,在窗口中看到 Python 的版本信息的画面,就说明 Python 安装成功。

提示符">>>"表示已经在 Python 交互式环境中了,可以输入任何 Python 代码,按 Enter 键后会立刻得到执行结果。现在,输入"exit()"并按 Enter 键,就可以退出 Python 交互式环境(直接关掉命令行窗口也可以)。

图 1-2　命令提示符窗口

假如得到错误"python 不是内部或外部命令,也不是可运行的程序或批处理文件",这是因为 Windows 会根据 Path 环境变量设定的路径去查找 python.exe,如果没找到,就会报错。如果在安装时漏掉选中"Add Python 3.7 to PATH",那就要把 python.exe 所在的路径添加到 Path 环境变量中。如果不知道怎么修改环境变量,建议把 Python 安装程序重新运行一遍,务必记住选中"Add Python 3.7 to PATH"。

1.1.3 Python 开发环境 IDLE 的启动

安装 Python 后,可选择"开始"→"所有程序"→Python 3.7→IDLE(Python 3.7)来启动 IDLE。IDLE 启动后的初始窗口如图 1-3 所示。

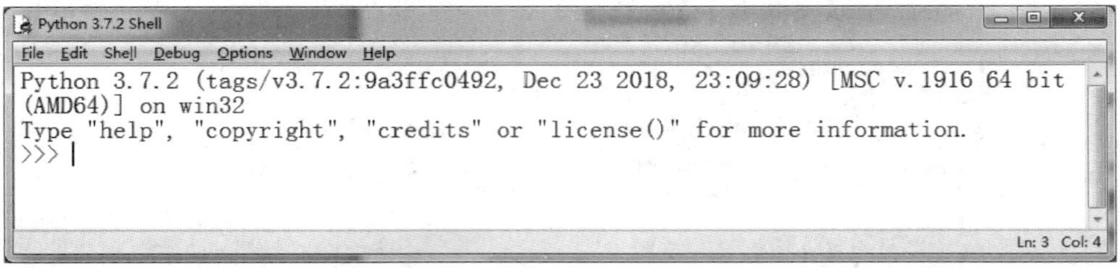

图 1-3 IDLE 的交互式编程模式(Python Shell)

启动 IDLE 后进入 IDLE 的交互式编程模式(Python Shell),可以使用这种编程模式来执行 Python 命令。

如果使用交互式编程模式,那么直接在 IDLE 提示符">>>"后面输入相应的命令并按 Enter 键执行即可,如果执行顺利,马上就可以看到执行结果,否则会抛出异常。

例如,查看已安装版本的方法(在所启动的 IDLE 界面标题栏也可以直接看到):

```
>>> import sys
>>> sys.version
'3.7.2 (tags/v3.7.2:9a3ffc0492, Dec 23 2018, 23:09:28) [MSC v.1916 64 bit (AMD64)]'
```

或者进行计算:

```
>>> 3 + 4
7
>>> 5/0
Traceback (most recent call last):
  File "<pyshell#3>", line 1, in <module>
    5/0
ZeroDivisionError: division by zero
```

除此之外,IDLE 还带有一个编辑器,用来编辑 Python 程序(或者脚本)文件;有一个调试器来调试 Python 脚本。下面从 IDLE 的编辑器开始介绍。

可在 IDLE 界面中选择 File→New File 命令启动编辑器(如图 1-4 所示)来创建一个程序文件,输入代码并保存为文件(务必要保证扩展名为".py")。

图 1-4　IDLE 的编辑器

1.1.4　利用 IDLE 创建 Python 程序

IDLE 为开发人员提供了许多有用的特性，如自动缩进、语法高亮显示、单词自动完成以及命令历史等，在这些功能的帮助下，能够有效地提高开发效率。下面通过一个实例对这些特性分别加以介绍，示例程序的源代码如下。

```
#示例一
p = input("Please input your password:\n")
if p!= "123":
    print("password error!")
```

由图 1-4 可见，不同部分的颜色不同（本书中显示为灰度不同），所谓语法高亮显示就是对代码中不同的元素使用不同的颜色进行显示。默认时，关键字（如 if）显示为橘红色，注释（如 # 示例一）显示为红色，字符串（如 "Please input your password:\n" 和 "password error!"）为绿色，解释器的输出显示为蓝色。在输入代码时，会自动应用这些颜色突出显示。语法高亮显示的好处是可以更容易区分不同的语法元素，从而提高可读性；与此同时，语法高亮显示还降低了出错的可能性。例如，如果输入的变量名显示为橘红色，就说明该名称与预留的关键字冲突，必须给变量更换名称。

当用户输入单词的一部分后，选择 Edit→Expand Word 命令，或者直接按 Alt＋/组合键可自动完成该单词。

当在 if 关键字所在行的冒号后面按 Enter 键之后，IDLE 自动进行缩进。一般情况下，IDLE 将代码缩进一级，即 4 个空格。如果想改变这个默认的缩进量，可以选择 Format→New Indent Width 命令进行修改。对初学者来说，需要注意的是尽管自动缩进功能非常方便，但是不能完全依赖它，因为有时自动缩进未必能完全满足要求，所以还需要仔细检查。

创建好程序之后，选择 File→Save 命令保存程序。如果是新文件，会弹出"另存为"对话框，可以在该对话框中指定文件名和保存的位置。保存后，文件名会自动显示在顶部的蓝色标题栏中。如果文件中存在尚未存盘的内容，标题栏的文件名前后会有星号"＊"出现。

1.1.5　在 IDLE 中运行和调试 Python 程序

1. 运行 Python 程序

在 IDLE 中运行程序，可以选择 Run→Run Module 命令（或按 F5 键），该命令的功能是运行当前文件。对于示例程序，运行界面如图 1-5 所示。

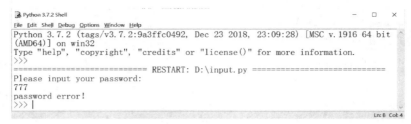

图 1-5 运行界面

用户输入的密码是"777",由于密码错误,系统输出"password error!"。

2. 使用 IDLE 的调试器

软件开发过程中,免不了会出现错误,其中有语法方面的,也有逻辑方面的。对于语法错误,Python 解释器能很容易地检测出来,这时它会停止程序的运行并给出错误提示;对于逻辑错误,解释器则无能为力,程序会一直执行下去,但是得到的运行结果却是错误的。所以,需要对程序进行调试。

最简单的调试方法是直接显示程序数据,例如,可以在某些关键位置用 print 语句显示出变量的值,从而确定有无出错。但是,这个方法比较麻烦,因为开发人员必须在所有可疑的地方都插入打印语句。等程序调试完后,必须将这些打印语句全部清除。

除此之外,还可以使用调试器进行调试。利用调试器,可以分析被调试程序的数据,并监视程序的执行流程。调试器的功能包括暂停程序执行、检查和修改变量、调用方法而不更改程序代码等。IDLE 也提供了一个调试器,可帮助开发人员查找逻辑错误。

下面简单介绍 IDLE 的调试器的使用方法。在 Python Shell 窗口中选择 Debug→Debugger 命令,就可以启动 IDLE 的交互式调试器。这时,IDLE 会打开如图 1-6 所示的

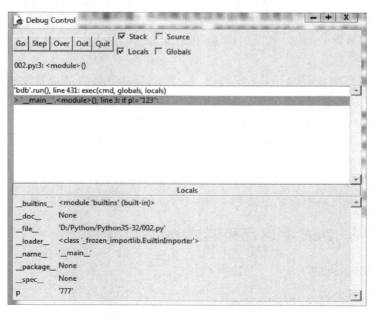

图 1-6 Debug Control 调试窗口

Debug Control 调试窗口,在图 1-5 所示的 Python Shell 窗口中输出"[DEBUG ON]"并后跟一个">>>"提示符。这样,就能像平时那样使用这个 Python Shell 窗口,只不过现在输入的任何命令都允许在调试器下。

可以在 Debug Control 窗口查看局部变量和全局变量等有关内容。如果要退出调试器,可以再次选择 Debug→Debugger 命令,IDLE 会关闭 Debug Control 窗口,并在 Python Shell 窗口中输出"[DEBUG OFF]"。

1.1.6　Python 基本输入

用 Python 进行程序设计,输入是通过 input()函数实现的,input()的一般格式为:

```
x = input('提示: ')
```

该函数返回输入的对象,可输入数字、字符串和其他任意类型对象。

Python 2.7 和 Python 3.x 尽管形式一样,但它们对该函数的解释略有不同。在 Python 2.7 中,该函数返回结果的类型由输入值时所使用的界定符来决定,例如下面的 Python 2.7 代码。

```
>>> x = input("Please input:")
Please input:3                    #没有界定符,整数
>>> print type(x)
<type 'int'>
>>> x = input("Please input:")
Please input:'3'                  #单引号,字符串
>>> print type(x)
<type 'str'>
```

在 Python 2.7 中,还有另外一个内置函数 raw_input()也可以用来接收用户输入的值。与 input()函数不同的是,raw_input()函数返回结果的类型一律为字符串,而不管用户使用什么界定符。

在 Python 3.x 中,不存在 raw_input()函数,只提供了 input()函数用来接收用户的输入。无论用户输入数据时使用什么界定符,input()函数的返回结果都是字符串,需要将其转换为相应的类型再处理,相当于 Python 2.7 中的 raw_input()函数。例如下面的 Python 3.x 代码。

```
>>> x = input('Please input:')
Please input:3
>>> print(type(x))
<class 'str'>
>>> x = input('Please input:')
Please input:'1'
>>> print(type(x))
<class 'str'>
>>> x = input('Please input:')
Please input:[1,2,3]
>>> print(type(x))
<class 'str'>
```

1.1.7 Python 基本输出

Python 2.7 和 Python 3.x 的输出方法也不完全一致。在 Python 2.7 中,使用 print 语句进行输出,而 Python 3.x 中使用 print()函数进行输出。

另外一个重要的不同是,对于 Python 2.7 而言,在 print 语句之后加上逗号","表示输出内容之后不换行,例如:

```
for i in range(10):
    print i,
0 1 2 3 4 5 6 7 8 9
```

在 Python 3.x 中,为了实现上述功能则需要使用下面的方法:

```
for i in range(10,20):
    print(i, end = ' ')     # 不换行,输出结束时输出空格
10 11 12 13 14 15 16 17 18 19
```

print()函数的基本格式如下:

```
print(value, …, sep = ' ', end = '\n', file = sys.stdout, flush = False)
```

print()函数输出时,由 sep 参数将多个输出对象 value 分隔,输出结束时输出 end 参数。sep 的默认值是空,end 默认值是换行,file 的默认值是标准输出流,flush 的默认值是非。如果想要自定义 sep、end 和 file,就必须对这几个关键词进行赋值。例如:

```
>>> print(123,'abc',45,'book',sep = '#')     # 指定用'#'作为输出分隔符
123#abc#45#book
>>> print('price');print(100)                # 默认以回车换行符作为输出结束符号,即在输出最后会换行
price
100
>>> print('price', end = ' = ');print(100)   # 指定用' = '作为输出结束符号,所以输出在一行
price = 100
```

1.1.8 Python 代码规范

(1) 缩进。Python 程序是依靠代码块的缩进来体现代码之间的逻辑关系的,缩进结束就表示一个代码块结束了。对于类定义、函数定义、选择结构和循环结构,行尾的冒号表示缩进的开始。同一个级别的代码块的缩进量必须相同。

例如:

```
for i in range(10):             # 循环输出 0~9 的数字
    print (i, end = ' ')
```

一般而言,以 4 个空格为基本缩进单位,而不要使用制表符 tab。可以在 IDLE 开发环

境中通过选择 Format→Indent Region/Dedent Region 命令进行代码块的缩进和反缩进。

（2）注释。一个好的、可读性强的程序一般包含 20% 以上的注释。常用的注释方式主要有两种。

- 方法一：以 # 开始，表示本行 # 之后的内容为注释。例如：

```
#循环输出0～9的数字
for i in range(10):
    print (i, end = ' ')
```

- 方法二：包含在一对三引号（'''...'''或"""..."""）之间且不属于任何语句的内容将被解释器认为是注释。例如：

```
'''循环输出0～9的数字,可以多行文字'''
for i in range(10):
    print (i, end = ' ')
```

在 IDLE 开发环境中，可以通过选择 Format→Comment Out Region/Uncomment Region 命令，快速注释/解除注释大段内容。

（3）每个 import 只导入一个模块，而不要一次导入多个模块。例如：

```
>>> import math              # 导入 math 数学模块
>>> math.sin(0.5)            # 求 0.5 的正弦
>>> import random            # 导入 random 随机模块
>>> x = random.random()      # 获得[0,1)区间内的随机小数
>>> y = random.random()
>>> n = random.randint(1,100) # 获得[1,100]区间内的随机整数
```

import math, random 一次导入多个模块，语法上可以但不提倡。

import 的次序为先 import Python 内置模块，再 import 第三方模块，最后 import 自己开发的项目中的其他模块。

不要使用 from module import *，除非是 import 常量定义模块或其他可以确保不会出现命名空间冲突的模块。

（4）如果一行语句太长，可以在行尾加上反斜杠"\"来换行分成多行，但是更建议使用括号来包含多行内容，如：

```
x = '这是一个非常长非常长非常长非常长 \
    非常长非常长非常长非常长非常长的字符串'        #"\"来换行
x = ('这是一个非常长非常长非常长非常长 '
    '非常长非常长非常长非常长非常长的字符串')      #圆括号中的行会连接起来
```

又如：

```
if (width == 0 and height == 0 and
    color == 'red' and emphasis == 'strong'):    #圆括号中的行会连接起来
    y = '正确'
```

```
else:
    y = '错误'
```

（5）必要的空格与空行。运算符两侧、函数参数之间和逗号两侧建议使用空格分开。不同功能的代码块之间和不同的函数定义之间建议增加一个空行以增加可读性。

（6）常量名所有字母大写，由下画线连接各个单词，类名首字母大写。如：

```
WHITE = 0XFFFFFF
THIS_IS_A_CONSTANT = 1
```

1.1.9　Python帮助

使用Python的帮助对学习和开发都是很重要的。在Python中可以使用help()方法来获取帮助信息。使用格式如下：

```
help(对象)
```

1. 查看内置函数和类型的帮助信息

例如：

```
>>> help(max)     # 可以获取内置函数max帮助信息
>>> help(list)    # 可以获取list列表类型的成员方法
>>> help(tuple)   # 可以获取tuple元组类型的成员方法
```

2. 查看模块中的成员函数信息

例如：

```
>>> import os
>>> help(os.fdopen)
```

上例查看os模块中的fdopen成员函数信息，则得到如下提示：

```
Help on function fdopen in module os:
fdopen(fd, *args, **kwargs)
    # Supply os.fdopen()
```

3. 查看整个模块的信息

使用help(模块名)就能查看整个模块的帮助信息，注意先import导入该模块。例如查看math模块方法：

```
>>> import math
>>> help(math)
```

查看 Python 中所有的 modules：

```
>>> help("modules")
```

1.2 Python 语法基础

1.2.1 Python 数据类型和运算符

视频讲解

计算机理所当然地可以处理各种数值,而且计算机能处理的远不止数值,还可以处理文本、图形、音频、视频、网页等各种各样的数据,不同的数据需要定义不同的数据类型。

1. 数值类型

Python 数值类型用于存储数值。Python 支持以下数值类型。

(1) 整型(int)：通常被称为整型或整数,是正或负整数,不带小数点。在 Python 3.x 中,只有一种整数类型 int,没有 Python 2.x 中的 Long。

(2) 浮点型(float)：浮点型由整数部分与小数部分组成,也可以使用科学记数法表示 (2.78e2 就是 $2.78 \times 10^2 = 278$)。

(3) 复数(complex)：复数由实数部分和虚数部分构成,可以用 a+bj 或者 complex(a,b) 表示,复数的虚部以字母 j 或 J 结尾,如：2+3j。

数据类型是不允许改变的,这就意味着如果改变某数所属的数据类型,将重新分配内存空间。

2. 字符串

字符串是 Python 中最常用的数据类型,可以使用引号来创建字符串。Python 不支持字符类型,单字符在 Python 中也是作为一个字符串使用。Python 使用单引号、双引号和三引号来表示字符串是一样的。

创建字符串方法很简单,例如：

```
var1 = 'Hello World!'
var2 = "Python Programming"
```

Python 访问子字符串可以使用方括号来截取字符串,例如：

```
var1 = 'Hello World!'
var2 = "Python Programming"
print("var1[0]: ", var1[0])          #取索引 0 的字符,注意索引号从 0 开始
print("var2[1:5]: ", var2[1:5])      #切片
```

以上实例的执行结果是：

```
var1[0]: H
var2[1:5]: ytho
```

说明：切片是字符串(或序列等)后跟一个方括号,方括号中有一对可选的数字,并用冒号分隔,如[1:5]。切片操作中的第一个数(冒号之前)表示切片开始的位置,第二个数(冒号之后)表示切片结束的位置。

切片操作中如果不指定第一个数,Python 就从字符串(或序列等)首开始；如果不指定第二个数,则 Python 会停止在字符串(或序列等)尾。注意返回的切片内容从开始位置开始,刚好在结束位置之前结束。如[1:5]取第 2 个字符到第 6 个字符之前(第 5 个字符)。

3. 布尔类型

Python 支持布尔类型的数据,布尔类型只有 True 和 False 两种值,但是布尔类型有以下几种运算。

(1) and 与运算：只有两个布尔值都为 True 时,计算结果才为 True。

```
True and True          # 结果是 True
True and False         # 结果是 False
False and True         # 结果是 False
False and False        # 结果是 False
```

(2) or 或运算：只要有一个布尔值为 True,计算结果就是 True。

```
True or True           # 结果是 True
True or False          # 结果是 True
False or True          # 结果是 True
False or False         # 结果是 False
```

(3) not 非运算：把 True 变为 False,或者把 False 变为 True。

```
not True               # 结果是 False
not False              # 结果是 True
```

布尔运算在计算机中用来做条件判断,根据计算结果为 True 或者 False,计算机可以自动执行不同的后续代码。

在 Python 中,布尔类型还可以与其他数据类型进行 and、or 和 not 运算,这时下面的几种情况会被认为是 False：为 0 的数字,包括 0 和 0.0；空字符串' '或""；表示空值的 None；空集合,包括空元组()、空序列[]和空字典{}；其他的值都为 True。例如：

```
a = 'python'
print(a and True)      # 结果是 True
b = ''
print(b or False)      # 结果是 False
```

4. 空值

空值是 Python 里一个特殊的值,用 None 表示。它不支持任何运算,也没有任何内置函数方法。None 和任何其他的数据类型比较永远返回 False。在 Python 中,未指定返回值的函数会自动返回 None。

5. 运算符与表达式

在程序中,表达式是用来计算求值的,它是由运算符(操作符)和运算数(操作数)组成的式子。运算符是表示进行某种运算的符号。运算数包含常量、变量和函数等。例如表达式 4+5,4 和 5 被称为操作数,"+"被称为运算符。

在一个表达式中出现多种运算时,将按照预先确定的顺序计算并解析各个部分,这个顺序称为运算符优先级。当表达式包含不止一种运算符时,按照表 1-1 所示的优先级规则进行计算。表 1-1 列出的运算符从最高到最低。

表 1-1 Python 运算符优先级

优先级	运算符	描述
1	**	幂
2	~、+、-	按位求反,一元加号和减号
3	*、/、%、//	乘、除、取模和整除
4	+、-	加法和减法
5	<<、>>	向左和向右按位移动
6	&	按位与
7	^、|	按位异或和按位或
8	<=、<、>、>=	比较(即关系)运算符
9	==、!=	比较(即关系)运算符
10	=、%=、/=、//=、-=、+=、*=、**=	赋值运算符
11	is、is not	标识运算符
12	in、not in	成员运算符
13	not、and、or	逻辑运算符(逻辑非、逻辑与和逻辑或)

表达式是一个或多个运算的组合。Python 语言的表达式与其他语言的表达式没有显著的区别。每个符合 Python 语言规则的表达式的计算都是一个确定的值。对常量、变量的运算和对函数的调用都可以构成表达式。

在本书后续章节中介绍的序列、函数、对象都可以成为表达式的一部分。

书写表达式需要注意以下几点:

(1) 乘号(*)不能省略。例如,数学式 b^2-4ac 对应的算术表达式应该写成 b * b-4 * a * c。

(2) 表达式中只能出现字符集允许的字符。例如,数学式 πr^2 对应的表达式应该写成 math.pi * r * r(其中,pi 是 math 模块已经定义的常量)。

(3) 表达式只使用圆括号改变运算的优先顺序(不能使用{}或[])。可以使用多层圆括号,此时左右括号必须配对,运算时从内层括号开始,由内向外依次计算表达式的值。

1.2.2 序列数据结构

数据结构是计算机存储、组织数据的方式。序列是 Python 中最基本的数据结构。序列中的每个元素都分配一个数字,即它的位置或索引,第一个索引是 0,第二个索引是 1,以此类推。也可以使用负数索引值访问元素,-1 表示最后一个元素,-2 表示倒数第二个元素。序列可以进行的操作包括索引、截取(切片)、加、乘和成员检查。此外,Python 已经内置确定序列的长度以及确定最大和最小元素的方法。Python 最常见的内置序列类型是列表、元组和字符串。另外,Python 提供了字典和集合这样的数据结构,它们属于无顺序的数据集合体,不能通过位置索引来访问数据元素。

1. 列表

列表(list)是最常用的 Python 数据类型,列表的数据项不需要具有相同的类型。列表类似其他语言的数组,但功能比数组强大得多。

创建一个列表,只要把逗号分隔的、不同的数据项使用方括号括起来即可。实例如下:

```
list1 = ['中国', '美国', 1997, 2000]
list2 = [1, 2, 3, 4, 5]
list3 = ["a", "b", "c", "d"]
```

列表索引从 0 开始。列表可以进行截取(切片)、组合等操作。

1) 访问列表中的值

使用下标索引来访问列表中的值,同样也可以使用方括号切片的形式截取,实例如下:

```
list1 = ['中国', '美国', 1997, 2000]
list2 = [1, 2, 3, 4, 5, 6, 7]
print("list1[0]: ", list1[0])
print("list2[1:5]: ", list2[1:5])
print("list2[1:-2]: ", list2[1:-2])  #索引号-2,实际就是正索引号5
print("list2[1:5:2]: ", list2[1:5:2])  #步长 step 是 2,当步长 step 为负数时,表示反向切片
print("list2[::-1]: ", list2[::-1])  #切片实现倒序输出
```

以上实例输出结果如下:

```
list1[0]:    中国
list2[1:5]:   [2, 3, 4, 5]
list2[1:-2]:  [2, 3, 4, 5]
list2[1:5:2]: [2, 4]
list2[::-1]:  [7, 6, 5, 4, 3, 2, 1]
```

2) 更新列表

可以对列表的数据项进行修改或更新,实例如下:

```
list = ['中国', 'chemistry', 1997, 2000]
print("Value available at index 2: ")
```

```
print(list[2])
list[2] = 2001
print("New value available at index 2: ")
print(list[2])
```

以上实例输出结果如下：

```
Value available at index 2:
1997
New value available at index 2:
2001
```

3）删除列表元素

（1）方法一：使用 del 语句来删除列表的元素。实例如下：

```
list1 = ['中国', '美国', 1997, 2000]
print(list1)
del list1[2]
print("After deleting value at index 2: ")
print(list1)
```

以上实例输出结果如下：

```
['中国', '美国', 1997, 2000]
After deleting value at index 2:
['中国', '美国', 2000]
```

（2）方法二：使用 remove()方法来删除列表的元素。实例如下：

```
list1 = ['中国', '美国', 1997, 2000]
list1.remove(1997)
list1.remove('美国')
print(list1)
```

以上实例输出结果如下：

```
['中国', 2000]
```

（3）方法三：使用 pop()方法来删除列表的指定位置的元素，无参数时删除最后一个元素。实例如下：

```
list1 = ['中国', '美国', 1997,2000]
list1.pop(2)              #删除位置 2 元素 1997
list1.pop()               #删除最后一个元素 2000
print(list1)
```

以上实例输出结果如下：

```
['中国', '美国']
```

4）添加列表元素

可以使用 append()方法在列表末尾添加元素，实例如下：

```
list1 = ['中国', '美国', 1997, 2000]
list1.append(2003)
print(list1)
```

以上实例输出结果如下：

```
['中国', '美国', 1997, 2000, 2003]
```

5）列表排序

Python 列表有一个内置的 list.sort()排序方法，可以对原列表进行排序；还有一个 sorted()内置函数，可以从原列表构建一个新的排序列表。例如：

```
list1 = [5, 2, 3, 1, 4]
list1.sort()                                #list1 是[1, 2, 3, 4, 5]
```

调用 sorted()函数即可返回一个新的已排序列表。

```
list1 = [5, 2, 3, 1, 4]
list2 = sorted([5, 2, 3, 1, 4])             #list2 是[1, 2, 3, 4, 5],list1 不变
```

list.sort()和 sorted()接受布尔值的 reverse 参数，这用于标记是否降序排序。

```
list1 = [5, 2, 3, 1, 4]
list1.sort(reverse = True)                  #list1 是[5, 4, 3, 2, 1],True 是降序排序,False 是升序排序
```

6）定义多维列表

可以将多维列表视为列表的嵌套，即多维列表的元素值也是一个列表，只是维度比父列表少1。二维列表（即其他语言的二维数组）的元素值是一维列表，三维列表的元素值是二维列表。例如定义一个二维列表：

```
list2 = [["CPU","内存"], ["硬盘","声卡"]]
```

二维列表比一维列表多一个索引，可以用如下方式获取元素：

```
列表名[索引1][索引2]
```

例如定义一个 3 行 6 列的二维列表，打印出元素值：

```
rows = 3
cols = 6
matrix = [[0 for col in range(cols)] for row in range(rows)]    #列表生成式生成二维列表
```

```
for i in range(rows):
    for j in range(cols):
        matrix[i][j] = i * 3 + j
        print(matrix[i][j],end = ",")
    print('\n')
```

以上实例输出结果如下:

```
0,1,2,3,4,5,
3,4,5,6,7,8,
6,7,8,9,10,11,
```

列表生成式(List Comprehensions)是 Python 内置的一种功能极其强大的生成 list 列表的表达式,详见 1.2.3 节。本例中第 3 行生成的列表如下:

```
matrix = [[0,0,0,0,0,0],[0,0,0,0,0,0],[0,0,0,0,0,0]]
```

2. 元组

视频讲解

Python 的元组(tuple)与列表类似,不同之处在于元组的元素不能修改;元组使用圆括号(),列表使用方括号[]。元组中的元素类型也可以不相同。

1) 创建元组

元组创建很简单,只需要在括号中添加元素,并使用逗号隔开即可,实例如下:

```
tup1 = ('中国', '美国', 1997, 2000)
tup2 = (1, 2, 3, 4, 5)
tup3 = "a", "b", "c", "d"
```

如果创建空元组,只需写个空括号即可。

```
tup1 = ()
```

元组中只包含一个元素时,需要在第一个元素后面添加逗号。

```
tup1 = (50,)
```

元组与字符串类似,下标索引从 0 开始,可以进行截取、组合等操作。

2) 访问元组

元组可以使用下标索引来访问元组中的值,实例如下:

```
tup1 = ('中国', '美国', 1997, 2000)
tup2 = (1, 2, 3, 4, 5, 6, 7 )
print("tup1[0]: ", tup1[0])          # 输出元组的第一个元素
print("tup2[1:5]: ", tup2[1:5])      # 切片,输出从第二个元素开始到第五个元素
print(tup2[2:])                       # 切片,输出从第三个元素开始的所有元素
print(tup2 * 2)                       # 输出元组两次
```

以上实例输出结果如下：

```
tup1[0]: 中国
tup2[1:5]: (2, 3, 4, 5)
(3, 4, 5, 6, 7)
(1, 2, 3, 4, 5, 6, 7, 1, 2, 3, 4, 5, 6, 7)
```

3）元组连接

元组中的元素值是不允许修改的，但可以对元组进行连接组合，实例如下：

```
tup1 = (12, 34,56)
tup2 = (78, 90)
#tup1[0] = 100          #修改元组元素操作是非法的
tup3 = tup1 + tup2      #连接元组,创建一个新的元组
print(tup3)
```

以上实例输出结果如下：

```
(12, 34,56, 78, 90)
```

4）删除元组

元组中的元素值是不允许删除的，但可以使用del语句来删除整个元组，实例如下：

```
tup = ('中国', '美国', 1997, 2000);
print(tup)
del tup
print("After deleting tup: ")
print(tup)
```

以上实例元组被删除后，输出变量会有异常信息，输出如下所示：

```
('中国', '美国', 1997, 2000)
After deleting tup:
NameError: name 'tup' is not defined
```

5）元组与列表转换

因为元组数不能改变，所以可以将元组转换为列表，从而可以改变数据。实际上列表、元组和字符串之间可以互相转换，需要使用三个函数：str()、tuple()和list()。

可以使用下面方法将元组转换为列表：

```
列表对象 = list(元组对象)
```

例如：

```
tup = (1, 2, 3, 4, 5)
list1 = list(tup)          #元组转换为列表
print(list1)               #返回[1, 2, 3, 4, 5]
```

可以使用下面的方法将列表转换为元组：

```
元组对象 = tuple(列表对象)
```

例如：

```
nums = [1, 3, 5, 7, 8, 13, 20]
print(tuple(nums))          #列表转换为元组,返回(1, 3, 5, 7, 8, 13, 20)
```

将列表转换成字符串如下：

```
nums = [1, 3, 5, 7, 8, 13, 20]
str1 = str(nums)       #列表转换为字符串,返回含方括号及逗号的'[1, 3, 5, 7, 8, 13, 20]'字符串
print(str1[2])         #打印出逗号,因为字符串中索引号2的元素是逗号
num2 = ['中国', '美国', '日本', '加拿大']
str2 = " % "
str2 = str2.join(num2)    #用百分号连接起来的字符串——'中国 % 美国 % 日本 % 加拿大'
str2 = ""
str2 = str2.join(num2)       #用空字符连接起来的字符串——'中国 美国 日本 加拿大'
```

3. 字典

Python 字典(dict)是一种可变容器模型,且可存储任意类型对象,如字符串、数字、元组等其他容器模型。字典也被称作关联数组或哈希表。

1) 创建字典

字典由键和对应值(key=>value)成对组成。字典的每个键/值对里面键和值用冒号分割,键/值对之间用逗号分隔,整个字典包括在花括号"{ }"中。基本语法如下：

```
d = {key1: value1, key2: value2 }
```

注意：键必须是唯一的,但值则不必。值可以取任何数据类型,但键必须是不可变的,如字符串、数字或元组。

以下是一个简单的字典实例：

```
dict = {'xmj': 40, 'zhang': 91, 'wang': 80}
```

也可如下创建字典：

```
dict1 = { 'abc': 456 };
dict2 = { 'abc': 123, 98.6: 37 };
```

字典有如下特性：

(1) 字典值可以是任何 Python 对象,如字符串、数字、元组等。

(2) 不允许同一个键出现两次。创建时如果同一个键被赋值两次,后一个值会覆盖前

面的值,例如:

```
dict = {'Name': 'xmj', 'Age': 17, 'Name': 'Manni'}
print("dict['Name']: ", dict['Name'])
```

以上实例输出结果如下:

```
dict['Name']:  Manni
```

(3)键必须不可变,所以可以用数字、字符串或元组充当,而不能用列表,实例如下:

```
dict = {['Name']: 'Zara', 'Age': 7};
```

以上实例输出错误结果如下:

```
Traceback (most recent call last):
  File "<pyshell#0>", line 1, in <module>
    dict = {['Name']: 'Zara', 'Age': 7}
TypeError: unhashable type: 'list'
```

2) 访问字典里的值

访问字典里的值时把相应的键放入方括号里,实例如下:

```
dict = {'Name': '王海', 'Age': 17, 'Class': '计算机一班'}
print("dict['Name']: ", dict['Name'])
print("dict['Age']: ", dict['Age'])
```

以上实例输出结果如下:

```
dict['Name']:王海
dict['Age']:17
```

如果用字典里没有的键访问数据,会输出错误信息:

```
dict = {'Name': '王海', 'Age': 17, 'Class': '计算机一班'}
print("dict['sex']: ", dict['sex'])
```

由于没有 sex 键,以上实例输出错误结果如下:

```
Traceback (most recent call last):
  File "<pyshell#10>", line 1, in <module>
    print("dict['sex']: ", dict['sex'])
KeyError: 'sex'
```

3) 修改字典

向字典添加新内容的方法是增加新的键/值对,修改或删除已有键/值对,实例如下:

```
dict = {'Name': '王海', 'Age': 17, 'Class': '计算机一班'}
dict['Age'] = 18                    #更新键/值对(update existing entry)
dict['School'] = "中原工学院"        #增加新的键/值对(add new entry)
print("dict['Age']: ", dict['Age'] )
print("dict['School']: ", dict['School'];
```

以上实例输出结果如下：

```
dict['Age']:18
dict['School']:中原工学院
```

4）删除字典元素

del()方法允许使用键从字典中删除元素(条目)，clear()方法清空字典所有元素。显示删除一个字典用 del 命令，实例如下：

```
dict = {'Name': '王海', 'Age': 17, 'Class': '计算机一班'}
del dict['Name']         #删除键是'Name'的元素(条目)
dict.clear()             #清空词典所有元素
del dict                 #删除词典，用 del 后字典不再存在
```

5）in 运算

字典里的 in 运算用于判断某键是否在字典里，对于 value 值不适用。功能与 has_key(key)方法相似，实例如下：

```
dict = {'Name': '王海', 'Age': 17, 'Class': '计算机一班'}
print('Age' in dict)     #等价于 print(dict.has_key('Age'))
```

以上实例输出结果如下：

```
True
```

6）获取字典中的所有值

dict.values()以列表返回字典中的所有值，实例如下：

```
dict = {'Name': '王海', 'Age': 17, 'Class': '计算机一班'}
print(dict.values())
```

以上实例输出结果如下：

```
[17, '王海', '计算机一班']
```

7）items()方法

items()方法把字典中每对 key 和 value 组成一个元组，并把这些元组放在列表中返回，实例如下：

```
dict = {'Name': '王海', 'Age': 17, 'Class': '计算机一班'}
for key,value in dict.items():
    print(key,value)
```

以上实例输出结果如下：

```
Name 王海
Class 计算机一班
Age 17
```

注意：字典打印出来的顺序与创建之初的顺序不同，这不是错误。字典中各个元素并没有顺序之分（因为不需要通过位置查找元素），因此存储元素时进行了优化，使字典的存储和查询效率最高。这也是字典和列表的另一个区别：列表保持元素的相对关系，即序列关系；而字典是完全无序的，也称为非序列。如果想保持一个集合中元素的顺序，需要使用列表，而不是字典。从 Python 3.6 版本开始，字典变成有顺序的，字典输出顺序与创建之初的顺序相同。

8) get()方法

get()方法返回指定键的值，如果键不在字典中，返回默认值 None，也可以指定默认值，实例如下：

```
D = {'Name': '王海', 'Age': 1}
print("Age 值为: % s" % D.get('Age'))
print("Sex 值为: % s" % D.get('Sex', "Man"))    # 指定新的默认值 Man
print("Sex 值为: % s" % D.get('Sex'))            # 返回默认值 None
```

以上实例输出结果如下：

```
Age 值为: 1
Sex 值为: Man
Sex 值为: None
```

4．集合

集合(set)是一个无序不重复元素的序列。集合的基本功能是进行成员关系测试和删除重复元素。

1）创建集合

可以使用花括号"{}"或者set()函数创建集合，实例如下：

```
student = {'Tom', 'Jim', 'Mary', 'Tom', 'Jack', 'Rose'}
print(student)          # 输出集合,重复的元素被自动去掉
```

以上实例输出结果：

```
{'Jack', 'Rose', 'Mary', 'Jim', 'Tom'}
```

注意：创建一个空集合必须用 set() 而不是 { }，因为 { } 是用来创建一个空字典的。

2) 成员测试

实例如下：

```
if('Rose' in student):
    print('Rose 在集合中')
else:
    print('Rose 不在集合中')
```

以上实例输出结果如下：

```
Rose 在集合中
```

3) 集合运算

可以使用"-""|""&"运算符进行集合的差集、并集、交集运算，实例如下：

```
#set 可以进行集合运算
a = set('abcd')
b = set('cdef')
print(a)
print("a 和 b 的差集: ", a - b)          #a 和 b 的差集
print("a 和 b 的并集: ", a | b)          #a 和 b 的并集
print("a 和 b 的交集: ", a & b)          #a 和 b 的交集
print("a 和 b 中不同时存在的元素: ", a ^ b)  #a 和 b 中不同时存在的元素
```

以上实例输出结果如下：

```
{'a', 'c', 'd', 'b'}
a 和 b 的差集: {'a', 'b'}
a 和 b 的并集: {'b', 'a', 'f', 'd', 'c', 'e'}
a 和 b 的交集: {'c', 'd'}
a 和 b 中不同时存在的元素: {'a', 'e', 'f', 'b'}
```

1.2.3 Python 控制语句

对于 Python 程序中的执行语句，默认是按照书写顺序依次执行的，这样的语句是顺序结构的。但是仅有顺序结构是不够的，因为有时还需要根据特定情况，有选择地执行某些语句，这时就需要一种选择结构的语句。另外，有时候还可以在给定条件下往复执行某些语句，通常称这些语句是循环结构的。有了以下三种基本结构，就可以构建任意复杂的程序。

1. 选择结构

选择结构可用 if 语句、if…else 语句和 if…elif…else 语句实现。

if 语句是一种单选结构，它选择的是做与不做。if 语句的语法形式如下所示：

视频讲解

```
if 表达式：
    语句 1
```

if 语句的流程图如图 1-7 所示。

而 if…else 语句是一种双选结构，是在两种备选行动中选择哪一个的问题。if…else 语句的语法形式如下所示：

```
if 表达式：
    语句 1
else：
    语句 2
```

if…else 语句的流程图如图 1-8 所示。

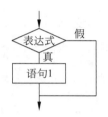
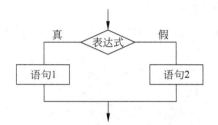

图 1-7　if 语句的流程图　　　　　　图 1-8　if…else 语句的流程图

【例 1-1】 输入一个年份，判断是否为闰年。闰年的年份必须满足以下两个条件之一：

(1) 能被 4 整除，但不能被 100 整除的年份都是闰年。

(2) 能被 400 整除的年份都是闰年。

分析：设变量 year 表示年份，判断 year 是否满足以下表达式。

条件(1)的逻辑表达式是：

```
year % 4 == 0 and year % 100 != 0
```

条件(2)的逻辑表达式是：

```
year % 400 == 0
```

两者取"或"，即得到判断闰年的逻辑表达式如下：

```
(year % 4 == 0 and year % 100 != 0)  or  year % 400 == 0
```

程序代码如下：

```
year = int(input('输入年份：'))         #输入 x,input()获取的是字符串，所以需要转换成整型
if year % 4 == 0 and year % 100 != 0 or year % 400 == 0:    #注意运算符的优先级
    print(year, "是闰年")
else:
    print(year, "不是闰年")
```

判断闰年后，也可以输入某年某月某日，判断这一天是这一年的第几天。以 3 月 5 日为

例,应该先把前两个月的天数加起来,然后再加上 5 天,即本年的第几天。闰年是特殊情况,在输入月份大于 3 时须考虑多加一天。

程序代码如下:

```python
year = int(input('year:'))              #输入年
month = int(input('month:'))            #输入月
day = int(input('day:'))                #输入日
months = (0,31,59,90,120,151,181,212,243,273,304,334)
if 0 <= month <= 12:
    sum = months[month - 1]
else:
    print('月份输入错误')
sum += day
leap = 0
if (year % 400 == 0) or ((year % 4 == 0) and (year % 100 != 0)):
    leap = 1
if (leap == 1) and (month > 2):
    sum += 1
print('这一天是这一年的第%d天' % sum)
```

有时候,需要在多组动作中选择一组执行,这时就会用到多选结构,对于 Python 语言来说就是 if…elif…else 语句。该语句的语法形式如下所示:

```
if 表达式 1:
    语句 1
elif 表达式 2:
    语句 2
    …
elif 表达式 n:
    语句 n
else:
    语句 n+1
```

注意:最后一个 elif 子句之后的 else 子句没有进行条件判断,它实际上用来处理跟前面所有条件都不匹配的情况,所以 else 子句必须放在最后。if…elif…else 语句的流程图如图 1-9 所示。

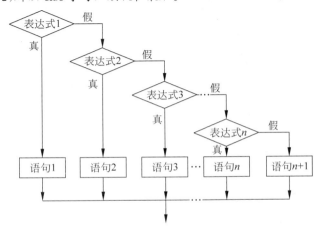

图 1-9　if…elif…else 语句的流程图

【例1-2】 输入学生的成绩score,按分数输出其等级：score≥90为优,90＞score≥80为良,80＞score≥70为中等,70＞score≥60为及格,score＜60为不及格。程序代码如下：

```
score = int(input("请输入成绩"))          #int()转换字符串为整型
if score >= 90:
    print("优")
elif score >= 80:
    print("良")
elif score >= 70:
    print("中")
elif score >= 60:
    print("及格")
else:
    print("不及格")
```

说明：三种选择语句中,条件表达式都是必不可少的组成部分。当条件表达式的值为零时,表示条件为假；当条件表达式的值为非零时,表示条件为真。那么哪些表达式可以作为条件表达式呢？基本上,最常用的是关系表达式和逻辑表达式,如：

```
if a == x  and  b == y:
    print("a = x, b = y")
```

除此之外,条件表达式可以是任何数值类型表达式,甚至也可以是字符串：

```
if 'a':      # 'abc':也可以
    print("a = x, b = y")
```

另外,C语言是用花括号{}来区分语句体的,但是Python的语句体是用缩进形式来表示的,如果缩进不正确,会导致逻辑错误。

2. 循环结构

程序在一般情况下是按顺序执行的。编程语言提供了各种控制结构,允许更复杂的执行路径。循环语句允许执行一个语句或语句组多次,Python提供了for循环和while循环（在Python中没有do…while循环）。

1) while语句

视频讲解

Python编程中while语句用于循环执行程序,即在某条件下,循环执行某段程序,以处理需要重复处理的相同任务。其基本形式如下：

```
while 判断条件:
    执行语句
```

执行语句可以是单个语句或语句块。判断条件可以是任何表达式,任何非零或非空的值均为True。当判断条件为假False时,循环结束。while语句的流程图如图1-10所示。

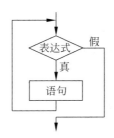

图 1-10 while 语句的流程图

同样需要注意冒号和缩进。例如：

```
count = 0
while count < 5:
    print('The count is:', count)
    count = count + 1
print("Good bye!")
```

2）for 语句

for 语句可以遍历任何序列的项目，如一个列表、元组或者一个字符串。for 循环的语法格式如下：

```
for 循环索引值 in 序列:
    循环体
```

视频讲解

for 循环遍历列表中的元素。例如：

```
fruits = ['banana', 'apple', 'mango']
for fruit in fruits:           #第二个实例
    print('元素: ', fruit)
print("Good bye!")
```

依次打印 fruits 中的每一个元素，程序运行结果如下：

```
元素: banana
元素: apple
元素: mango
Good bye!
```

【例 1-3】 计算 1~10 的整数之和，可以用一个 sum 变量做累加。

程序代码如下：

```
sum = 0
for x in [1, 2, 3, 4, 5, 6, 7, 8, 9, 10]:
    sum = sum + x
print(sum)
```

如果要计算1～100的整数之和，从1写到100有点困难。Python提供了一个range()内置函数，可以生成一个整数序列，再通过list()函数可以转换为list列表。

例如，range(0,5)或range(5)生成的序列是从0开始小于5的整数，不包括5。例如：

```
>>> list(range(5))
[0, 1, 2, 3, 4]
```

range(1,101)就可以生成1～100的整数序列，计算1～100的整数之和的程序代码如下：

```
sum = 0
for x in range(1,101):
    sum = sum + x
print(sum)
```

3）continue和break语句

break语句在while循环和for循环中都可以使用，一般放在if选择结构中，一旦break语句被执行，将使得整个循环提前结束。

continue语句的作用是终止当前循环，并忽略continue之后的语句，然后回到循环的顶端，提前进入下一次循环。

除非break语句让代码更简单或更清晰，否则不要轻易使用。

【例1-4】 continue和break用法示例。程序代码如下：

```
#continue 和 break 用法
i = 1
while i < 10:
    i += 1
    if i%2 > 0:           #非双数时跳过输出
        continue
    print(i)              #输出双数2、4、6、8、10
i = 1
while 1:                  #循环条件为1必定成立
    print(i)              #输出1～10
    i += 1
    if i > 10:            #当i大于10时跳出循环
        break
```

在Python程序开发过程中，将完成某一特定功能并经常使用的代码编写成函数，放在函数库（模块）中供大家选用，在需要使用时直接调用，这就是程序中的函数。开发人员要善于使用函数，以提高编码效率，减少编写程序段的工作量。

4）列表生成式

如果要生成一个list [1, 2, 3, 4, 5, 6, 7, 8, 9]，可以用range(1, 10)：

```
>>> L= list(range(1, 10))        #L是[1, 2, 3, 4, 5, 6, 7, 8, 9]
```

如果要生成一个list[1×1,2×2,3×3,…,10×10],可以使用循环:

```
>>> L = []
>>> for x in range(1, 10):
        L.append(x * x)
>>> L
[1, 4, 9, 16, 25, 36, 49, 64, 81]
```

而列表生成式可以用以下语句代替以上的烦琐循环来完成:

```
>>> [x * x for x in range(1, 11)]
[1, 4, 9, 16, 25, 36, 49, 64, 81, 100]
```

列表生成式的书写格式为把要生成的元素 x * x 放到前面,后面跟上 for 循环,这样就可以把 list 创建出来。for 循环后面还可以加上 if 判断,例如筛选出偶数的平方:

```
>>> [x * x for x in range(1, 11) if x % 2 == 0]
[4, 16, 36, 64, 100]
```

再如,把一个列表中所有的字符串变成小写形式:

```
>>> L = ['Hello', 'World', 'IBM', 'Apple']
>>> [s.lower() for s in L]
['hello', 'world', 'ibm', 'apple']
```

当然,列表生成式也可以使用两层循环,例如生成'ABC'和'XYZ'中字母的全部组合:

```
>>> print([m + n for m in 'ABC' for n in 'XYZ'])
['AX', 'AY', 'AZ', 'BX', 'BY', 'BZ', 'CX', 'CY', 'CZ']
```

又如,生成一副牌花色和大小的全部组合:

```
>>> color = ['♦', '♣', '♠', '♥']
>>> num_poker = ['A', '2', '3', '4', '5', '6', '7', '8', '9', '10', 'J', 'Q', 'K']
>>> sum_poker = [i + j for i in num_poker for j in color]    # 可以得到一副牌
>>> sum_poker
```

程序运行结果如下:

```
['A♦', 'A♣', 'A♠', 'A♥', '2♦', '2♣', '2♠', '2♥', '3♦', '3♣', '3♠', '3♥', '4♦', '4♣', '4♠',
'4♥', '5♦', '5♣', '5♠', '5♥', '6♦', '6♣', '6♠', '6♥', '7♦', '7♣', '7♠', '7♥', '8♦', '8♣',
'8♠', '8♥', '9♦', '9♣', '9♠', '9♥', '10♦', '10♣', '10♠', '10♥', 'J♦', 'J♣', 'J♠', 'J♥',
'Q♦', 'Q♣', 'Q♠', 'Q♥', 'K♦', 'K♣', 'K♠', 'K♥']
```

for 循环其实可以同时使用两个甚至多个变量,例如字典(dict)的 items()可以同时迭代 key 和 value:

```
>>> d = {'x': 'A', 'y': 'B', 'z': 'C'}        #字典
>>> for k, v in d.items():
        print(k, '键 = ', v, endl = ';')
```

程序运行结果如下：

```
y 键 = B; x 键 = A; z 键 = C;
```

因此，列表生成式也可以使用两个变量来生成列表：

```
>>> d = {'x': 'A', 'y': 'B', 'z': 'C'}
>>> [k + ' = ' + v for k, v in d.items()]
['y = B', 'x = A', 'z = C']
```

1.2.4　Python 函数与模块

当某些任务，例如求一个数的阶乘，需要在一个程序中不同位置重复执行时，这样造成代码的重复率高，应用程序代码烦琐。解决这个问题的方法就是使用函数。无论在哪门编程语言当中，函数（在类中称作方法，意义是相同的）都扮演着至关重要的角色。模块是 Python 的代码组织单元，它将函数、类和数据封装起来以便重用，模块往往对应 Python 程序文件，Python 标准库和第三方提供了大量的模块。

视频讲解

1. 函数定义

在 Python 中，函数定义的基本形式如下：

```
def 函数名(函数参数):
    函数体
    return 表达式或者值
```

在这里说明几点：

（1）在 Python 中采用 def 关键字进行函数的定义，不用指定返回值的类型。

（2）函数参数可以是零个、一个或者多个，同样地，函数参数也不用指定参数类型，因为在 Python 中变量都是弱类型的，Python 会自动根据值来维护其类型。

（3）Python 函数的定义中，缩进部分是函数体。

（4）函数的返回值是通过函数中的 return 语句获得的。return 语句是可选的，它可以在函数体内任何地方出现，表示函数调用执行到此结束；如果没有 return 语句，会自动返回 None（空值），如果有 return 语句，但是 return 后面没有接表达式或者值，也是返回 None（空值）。

下面定义三个函数：

```
def printHello():              #打印'hello'字符串
    print('hello')

def printNum():                #输出 0~9 的数字
    for i in range(0,10):
```

```
        print(i)
    return

def add(a,b):                    #实现两个数的和
    return a + b
```

2. 函数的使用

在定义了函数之后,就可以使用该函数了,但是在 Python 中要注意一个问题,就是在 Python 中不允许前向引用,即在函数定义之前,不允许调用该函数。看个例子就明白了:

视频讲解

```
print(add(1,2))
def add(a,b):
    return a + b
```

这段程序运行的错误提示是:

```
Traceback (most recent call last):
    File "C:/Users/xmj/4-1.py", line 1, in <module>
        print(add(1,2))
NameError: name 'add' is not defined
```

从报的错可以知道,名字为"add"的函数未进行定义。所以在任何时候调用某个函数,必须确保其定义在调用之前。

函数的使用中会遇到形参和实参的区别、参数的传递等问题。

形参的全称是形式参数,在用 def 关键字定义函数时,函数名后面括号里的变量称作形式参数。实参的全称为实际参数,在调用函数时提供的值或者变量称作实际参数。例如:

```
#这里的 a 和 b 是形参
def add(a,b):
    return a + b
#下面是调用函数
add(1,2)              #这里的 1 和 2 是实参
x = 2
y = 3
add(x,y)              #这里的 x 和 y 是实参,传递给形参 a 和 b
```

本例使用函数 add(x,y)时,实参 x 和 y 会传递给形参 a 和 b。

【例 1-5】 编写函数,计算形式如 a+aa+aaa+aaaa+…+aaa…aaa 的表达式的值,其中 a 为小于 10 的自然数。例如,2+22+222+2222+22222(此时 n=5),a、n 由用户从键盘输入。

分析:关键是计算出求和中每一项的值,容易看出每一项都是前一项扩大 10 倍后加 a。

程序代码如下:

```
def sum (a, n):
    result, t = 0, 0          #同时将 result、t 赋值为 0,这种形式比较简洁
    for i in range(n):
```

```
            t = t * 10 + a
            result += t
    return result
#用户输入两个数字
a = int(input("输入 a: "))
n = int(input("输入 n: "))
print(sum(a, n))
```

程序运行结果如下：

```
输入 a: 2↙
输入 n: 5↙
24690
```

视频讲解

3. 变量的作用域

引入函数的概念之后，就出现了变量作用域的问题。变量起作用的范围称作变量的作用域。一个变量在函数外部定义和在函数内部定义，其作用域是不同的。如果用特殊的关键字定义变量，也会改变其作用域。下面讨论变量的作用域规则。

1) 局部变量

在函数内定义的变量只在该函数内起作用，称作局部变量。它们与函数外具有相同名称的其他变量没有任何关系，即变量名称对于函数来说是局部的。局部变量的作用域是变量定义所在的块，从变量定义处开始。函数结束时，其局部变量被自动删除。下面通过一个例子说明局部变量的使用。

```
def fun():
    x = 3
    count = 2
    while count > 0:
        print(x)
        count = count - 1
fun()
print(x)              # 错误: NameError: name 'x' is not defined
```

本例在函数 fun() 中定义了变量 x。在函数内部定义的变量（局部变量）作用域仅限于函数内部，在函数外部是不能调用的，所以本例中在函数外的语句 print(x) 出现错误提示。

2) 全局变量

还有一种变量叫作全局变量，它是在函数外部定义的，作用域是整个程序。全局变量可以直接在函数中使用，但是如果要在函数内部改变全局变量的值，必须使用 global 关键字进行声明。

```
x = 2                 #全局变量
def fun1():
    print(x, end = " ")
def fun2():
```

```
        global x              #在函数内部改变全局变量的值,必须使用global关键字
        x = x + 1
        print(x, end = " ")
fun1()
fun2()
print(x, end = " ")
```

程序运行结果如下:

```
2 3 3
```

如果fun2()函数中没有global x声明,则编译器会认为x是局部变量,而局部变量x又没有创建,从而出错。

在函数内部直接将一个变量声明为全局变量,而在函数外没有定义,在调用这个函数之后,将变量增加为新的全局变量。

如果一个局部变量和一个全局变量重名,则局部变量会"屏蔽"全局变量,也就是局部变量起作用。

4. 闭包

在Python中,闭包(closure)指函数的嵌套。可以在函数内部定义一个嵌套函数,将嵌套函数视为一个对象,所以可以将嵌套函数作为定义它的函数的返回结果。

视频讲解

【**例1-6**】 使用闭包。实例如下:

```
def func_lib():
    def add(x, y):
        return x + y
    return add              #返回函数对象

fadd = func_lib()
print(fadd(1, 2))
```

在函数func_lib()中定义了一个嵌套函数add(x, y),并作为函数func_lib()的返回值。程序运行结果如下:

```
3
```

5. 函数的递归调用

函数在执行的过程中直接或间接调用自己本身,称为递归调用。Python语言允许递归调用。

【**例1-7**】 求1～5的平方和。程序代码如下:

```
def f(x):
    if x == 1:              #递归调用结束的条件
        return 1
```

```
    else:
        return(f(x - 1) + x * x)          # 调用 f() 函数本身
print(f(5))
```

6. 模块

模块(module)能够有逻辑地组织 Python 代码段。把相关的代码分配到一个模块里能让代码更好用,更易懂。简单地说,模块就是一个保存了 Python 代码的文件。模块里能定义函数、类和变量。

在 Python 中模块和 C 语言中的头文件以及 Java 中的包很类似,如在 Python 中要调用 sqrt()函数,必须用 import 关键字引入 math 这个模块。

1) 导入某个模块

在 Python 中用关键字 import 导入某个模块。方式如下:

```
import 模块名          # 导入模块
```

如要引用模块 math,就可以在文件最开始的地方用 import math 来导入。
在调用模块中的函数时,必须这样调用:

```
模块名.函数名
```

例如:

```
import math            # 导入 math 模块
print("50 的平方根: ", math.sqrt(50))
```

为什么必须加上模块名进行调用呢?因为可能存在这样一种情况:在多个模块中含有相同名称的函数,此时如果只是通过函数名来调用,解释器无法知道到底要调用哪个函数。所以,如果像上述这样导入模块的时候,调用函数必须加上模块名。

若只需要用到模块中的某个函数,只需要引入该函数即可,导入语句如下:

```
from 模块名 import 函数名 1,函数名 2…
```

通过这种方式引入的时候,调用函数时只能给出函数名,不能给出模块名。当两个模块中含有相同名称函数的时候,后面一次引入会覆盖前一次引入。也就是说假如模块 A 中有函数 fun(),在模块 B 中也有函数 fun(),如果引入 A 中的 fun()在先,B 中的 fun()在后,那么当调用 fun()函数的时候,会去执行模块 B 中的 fun()函数。

如果想一次性导入 math 中所有的东西,还可以通过:

```
from math import *
```

这提供了一个简单的方式来导入模块中的所有项目,然而不建议过多地使用这种方式。

2）定义自己的模块

在 Python 中，每个 Python 文件都可以作为一个模块，模块的名字就是文件的名字。如有一个文件 fibo.py，在 fibo.py 中定义了三个函数：add()、fib()和 fib2()。

```
# fibo.py
# 斐波那契(fibonacci)数列模块
def fib(n):            # 定义到 n 的斐波那契数列
    a, b = 0, 1
    while b < n:
        print(b, end = ' ')
        a, b = b, a + b
    print()
def fib2(n):           # 返回到 n 的斐波那契数列
    result = []
    a, b = 0, 1
    while b < n:
        result.append(b)
        a, b = b, a + b
    return result
def add(a,b):
    return a + b
```

那么在其他文件（如 test.py）中就可以进行如下使用：

```
# test.py
import fibo
```

加上模块名称来调用函数：

```
fibo.fib(1000)      # 结果是 1 1 2 3 5 8 13 21 34 55 89 144 233 377 610 987
fibo.fib2(100)      # 结果是[1, 1, 2, 3, 5, 8, 13, 21, 34, 55, 89]
fibo.add(2,3)       # 结果是 5
```

当然，也可以通过"from fibo import add，fib，fib2"来引入。
直接使用函数名来调用函数：

```
fib(500)            # 结果是 1 1 2 3 5 8 13 21 34 55 89 144 233 377
```

如果想列举 fibo 模块中定义的属性列表，可通过以下代码：

```
import fibo
dir(fibo)           # 得到自定义模块 fibo 中定义的变量和函数
```

输出结果为：

```
['_name_', 'fib', 'fib2', 'add']
```

1.3 Python 文件的使用

在程序运行时,数据保存在内存的变量中。内存中的数据在程序结束或关机后就会消失。如果想要在下次开机运行程序时还使用同样的数据,就需要把数据存储在不易失的存储介质中,如硬盘、光盘或 U 盘。不易失存储介质上的数据保存在以存储路径命名的文件中。通过读/写文件,程序就可以在运行时保存数据。本节学习使用 Python 在磁盘上创建、读写以及关闭文件。

使用文件与人们日常生活中所使用的记事本很相似。在使用记事本时需要先打开本子,使用后要合上它。打开记事本后,既可以读取信息,也可以向本子里写入信息。不管哪种情况,都需要知道在哪里进行读/写。在记事本中既可以一页页从头到尾地读/写,也可以直接跳转到需要的地方进行读/写。

在 Python 中对文件的操作通常按照以下三个步骤进行。

(1) 使用 open() 函数打开(或建立)文件,返回一个 file 对象。

(2) 使用 file 对象的读/写方法对文件进行读/写的操作。其中,将数据从外存传输到内存的过程称为读操作,将数据从内存传输到外存的过程称为写操作。

(3) 使用 file 对象的 close() 方法关闭文件。

1.3.1 打开(建立)文件

在 Python 中要访问文件,必须打开 Python Shell 与磁盘上文件之间的连接。当使用 open() 函数打开或建立文件时,会建立文件和使用它的程序之间的连接,并返回代表连接的文件对象。通过文件对象,就可以在文件所在磁盘和程序之间传递文件内容,执行文件上所有后续操作。文件对象有时也称为文件描述符或文件流。

当建立了 Python 程序和文件之间的连接后,就创建了"流"数据,如图 1-11 所示。通常程序使用输入流读出数据,使用输出流写入数据,就好像数据流入到程序并从程序中流出。打开文件后,才能读/写(或读并且写)文件内容。

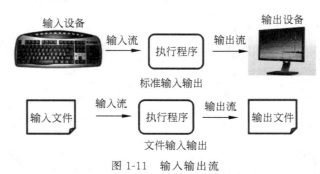

图 1-11 输入输出流

open() 函数用来打开文件。open() 函数需要一个字符串路径,表明希望打开文件,并返回一个文件对象。语法如下:

```
fileobj = open(filename[,mode[,buffering]])
```

其中，fileobj 是 open()函数返回的文件对象。参数 filename 文件名是必写参数，它既可以是绝对路径，也可以是相对路径。mode(模式)和 buffering(缓冲)可选。mode 是指明文件类型和操作的字符串，可以使用的值如表 1-1 所示。

表 1-1　open()函数中 mode 参数常用值

值	描　　述
'r'	读模式，如果文件不存在，则发生异常
'w'	写模式，如果文件不存在，则创建文件再打开；如果文件存在，则清空文件内容再打开
'a'	追加模式，如果文件不存在，则创建文件再打开；如果文件存在，打开文件后将新内容追加至原内容之后
'b'	二进制模式，可添加到其他模式中使用
'+'	读/写模式，可添加到其他模式中使用

说明：

(1) 当 mode 参数省略时，可以获得能读取文件内容的文件对象，即'r'是 mode 参数的默认值。

(2) '+'参数指明读和写都是允许的，可以用到其他任何模式中，如'r+'可以打开一个文本文件并读写。

(3) 'b'参数改变处理文件的方法。通常，Python 处理的是文本文件。当处理二进制文件时(如声音文件或图像文件)，应该在模式参数中增加'b'，如可以用'rb'来读取一个二进制文件。

open()函数的第三个参数 buffering 控制缓冲。当参数取 0 或 False 时，输入输出 I/O 是无缓冲的，所有读写操作直接针对硬盘。当参数取 1 或 True 时，I/O 有缓冲，此时 Python 使用内存代替硬盘，使程序运行速度更快，只有使用 flush 或 close 时才会将数据写入硬盘。当参数大于 1 时，表示缓冲区的大小，以字节为单位，负数表示使用默认缓冲区大小。

下面举例说明 open()函数的使用。先用记事本创建一个文本文件，取名为 hello.txt。输入以下内容，保存在文件夹 d:\python 中。

```
Hello!
Henan    Zhengzhou
```

在交互式环境中输入以下代码：

```
>>> helloFile = open("d:\\python\\hello.txt")
```

这条命令将以读取文本文件的方式打开放在 D 盘的 Python 文件夹下的 hello 文件。读模式是 Python 打开文件的默认模式。当文件以读模式打开时，只能从文件中读取数据而不能向文件写入或修改数据。当调用 open()函数时将返回一个文件对象，在本例中，文件对象保存在 helloFile 变量中。

```
>>> print(helloFile)
<_io.TextIOWrapper name = 'd:\\python\\hello.txt' mode = 'r' encoding = 'cp936'>
```

打印文件对象时可以看到文件名、读/写模式和编码格式。cp936 就是指 Windows 系统里第 936 号编码格式,即 GB 2312 的编码。接下来就可以调用 helloFile 文件对象的方法读取文件中的数据了。

1.3.2 读取文本文件

可以调用文件 file 对象的多种方法读取文件内容。

1. read()方法

不设置参数的 read()方法将整个文件的内容读取为一个字符串。read()方法一次读取文件的全部内容,性能根据文件大小而变化,如 1GB 的文件读取时需要使用同样大小的内存。

【例 1-8】 调用 read()方法读取 hello 文件中的内容。程序代码如下:

```
helloFile = open("d:\\python\\hello.txt")
fileContent = helloFile.read()
helloFile.close()
print(fileContent)
```

输出结果如下:

```
Hello!
Henan   Zhengzhou
```

也可以设置最大读入字符数来限制 read()函数一次返回的大小。

【例 1-9】 设置参数一次读取三个字符读取文件。程序代码如下:

```
helloFile = open("d:\\python\\hello.txt")
fileContent = ""
while True:
    fragment = helloFile.read(3)
    if fragment == "":          #或者 if not fragment
        break
    fileContent += fragment
helloFile.close()
print(fileContent)
```

当读到文件结尾之后,read()方法会返回空字符串,此时 fragment=="" 成立,退出循环。

2. readline()方法

readline()方法从文件中获取一个字符串,每个字符串就是文件中的每一行。

【例 1-10】 调用 readline()方法读取 hello 文件的内容。程序代码如下:

```
helloFile = open("d:\\python\\hello.txt")
fileContent = ""
while True:
```

```
    line = helloFile.readline()
    if line == "":          #或者 if not line
        break
    fileContent += line
helloFile.close()
print(fileContent)
```

当读取到文件结尾之后,readline()方法同样返回空字符串,使得line==""成立,跳出循环。

3. readlines()方法

readlines()方法返回一个字符串列表,其中的每一项是文件中每一行的字符串。

【例1-11】 使用readlines()方法读取文件内容。程序代码如下:

```
helloFile = open("d:\\python\\hello.txt")
fileContent = helloFile.readlines()
helloFile.close()
print(fileContent)
for line in fileContent:      #输出列表
    print(line)
```

readlines()方法也可以设置参数,指定一次读取的字符数。

1.3.3 写文本文件

视频讲解

写文件与读文件相似,都需要先创建文件对象连接。不同的是,写文件在打开文件时是以写模式或追加模式打开。如果文件不存在,则创建该文件。

与读文件时不能添加或修改数据类似,写文件时也不允许读取数据。"w"写模式打开已有文件时,会覆盖文件原有内容,从头开始,就像用一个新值覆写一个变量的值。

```
>>> helloFile = open("d:\\python\\hello.txt","w") #"w"写模式打开已有文件时会覆盖文件原有内容
>>> fileContent = helloFile.read()
Traceback(most recent call last):
  File "<pyshell#1>", line 1, in <module>
    fileContent = helloFile.read()
IOError: File not open for reading
>>> helloFile.close()
>>> helloFile = open("d:\\python\\hello.txt")
>>> fileContent = helloFile.read()
>>> len(fileContent)
0
>>> helloFile.close()
```

由于"w"写模式打开已有文件,文件原有内容会被清空,所以再次读取内容时长度为0。

1. write()方法

write()方法将字符串参数写入文件。

【例 1-12】 用 write()方法写文件。程序代码如下：

```
helloFile = open("d:\\python\\hello.txt","w")
helloFile.write("First line.\nSecond line.\n")
helloFile.close()
helloFile = open("d:\\python\\hello.txt","a")
helloFile.write("third line.")
helloFile.close()
helloFile = open("d:\\python\\hello.txt")
fileContent = helloFile.read()
helloFile.close()
print(fileContent)
```

运行结果如下：

```
First line.
Second line.
third line.
```

当以写模式打开文件 hello.txt 时，文件原有内容被覆盖。调用 write()方法将字符串参数写入文件，这里"\n"代表换行符。关闭文件之后再次以追加模式打开文件 hello.txt，调用 write()方法写入字符串"third line."，被添加到了文件末尾。最终以读模式打开文件后读取到的内容共有三行字符串。

注意：write()方法不能自动在字符串末尾添加换行符，需要自己添加"\n"。

【例 1-13】 完成一个自定义函数 copy_file()，实现文件的复制功能。copy_file()函数需要两个参数，指定需要复制的文件 oldfile 和文件的备份 newfile。分别以读模式和写模式打开两个文件，从 oldfile 一次读入 50 个字符并写入 newfile。当读到文件末尾时 fileContent==""成立，退出循环并关闭两个文件。程序代码如下：

```python
def copy_file(oldfile,newfile):
    oldFile = open(oldfile,"r")
    newFile = open(newfile,"w")
    while True:
        fileContent = oldFile.read(50)
        if fileContent == "":         #读到文件末尾时
            break
        newFile.write(fileContent)
    oldFile.close()
    newFile.close()
    return
copy_file("d:\\python\\hello.txt","d:\\python\\hello2.txt")
```

2. writelines()方法

writelines(sequence)方法向文件写入一个序列字符串列表，如果需要换行则要自己加入每行的换行符。实例如下：

```
obj = open("log.txt","w")
list02 = ["11","test","hello","44","55"]
obj.writelines(list02)
obj.close()
```

运行结果是生成一个"log.txt"文件,内容是"11testhello4455",可见没有换行。另外注意 writelines()方法写入的序列必须是字符串序列,整数序列会产生错误。

1.3.4 文件内移动

无论读/写文件,Python 都会跟踪文件中的读写位置。在默认情况下,文件的读/写都从文件的开始位置进行。Python 提供了控制文件读写起始位置的方法,使得用户可以改变文件读/写操作发生的位置。

当使用 open()函数打开文件时,open()函数在内存中创建缓冲区,并将磁盘上的文件内容复制到缓冲区。文件内容复制到文件对象缓冲区后,文件对象将缓冲区视为一个大的列表,其中的每一个元素都有自己的索引,文件对象按字节对缓冲区索引计数。同时,文件对象对文件当前位置,即当前读/写操作发生的位置,进行维护。如图 1-12 所示。许多方法隐式使用当前位置,如调用 readline()方法后,文件当前位置将移动到下一个回车符的位置。

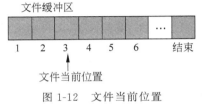

图 1-12 文件当前位置

Python 使用一些函数跟踪文件当前位置。tell()函数可以计算文件当前位置和开始位置之间的字节偏移量。实例如下:

```
>>> exampleFile = open("d:\\python\\example.txt","w")
>>> exampleFile.write("0123456789")
>>> exampleFile.close()
>>> exampleFile = open("d:\\python\\example.txt")
>>> exampleFile.read(2)
'01'
>>> exampleFile.read(2)
'23'
>>> exampleFile.tell()
4
>>> exampleFile.close()
```

这里,exampleFile.tell()函数返回的是一个整数 4,表示文件当前位置和开始位置之间有 4 字节偏移量。因为已经从文件中读取 4 字符了,所以是 4 字节偏移量。

seek()函数设置新的文件当前位置,允许在文件中跳转,实现对文件的随机访问。seek()函数有两个参数,第一个参数是字节数,第二个参数是引用点。seek()函数将文件当前指针由引用点移动指定的字节数到指定的位置。语法如下:

```
seek(offset[,whence])
```

说明:offset 是一个字节数,表示偏移量。引用点 whence 有三个取值:

(1) 文件开始处为0,也是默认取值,意味着使用该文件的开始处作为基准位置,此时字节偏移量必须非负。

(2) 当前文件位置为1,则使用当前位置作为基准位置,此时偏移量可以取负值。

(3) 文件结尾处为2,则该文件的末尾将被作为基准位置。

1.3.5 文件的关闭

应该牢记使用close()方法关闭文件。关闭文件是取消程序和文件之间连接的过程,内存缓冲区的所有内容将写入磁盘,因此必须在使用文件后关闭文件确保信息不会丢失。要确保文件关闭,可以使用try/finally语句,在finally子句中调用close()方法。实例如下:

```python
helloFile = open("d:\\python\\hello.txt","w")
try:
    helloFile.write("Hello,Sunny Day!")
finally:
    helloFile.close()
```

也可以使用with语句自动关闭文件:

```python
with open("d:\\python\\hello.txt") as helloFile:
    s = helloFile.read()
print(s)
```

with语句可以打开文件并赋值给文件对象,之后就可以对文件进行操作。文件会在语句结束后自动关闭,即使是由于异常引起的结束也是如此。

1.3.6 文件应用案例——游戏地图存储

在游戏开发中往往需要存储不同关卡的游戏地图信息,例如推箱子、连连看等游戏。这里以推箱子游戏地图存储为例来说明游戏地图信息如何存储到文件中并读取出来。如图1-13所示的推箱子游戏,可以看成7×7的表格,这样如果按行/列存储到文件中,就可以把这一关游戏地图存入文件中了。

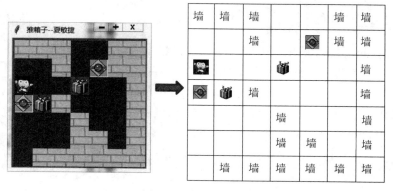

图1-13 推箱子游戏

为了方便,每个格子状态值分别用常量表示:Wall(0)代表墙,Worker(1)代表人,Box(2)代表箱子,Passageway(3)代表路,Destination(4)代表目的地,WorkerInDest(5)代表人在目的地,RedBox(6)代表放到目的地的箱子。文件中存储的原始地图中格子的状态值采用相应的整数形式存放,例如图1-13所示推箱子游戏界面的对应数据如下:

0	0	0	3	3	0	0
3	3	0	3	4	0	0
1	3	3	2	3	3	0
4	2	0	3	3	3	0
3	3	3	0	3	3	0
3	3	3	0	0	3	0
3	0	0	0	0	0	0

1. 地图写入文件

只需要使用write()方法按行/列(这里按行)存入文件map1.txt中即可。程序代码如下:

```
import os
myArray1 = []
#地图写入文件
helloFile = open("map1.txt","w")
helloFile.write("0,0,0,3,3,0,0\n")
helloFile.write("3,3,0,3,4,0,0\n")
helloFile.write("1,3,3,2,3,3,0\n")
helloFile.write("4,2,0,3,3,3,0\n")
helloFile.write("3,3,3,0,3,3,0\n")
helloFile.write("3,3,3,0,0,3,0\n")
helloFile.write("3,0,0,0,0,0,0\n")
helloFile.close()
```

2. 从地图文件读取信息

只需要按行从文件map1.txt中读取即可得到地图信息,本例中将信息读取到二维列表中存储。程序代码如下:

```
#读文件
helloFile = open("map1.txt","r")
myArray1 = []
while True:
    line = helloFile.readline()
    if line == "":                    #或者 if not line
        break
```

```
        line = line.replace("\n","")          #将读取的1行中最后的换行符去掉
        myArray1.append(line.split(","))
helloFile.close()
print(myArray1)
```

结果如下:

```
[['0', '0', '0', '3', '3', '0', '0'], ['3', '3', '0', '3', '4', '0', '0'], ['1', '3', '3', '2', '3', '3',
'0'], ['4', '2', '0', '3', '3', '3', '0'], ['3', '3', '3', '0', '3', '3', '0'], ['3', '3', '3', '0', '0',
'3', '0'], ['3', '0', '0', '0', '0', '0', '0']]
```

在后面图形化推箱子游戏中,根据数字代号用对应图形显示到界面上,即可完成地图读取任务。

1.4 Python 的第三方库

Python 语言有标准库和第三方库两种,标准库随 Python 安装包一起发布,用户可以随时使用,第三方库需要安装后才能使用。由于 Python 语言经历了版本更迭,而且,第三方库由全球开发者分布式维护,缺少统一的集中管理,因此,Python 第三方库曾经一度制约了 Python 语言的普及和发展。随着官方 pip 工具的应用,Python 第三方库的安装变得十分容易。常用 Python 第三方库如表 1-2 所示。

表 1-2 常用 Python 第三方库

库 名 称	库 用 途
Django	开源 Web 开发框架,它鼓励快速开发,并遵循 MVC 设计,比较好用,开发周期短
webpy	一个小巧灵活的 Web 框架,虽然简单但是功能强大
Matplotlib	用 Python 实现的类 Matlab 的第三方库,用以绘制一些高质量的数学二维图形
SciPy	基于 Python 的 Matlab 实现,旨在实现 Matlab 的所有功能
NumPy	基于 Python 的科学计算第三方库,提供了矩阵、线性代数、傅里叶变换等解决方案
PyGtk	基于 Python 的 GUI 程序开发 GTK+库
PyQt	用于 Python 的 QT 开发库
WxPython	Python 下的 GUI 编程框架,与 MFC 的架构相似
BeautifulSoup	基于 Python 的 HTML/XML 解析器,简单易用
PIL	基于 Python 的图像处理库,功能强大,对图形文件的格式支持广泛
MySQLdb	用于连接 MySQL 数据库
Pygame	基于 Python 的多媒体开发和游戏软件开发模块
Py2exe	将 Python 脚本转换为 Windows 上可以独立运行的可执行程序
pefile	Windows PE 文件解析器

最常用且最高效的 Python 第三方库安装方式是采用 pip 工具安装。pip 是 Python 官方提供并维护的在线第三方库安装工具。如果同时安装 Python 2 和 Python 3 环境为系统,建议采用 pip3 命令专门为 Python 3 版安装第三方库。

例如,安装 Pygame 库,pip 工具默认从网络上下载 Pygame 库安装文件并自动装到系

统中。注意 pip 是在命令行下(cmd)运行的工具。

```
D:\> pip install pygame
```

也可以卸载 Pygame 库,卸载过程可能需要用户确认。

```
D:\> pip uninstall pygame
```

可以通过 list 子命令列出当前系统中已经安装的第三方库,例如:

```
D:\> pip list
```

pip 是 Python 第三方库最主要的安装方式,可以安装 90%以上的第三方库。然而,由于一些历史和技术等原因,还有一些第三方库暂时无法用 pip 安装,此时需要其他的安装方法(例如下载库文件后手工安装),可以参照第三方库提供的步骤和方式安装。

思考与练习

1. 输入一个整数 n,判断其能否同时被 5 和 7 整除,如能则输出"xx 能同时被 5 和 7 整除",否则输出"xx 不能同时被 5 和 7 整除"。要求"xx"为输入的具体数据。

2. 输入一个百分制的成绩,经判断后输出该成绩的对应等级。其中,90 分以上为"A",80~89 分为"B",70~79 分为"C",60~69 分为"D",60 分以下为"E"。

3. 某百货公司为了促销,采用购物打折的办法。购物 1000~2000 元,按九五折优惠;2001~3000 元,按九折优惠;3001~5000 元,按八五折优惠;5000 元以上,按八折优惠。编写程序,输入购物金额,计算并输出优惠价。

4. 编写程序,计算下列公式中 s 的值(n 是运行程序时输入的一个正整数)。

$$s=1+(1+2)+(1+2+3)+\cdots+(1+2+3+\cdots+n)$$

$$s=1^2+2^2+3^2+\cdots+(10n+2)$$

$$s=1\times2-2\times3+3\times4-4\times5+\cdots+(-1)^{n-1}n(n+1)$$

5. "百马百瓦问题":有 100 匹马驮 100 块瓦,大马驮 3 块,小马驮 2 块,两个马驹驮 1 块。问大马、小马、马驹各有多少匹?

6. 有一个数列,其前三项分别为 1、2、3,从第四项开始,每项均为其相邻的前三项之和的 1/2。问:该数列从第几项开始,其数值超过 1200?

7. 找出 1~100 的全部同构数。同构数是这样一种数,它出现在它的平方数的右端。例如,5 的平方是 25,5 是 25 中右端的数,5 就是同构数,25 也是一个同构数,它的平方是 625。

8. 编写一个函数,调用该函数能够打印一个由指定字符组成的 n 行金字塔。其中,指定打印的字符和行数 n 分别由两个形参表示。

9. 编写一个判断完数的函数。完数是指一个数恰好等于它的因子之和,如 6=1+2+3,6 就是完数。

10. 编写程序，打开任意的文本文件，在指定的位置产生一个相同文件的副本，即实现文件的复制功能。

11. 用 Windows 记事本创建一个文本文件，其中每行包含一段英文。试读出文件的全部内容，并判断：(1)该文本文件共有多少行？(2)文件中以大写字母 P 开头的有多少行？(3)一行中包含字符最多的和包含字符最少的分别在第几行？

12. 有列表 lst=[54,36,75,28,50]，请完成以下操作。

(1) 在列表尾部插入元素 52；

(2) 在元素 28 前面插入 66；

(3) 删除并输出 28；

(4) 将列表按降序排序；

(5) 清空整个列表。

13. 有以下三个集合，集合成员分别是会 Python、C、Java 语言的人的姓名。请使用集合运算输出只会 Python 语言、不会 C 语言的人以及三种语言都会使用的人。

```
Pythonset = {'王海', '李黎明', '王铭年', '李晗'}
Cset = {'朱佳', '李黎明', '王铭年', '杨鹏'}
Javaset = {'王海', '杨鹏', '王铭年', '罗明', '李晗'}
```

14. 编写一个判断字符串是否是回文的函数。回文就是一个字符串从左到右读和从右到左读是完全一样的。例如，"level" "aaabbaaa" "ABA" "1234321"都是回文。

15. 编写函数，获取斐波那契数列第 n 项的值。

16. 编写函数，计算传入的字符串中数字和字母的个数并返回。

17. 统计 test.txt 文件中大写字母、小写字母和数字出现的次数。

18. 编写程序，统计各种调查问卷评语出现的次数，将最终统计结果存入字典。各份调查问卷评语如下：

满意,一般,一般,不满意,满意,满意,满意,满意,一般,很满意,一般,满意,不满意,一般,不满意,满意,满意,满意,满意,满意,满意,很满意,不满意,满意,不满意,不满意,一般,很满意

要求：问卷调查结果用文本文件 result.txt 保存，并编写程序读取该文件，统计各评语出现的次数，将最终统计结果也存入 result.txt 文件中。

第2章

序列应用——猜单词游戏

序列是 Python 中最基本的数据结构。Python 内置序列类型最常见的是列表、元组、字典和集合。本章通过猜单词游戏学习掌握元组使用方法和技巧,以及 random 模块中的随机数函数。

2.1 猜单词游戏功能介绍

猜单词游戏就是由计算机随机产生一个单词并打乱其字母顺序,供玩家去猜测。此游戏采用控制字符界面,运行界面如图 2-1 所示。

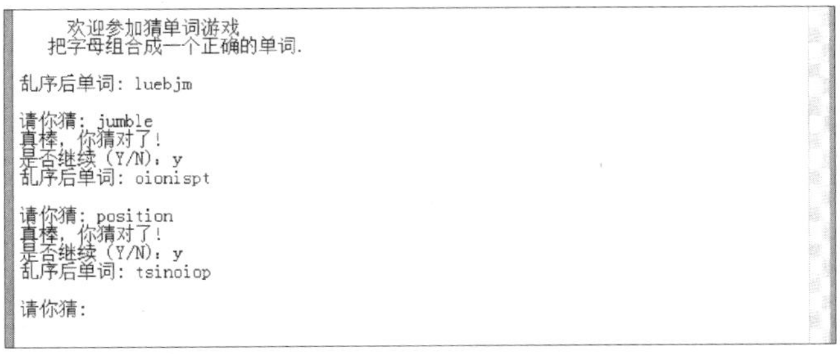

图 2-1 猜单词游戏程序运行界面

下面介绍如何使用序列中的元组开发猜单词游戏程序的思路以及关键技术——random 模块。

2.2 程序设计的思路

游戏中使用序列中元组存储所有待猜测的单词。猜单词游戏需要随机产生某个待猜测单词以及随机数字,所以引入 random 模块随机数函数,其中 random.choice()可以从序列中随机选取元素。例如:

```
# 创建单词序列元组
WORDS = ("python", "jumble", "easy", "difficult", "answer", "continue",
```

```
            "phone", "position", "position", "game")
# 从序列中随机挑出一个单词
word = random.choice(WORDS)
```

word 就是从单词序列中随机挑出一个单词。游戏中随机挑出一个单词 word 后,需要把单词 word 的字母顺序打乱,方法是随机从单词字符串中选择一个位置 position,把 position 位置的字母加入乱序后的单词 jumble,同时将原单词 word 中 position 位置的字母删去(通过连接 position 位置前字符串和其后字符串实现)。通过多次循环就可以产生新的乱序后单词 jumble。程序代码如下:

```
while word:  # word 不是空串循环
    # 根据 word 长度,产生 word 的随机位置
    position = random.randrange(len(word))
    # 将 position 位置字母组合到乱序后单词
    jumble += word[position]
    # 通过切片,将 position 位置字母从原单词中删除
    word = word[:position] + word[(position + 1):]
print("乱序后单词:", jumble)
```

视频讲解

2.3 random 模块

random 模块可以产生一个随机数或者从序列中获取一个随机元素。它的常用方法和使用例子如下。

1. random.random

random.random()用于生成一个 0~1 的随机小数 n,$0 \leqslant n < 1.0$。代码如下:

```
import random
random.random()
```

执行以上代码输出结果如下:

```
0.85415370477785668
```

2. random.uniform

random.uniform(a,b)用于生成一个指定范围内的随机小数,两个参数其中一个是上限,一个是下限。如果 a<b,则生成的随机数 n 满足 a≤n≤b。如果 a>b,则 n 满足 b≤n≤a。
代码如下:

```
import random
print(random.uniform(10, 20))
print(random.uniform(20, 10))
```

执行以上代码输出结果如下:

```
14.247256006293084
15.53810495673216
```

3. random.randint

random.randint(a,b)用于随机生成一个指定范围内的整数。其中参数 a 是下限,参数 b 是上限,生成的随机数 n 满足 a≤n≤b。代码如下:

```
import random
print(random.randint(12, 20))          #生成的随机数 n: 12 <= n <= 20
print(random.randint(20, 20))          #结果永远是 20
#print(random.randint(20, 10))         #该语句是错误的,下限必须小于上限
```

4. random.randrange

random.randrange([start],stop[,step])是从在指定范围内按指定基数递增的集合中获取一个随机数。如 random.randrange(10,100,2)相当于从[10,12,14,16,…,96,98]序列中获取一个随机数。random.randrange(10,100,2)在结果上与 random.choice(range(10,100,2))等效。

5. random.choice

random.choice 从序列中获取一个随机元素,其函数原型为 random.choice(sequence)。参数 sequence 表示一个有序类型。这里要说明一下:sequence 在 Python 不是一种特定的类型,而是泛指序列数据结构。list 列表、tuple 元组、字符串都属于 sequence。下面是使用 choice 的一些例子。

```
import random
print(random.choice("学习 Python"))                              #字符串中随机取一个字符
print(random.choice(["JGood", "is", "a", "handsome", "boy"]))    #list 列表中随机取
print(random.choice(("Tuple", "List", "Dict")))                  #tuple 元组中随机取
```

执行以上代码输出结果如下:

```
学
is
Dict
```

当然,每次运行结果都不一样。

6. random.shuffle

random.shuffle(x[,random])用于将一个列表中的元素打乱。例如:

```
p = ["Python", "is", "powerful", "simple", "and so on…"]
random.shuffle(p)
print(p)
```

执行以上代码输出结果如下:

```
['powerful', 'simple', 'is', 'Python', 'and so on…']
```

本书发牌游戏案例中使用此方法打乱牌的顺序,实现洗牌功能。

7. random.sample

random.sample(sequence,k)是从指定序列中随机获取指定长度的片段。sample()函数不会修改原有序列。实例如下:

```
list = [1, 2, 3, 4, 5, 6, 7, 8, 9, 10]
slice = random.sample(list, 5)       # 从 list 中随机获取 5 个元素,作为一个片段返回
print(slice)
print(list)                           # 原有序列并没有改变
```

执行以上代码输出结果如下:

```
[5, 2, 4, 9, 7]
[1, 2, 3, 4, 5, 6, 7, 8, 9, 10]
```

以下是常用情况举例。
1) 随机字符

```
>>> import random
>>> random.choice('abcdefg&#%^*f')
```

结果如下:

```
'd'
```

2) 多个字符中选取特定数量的字符

```
>>> import random
>>> random.sample('abcdefghij', 3)
```

结果如下:

```
['a', 'd', 'b']
```

3) 多个字符中选取特定数量的字符组成新字符串

```
>>> import random
>>> " ".join(random.sample(['a','b','c','d','e','f','g','h','i','j'], 3)).replace(" ","")
```

结果如下：

'ajh'

4）随机选取字符串

```
>>> import random
>>> random.choice(['apple', 'pear', 'peach', 'orange', 'lemon'])
```

结果如下：

'lemon'

5）洗牌

```
>>> import random
>>> items = [1, 2, 3, 4, 5, 6]
>>> random.shuffle(items)
>>> items
```

结果如下：

[3, 2, 5, 6, 4, 1]

6）随机选取 0～100 的偶数

```
>>> import random
>>> random.randrange(0, 101, 2)
```

结果如下：

42

7）随机选取 1～100 的小数

```
>>> random.uniform(1, 100)
```

结果如下：

5.4221167969800881

2.4 程序设计的步骤

1. 导入相关模块

```
# Word Jumble 猜单词游戏
import random
```

视频讲解

2. 创建所有待猜测的单词序列元组 WORDS

```
WORDS = ("python", "jumble", "easy", "difficult", "answer", "continue",
        "phone", "position", "pose", "game")
```

3. 显示出游戏欢迎界面

```
print(
"""
    欢迎参加猜单词游戏
    把字母组合成一个正确的单词.
"""
)
```

4. 实现游戏的逻辑

从序列中随机挑出一个单词,然后使用 2.2 节介绍的方法打乱这个单词的字母顺序,通过多次循环产生新的乱序后的单词 jumble。例如选取"easy",单词乱序后,产生的"yaes"显示给玩家。

```
iscontinue = "y"
while iscontinue == "y" or iscontinue == "Y":          #循环
    #从序列中随机挑出一个单词
    word = random.choice(WORDS)
    #一个用于判断玩家是否猜对的变量
    correct = word
    #创建乱序后单词
    jumble = ""
    while word:  #word 不是空串循环
        #根据 word 长度,产生 word 的随机位置
        position = random.randrange(len(word))
        #将 position 位置的字母组合到乱序后的单词
        jumble += word[position]
        #通过切片,将 position 位置字母从原单词中删除
        word = word[:position] + word[(position + 1):]
    print("乱序后单词:", jumble)
```

玩家输入猜测单词,程序判断出对错,猜错用户可以继续猜。

```
guess = input("\n请你猜: ")
while guess !=  correct and guess != "":
    print("对不起不正确.")
    guess = input("继续猜: ")

if guess == correct:
```

```
        print("真棒,你猜对了!")
iscontinue = input("\n是否继续(Y/N):")         #是否继续游戏
```

整个游戏程序运行结果如下:

```
    欢迎参加猜单词游戏
    把字母组合成一个正确的单词.
乱序后单词: yaes
请你猜: easy
真棒,你猜对了!
是否继续(Y/N): y
乱序后单词: diufctlfi
请你猜: difficutl
对不起不正确.
继续猜: difficult
真棒,你猜对了!
是否继续(Y/N): n
>>>
```

2.5　拓展练习——人机对战井字棋游戏

2.5.1　人机对战井字棋游戏功能介绍

人机对战井字棋游戏在九宫方格内进行,如果一方首先沿某方向(横、竖、斜)连成3子,则获取胜利。游戏中输入方格位置代号,形式如下:

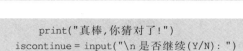

游戏运行过程如图2-2所示。

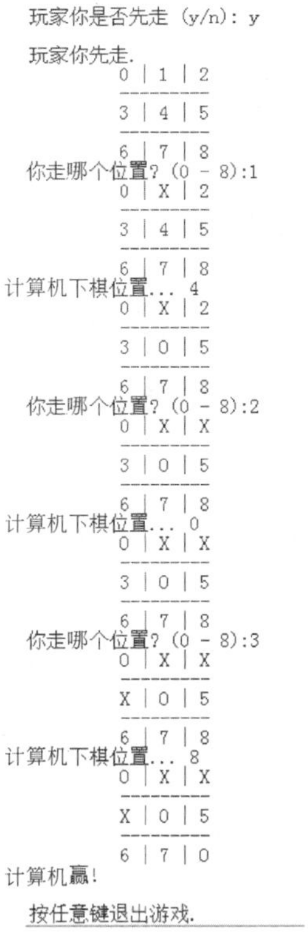

2.5.2　人机对战井字棋游戏设计思想

游戏中,board棋盘存储玩家、计算机落子信息,未落子处为EMPTY。人机对战需要实现计算机智能性,下面是为这个计算机设计的简单策略。

(1) 如果有一步棋可以让计算机在本轮获胜,就选那一步走。

(2) 否则,如果有一步棋可以让玩家在本轮获胜,就选那一步走。

(3) 否则,计算机应该选择最佳的空位置来走。最佳位置

图2-2　井字棋游戏运行界面

就是中间位置，第二好的位置是四个角，剩下的就都算第三好的位置。

程序中定义一个元组 BEST_MOVES，存储最佳方格位置。

```
#按优劣顺序排序的下棋位置
BEST_MOVES = (4, 0, 2, 6, 8, 1, 3, 5, 7)        #最佳下棋位置顺序表
```

按上述规则设计程序，就可以实现计算机智能性。

井字棋输赢判断比较简单，不像五子棋连成五子情况很多，这里只有 8 种方式（即 3 颗同样的棋子排成一条直线）。每种获胜方式都被写成一个元组，就可以得到嵌套元组 WAYS_TO_WIN。

```
#所有赢的可能情况，例如(0, 1, 2)就是第一行，(0, 4, 8), (2, 4, 6)就是对角线
WAYS_TO_WIN = ((0, 1, 2), (3, 4, 5), (6, 7, 8), (0, 3, 6),
               (1, 4, 7), (2, 5, 8), (0, 4, 8), (2, 4, 6))
```

通过遍历，就可以判断是否赢了。

2.5.3　人机对战井字棋游戏设计步骤

下面就是井字棋游戏代码。

1. 定义常量

在 Python 中通常用全部大写的变量名表示常量。

```
#Tic-Tac-Toe井字棋游戏
#全局常量
X = "X"
O = "O"
EMPTY = " "
```

2. 确定谁先走

游戏询问玩家谁先走，先走方为 X，后走方为 O。

```
def ask_yes_no(question):                #询问玩家你是否先走
    response = None
    while response not in ("y", "n"):    #如果输入不是"y"或"n"，继续重新输入
        response = input(question).lower()
    return response
def pieces():                            #函数返回计算机方、玩家的角色代号
    go_first = ask_yes_no("玩家你是否先走 (y/n): ")
    if go_first == "y":
        print("\n玩家你先走.")
        human = X
        computer = O
    else:
        print("\n计算机先走.")
```

```
            computer = X
            human = O
        return computer, human
```

3. 产生新的保存走棋信息列表和显示棋盘

new_board()函数产生的初始元素都是空(EMPTY)走棋信息列表。display_board(board)函数采用字符形式显示棋盘界面。

```
def new_board():              #产生保存走棋信息列表 board
    board = []
    for square in range(9):
        board.append(EMPTY)
    return board
def display_board(board):     #显示棋盘
    board2 = board[:]         #创建副本,修改不影响原来的列表 board
    for i in range(len(board)):
        if board[i] == EMPTY:
            board2[i] = i
    print("\t", board2[0], "|", board2[1], "|", board2[2])
    print("\t", " --------- ")
    print("\t", board2[3], "|", board2[4], "|", board2[5])
    print("\t", " --------- ")
    print("\t", board2[6], "|", board2[7], "|", board2[8], "\n")
```

4. 产生可以合法走棋位置序列

产生可以合法走棋的位置序列,也就是获取还未落过棋子的位置。

```
def legal_moves(board):
    moves = []
    for square in range(9):
        if board[square] == EMPTY:
            moves.append(square)
    return moves
```

5. 玩家走棋

当玩家走棋时,玩家输入0~8的位置数字,如果此位置已经落过棋子,则有相关提示,并能重新输入位置数字。

```
def human_move(board, human):          #玩家走棋
    legal = legal_moves(board)
    move = None
    while move not in legal:
        move = ask_number("你走哪个位置? (0 - 8):", 0, 9)
        if move not in legal:
```

```python
            print("\n 此位置已经落过子了")
        # print("Fine…")
        return move
def ask_number(question, low, high):                  # 输入位置数字
    response = None
    while response not in range(low, high):
        response = int(input(question))
    return response
```

6. 计算机 AI 人工智能走棋

计算机走棋采用 2.5.2 节的设计思想实现人工智能走棋。

```python
def computer_move(board, computer, human):            # 计算机走棋
    board = board[:]                                   # 创建副本,修改不影响原来列表 board
    # 按优劣顺序排序的下棋位置
    BEST_MOVES = (4, 0, 2, 6, 8, 1, 3, 5, 7)          # 最佳下棋位置顺序表
    # 如果计算机能赢,就走那个位置
    for move in legal_moves(board):
        board[move] = computer
        if winner(board) == computer:
            print("计算机下棋位置…",move)
            return move
        # 取消走棋方案
        board[move] = EMPTY
    # 如果玩家能赢,就堵住那个位置
    for move in legal_moves(board):
        board[move] = human
        if winner(board) == human:
            print("计算机下棋位置…",move)
            return move
        # 取消走棋方案
        board[move] = EMPTY
    # 如果不是上面的情况,也就是这一轮时都赢不了,则从最佳下棋位置表中挑出第一个合法位置
    for move in BEST_MOVES:
        if move in legal_moves(board):
            print("计算机下棋位置…",move)
            return move
```

7. 判断输赢

如果满足某种赢的情况,则返回赢方代号 X 或 O。如果棋盘没有空位置,则返回"TIE"代表和局。不是前面情况则返回 False,表示游戏可以继续。

```python
def winner(board):
    # 所有赢的可能情况,例如(0, 1, 2)就是第一行,(0, 4, 8), (2, 4, 6)就是对角线
    WAYS_TO_WIN = ((0, 1, 2), (3, 4, 5), (6, 7, 8), (0, 3, 6),
                   (1, 4, 7), (2, 5, 8), (0, 4, 8), (2, 4, 6))
```

```
    for row in WAYS_TO_WIN:
        if board[row[0]] == board[row[1]] == board[row[2]] != EMPTY:
            winner = board[row[0]]
            return winner                  #返回赢方
    #棋盘没有空位置
    if EMPTY not in board:
        return "TIE"                       #平局和棋,游戏结束
    return False
```

8. 主函数

主函数是一个循环,实现玩家和计算机的轮流下棋。当判断 winner(board) 为 False 时继续游戏,否则结束循环。游戏结束后输出输赢或和棋信息。

```
def main():
    computer, human = pieces()
    turn = X
    board = new_board()
    display_board(board)
    while not winner(board):               #当返回False继续,否则结束循环
        if turn == human:
            move = human_move(board, human)
            board[move] = human
        else:
            move = computer_move(board, computer, human)
            board[move] = computer
        display_board(board)
        turn = next_turn(turn)             #转换角色
    #游戏结束后输出输赢或和棋信息
    the_winner = winner(board)
    if the_winner == computer:
        print("计算机赢!\n")
    elif the_winner == human:
        print("玩家赢!\n")
    elif the_winner == "TIE":              #平局,和棋
        print("平局和棋,游戏结束\n")
#转换角色
def next_turn(turn):
    if turn == X:
        return O
    else:
        return X
```

9. 主程序

主程序就是调用 main() 函数。

```
# start the program
main()
input("按任意键退出游戏.")
```

思考与练习

设计背单词软件,功能要求如下。

(1) 录入单词,输入英文单词及相应的中文,例如:

China　中国
Japan　日本

(2) 查找单词的中文或英文意思(输入中文查对应的英文意思,输入英文查对应的中文意思)。

(3) 随机测试,每次测试 5 题,系统随机显示英文单词,用户回答中文意思,要求能够统计回答的准确率。

提示:可以使用 Python 序列中的字典(dict)实现。

第3章

面向对象设计应用——发牌游戏

面向对象程序设计(Object Oriented Programming,OOP)的思想主要针对大型软件设计而提出,使得软件设计更加灵活,能够很好地支持代码复用和设计复用,并且使得代码具有更好的可读性和可扩展性。面向对象程序设计的一个关键性观念是将数据以及对数据的操作封装在一起,组成一个相互依存、不可分割的整体,即对象。对于相同类型的对象进行分类、抽象后,得出共同的特征而形成了类,面向对象程序设计的关键就是如何合理地定义和组织这些类以及类之间的关系。本章介绍面向对象程序设计中类和对象的定义,类的继承、派生与多态,然后通过扑克牌类设计发牌程序来帮助读者掌握面向对象程序设计的理念。

3.1 发牌游戏功能介绍

在扑克牌游戏中,计算机随机将 52 张牌(不含大小王)发给 4 名牌手,在屏幕上显示每位牌手的牌。本章采用扑克牌类设计扑克牌发牌程序,程序的运行效果如图 3-1 所示。

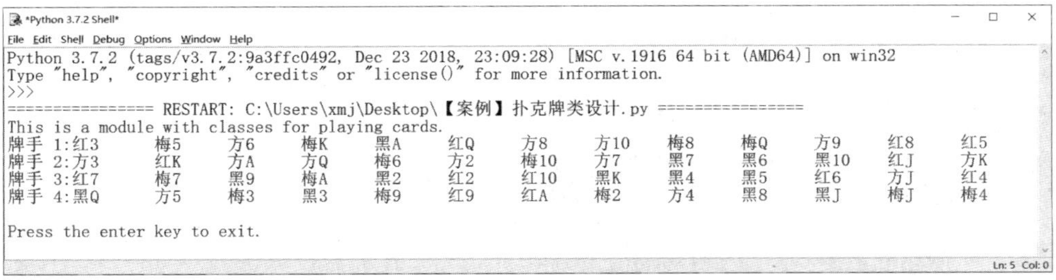

图 3-1 扑克牌发牌程序运行效果

3.2 Python 面向对象设计

视频讲解

现实生活中的每一个相对独立的事物都可以看作一个对象,如一个人、一辆车、一台计算机等。对象是具有某些特性和功能的具体事物的抽象。每个对象都具有描述其特征的属性及附属于它的行为。例如,一辆车有颜色、车轮数、座椅数等属性,也有启动、行驶、停止等行为;一个人有姓名、性别、年龄、身高、体重等特征描述,也有走路、说话、学习、开车等行为;一台计算机由主机、显示器、键盘、鼠标等部件组成,也有开机、运行、关机等行为。

当生产一台计算机的时候,并不是按顺序先生产主机,再生产显示器,再生产键盘、鼠标,而是同时生产和设计主机、显示器、键盘、鼠标等,最后把它们组装起来。将这些部件通过事先设计好的接口进行连接,以便协调工作。这就是面向对象程序设计的基本思路。

每个对象都有一个类型,类是创建对象实例的模板,是对对象的抽象和概括,它包含对所创建对象的属性描述和行为特征的定义。例如,马路上的汽车都是一个一个的汽车对象,但它们全部归属于汽车类,其中,车身颜色是该类的属性,开动是它的方法,保养或报废是它的事件。

Python完全采用了面向对象程序设计的思想,是真正面向对象的高级动态编程语言,完全支持面向对象的基本功能,如封装、继承、多态,以及对基类方法的覆盖或重写。但与其他面向对象程序设计语言不同的是,Python中对象的概念很广泛,Python中的一切内容都可以称为对象。例如,字符串、列表、字典、元组等内置数据类型都具有和类完全相似的语法和用法。

3.2.1 定义和使用类

1. 类定义

创建类时用变量形式表示的对象属性称为数据成员或成员属性(成员变量),用函数形式表示的对象行为称为成员函数(成员方法),成员属性和成员方法统称为类的成员。

类定义的最简单形式如下:

```
class 类名:
    属性(成员变量)
    属性
    ...
    成员函数(成员方法)
```

例如,定义一个Person(人员)类。

```
class Person:
    num = 1                  #成员变量(属性)
    def SayHello(self):      #成员函数
        print("Hello!")
```

在Person类中定义一个成员函数SayHello(self),用于输出字符串"Hello!"。同样,Python使用缩进标识类的定义代码。

2. 对象定义

对象是类的实例。如果人类是一个类,那么某个具体的人就是一个对象。只有定义了具体的对象,并通过"对象名.成员"的方式才能访问其中的数据成员或成员方法。

Python 创建对象的语法如下:

对象名 = 类名()

例如,下面的代码定义了一个 Person 类的对象 p:

```
p = Person()
p.SayHello()         ♯访问成员函数 SayHello()
```

程序运行结果如下:

```
Hello!
```

3.2.2 构造函数

类可以定义一个特殊的叫作__init__()的方法(构造函数,以两个下画线"__"开头和结束)。一个类定义了__init__()方法以后,类实例化时就会自动为新生成的类实例调用__init__()方法。构造函数一般用于完成对象数据成员设置初值或进行其他必要的初始化工作。如果用户未涉及构造函数,Python 将提供一个默认的构造函数。

例如,定义一个复数类 Complex,构造函数会完成对象变量初始化工作。

```
class Complex:
    def __init__(self, realpart, imagpart):
        self.r = realpart
        self.i = imagpart
x = Complex(3.0, -4.5)
print(x.r, x.i)
```

程序运行结果如下:

```
3.0  -4.5
```

3.2.3 析构函数

Python 中类的析构函数是__del__(),用来释放对象占用的资源,在 Python 回收对象空间之前自动执行。如果用户未涉及析构函数,Python 将提供一个默认的析构函数进行必要的清理工作。

例如:

```
class Complex:
    def __init__(self, realpart, imagpart):
        self.r = realpart
        self.i = imagpart
    def __del__(self):
        print("Complex 不存在了")
```

```
x = Complex(3.0, -4.5)
print(x.r, x.i)
print(x)
del x                          #删除 x 对象变量
```

程序运行结果如下:

```
3.0 -4.5
<_main_.Complex object at 0x01F87C90>
Complex 不存在了
```

说明:在删除 x 对象变量之前,x 是存在的,在内存中的标识为 0x01F87C90,执行"del x"语句后,x 对象变量不存在了,系统自动调用析构函数,所以出现"Complex 不存在了"。

3.2.4 实例属性和类属性

属性(成员变量)有两种,一种是实例属性,另一种是类属性(类变量)。实例属性是在构造函数__init__中定义的,定义时以 self 作为前缀;类属性是在类中方法之外定义的属性。在主程序中(在类的外部),实例属性属于实例(对象)只能通过对象名访问;类属性属于类可通过类名访问,也可以通过对象名访问,为类的所有实例共享。

【例 3-1】 定义含有实例属性(姓名 name,年龄 age)和类属性(人数 num)的 Person 人员类。

```
class Person:
    num = 1                              #类属性
    def __init__(self, str,n):           #构造函数
        self.name = str                  #实例属性
        self.age = n
    def SayHello(self):                  #成员函数
        print("Hello!")
    def PrintName(self):                 #成员函数
        print("姓名:", self.name, "年龄: ", self.age)
    def PrintNum(self):                  #成员函数
        print(Person.num)                #由于是类属性,所以不写 self.num
#主程序
P1 = Person("夏敏捷",42)
P2 = Person("王琳",36)
P1.PrintName()
P2.PrintName()
Person.num = 2                           #修改类属性
P1.PrintNum()
P2.PrintNum()
```

程序运行结果如下:

```
姓名:夏敏捷 年龄: 42
姓名:王琳 年龄: 36
2
2
```

num 变量是一个类变量,它的值将在这个类的所有实例之间共享。用户可以在类内部或类外部使用 Person.num 访问。

在类的成员函数(方法)中可以调用类的其他成员函数(方法),可以访问类属性、对象实例属性。

在 Python 中比较特殊的是,可以动态地为类和对象增加成员,这一点与其他面向对象程序设计语言不同,也是 Python 动态类型特点的一种重要体现。

3.2.5 私有成员和公有成员

Python 并没有对私有成员提供严格的访问保护机制。在定义类的属性时,如果属性名以两个下画线"__"开头则表示是私有属性,否则是公有属性。私有属性在类的外部不能直接访问,需要通过调用对象的公有成员方法来访问,或者通过 Python 支持的特殊方式来访问。Python 提供了访问私有属性的特殊方式,可用于程序的测试和调试,对于成员方法也具有同样的性质。这种方式如下:

```
对象名._类名+私有成员
```

例如,访问 Car 类私有成员__weight。

```
car1._Car__weight
```

私有属性是为了数据封装和保密而设的属性,一般只能在类的成员方法(类的内部)中使用访问,虽然 Python 支持用一种特殊的方式从外部直接访问类的私有成员,但是并不推荐这样做。公有属性是可以公开使用的,既可以在类的内部进行访问,也可以在外部程序中使用。

【例 3-2】 为 Car 类定义私有成员。

```
class Car:
    price = 100000          #定义类属性
    def __init__(self, c, w):
        self.color = c      #定义公有属性 color
        self.__weight = w   #定义私有属性__weight
#主程序
car1 = Car("Red",10.5)
car2 = Car("Blue",11.8)
print(car1.color)
print(car1._Car__weight)
print(car1.__weight)        #AttributeError
```

程序运行结果如下:

```
Red
10.5
AttributeError: 'Car' object has no attribute '__weight'
```

3.2.6 方法

在类中定义的方法可以粗略分为3种：公有方法、私有方法、静态方法。其中，公有方法、私有方法都属于对象，私有方法的名字以两个下画线"__"开始。每个对象都有自己的公有方法和私有方法，在这两类方法中可以访问属于类和对象的成员；公有方法通过对象名直接调用，私有方法不能通过对象名直接调用，只能在属于对象的方法中通过 self 调用或在外部通过 Python 支持的特殊方式来调用。如果通过类名来调用属于对象的公有方法，需要为显式的 self 参数传递一个对象名，用来明确指定访问哪个对象的数据成员。静态方法可以通过类名和对象名调用，但不能直接访问属于对象的成员，只能访问属于类的成员。

【例 3-3】 公有方法、私有方法、静态方法的定义和调用实例。

```
class Person:
    num = 0                              # 类属性
    def __init__(self, str,n,w):         # 构造函数
        self.name = str                  # 对象实例属性(成员)
        self.age = n
        self.__weight = w                # 定义私有属性__weight
        Person.num += 1
    def __outputWeight(self):            # 定义私有方法 outputWeight
        print("体重: ",self.__weight)    # 访问私有属性__weight
    def PrintName(self):                 # 定义公有方法(成员函数)
        print("姓名: ", self.name, "年龄: ", self.age, end = " ")
        self.__outputWeight()            # 调用私有方法 outputWeight
    def PrintNum(self):                  # 定义公有方法(成员函数)
        print(Person.num)                # 由于是类属性，所以不写 self.num
    @staticmethod
    def getNum():                        # 定义静态方法 getNum
        return Person.num
# 主程序
P1 = Person("夏敏捷",42,120)
P2 = Person("张海",39,80)
P1.PrintName()
P2.PrintName()
Person.PrintName(P2)
print("人数: ",Person.getNum())
print("人数: ",P1.getNum())
```

程序运行结果如下：

```
姓名: 夏敏捷 年龄: 42 体重: 120
姓名: 张海 年龄: 39 体重: 80
姓名: 张海 年龄: 39 体重: 80
人数: 2
人数: 2
```

继承是为代码复用和设计复用而设计的，是面向对象程序设计的重要特性之一。在设

计一个新类时,如果可以继承一个已有的设计良好的类然后进行二次开发,无疑会大幅减少开发工作量。

3.2.7 类的继承

在继承关系中,已有的、设计好的类称为父类或基类,新设计的类称为子类或派生类。派生类可以继承父类的公有成员,但是不能继承其私有成员。

类继承的语法如下:

```
class 派生类名(基类名):      #基类名写在括号里
    派生类成员
```

在 Python 中,类继承的特点如下:

(1) 在继承中基类的构造函数(__init__()方法)不会被自动调用,它需要在其派生类的构造中专门调用。

(2) 需要在派生类中调用基类的方法时,通过"基类名.方法名()"的方式来实现,需要加上基类的类名前缀,且需要带 self 参数变量(在类中调用普通函数时并不需要带 self 参数)。也可以使用内置函数 super()实现这一目的。

(3) Python 总是首先查找对应类型的方法,如果它不能在派生类中找到对应的方法,它才开始到基类中逐个查找(先在本类中查找调用的方法,找不到再去基类中找)。

【例 3-4】 设计 Person 类,并根据 Person 派生 Student 类,分别创建 Person 类与 Student 类的对象。

```
#定义基类: Person 类
import types
class Person(object):   #基类必须继承于 object,否则在派生类中将无法使用 super()函数
    def __init__(self, name = '', age = 20, sex = 'man'):
        self.setName(name)
        self.setAge(age)
        self.setSex(sex)
    def setName(self, name):
        if type(name)!= str:         #内置函数 type()返回被测对象的数据类型
            print('姓名必须是字符串.')
            return
        self.__name = name
    def setAge(self, age):
        if type(age)!= int:
            print('年龄必须是整数.')
            return
        self._age = age
    def setSex(self, sex):
        if sex != '男' and sex != '女':
            print('性别输入错误')
            return
        self.__sex = sex
    def show(self):
```

```
            print('姓名：', self.__name, '年龄：', self.__age,'性别：', self.__sex)
#定义子类(Student类),其中增加一个入学年份私有属性(数据成员)
class Student(Person):
    def __init__(self, name = '', age = 20, sex = 'man', schoolyear = 2016):
        #调用基类构造方法初始化基类的私有数据成员
        super(Student, self).__init__(name, age, sex)
        #Person.__init__(self, name, age, sex)    #也可以这样初始化基类私有数据成员
        self.setSchoolyear(schoolyear)            #初始化派生类的数据成员
    def setSchoolyear(self, schoolyear):
        self.__schoolyear = schoolyear
    def show(self):
        Person.show(self)                         #调用基类show()方法
        #super(Student, self).show()              #也可以这样调用基类show()方法
        print('入学年份：', self.__schoolyear)
#主程序
if __name__ == '__main__':
    zhangsan = Person('张三', 19, '男')
    zhangsan.show()
    lisi = Student('李四', 18, '男', 2015)
    lisi.show()
    lisi.setAge(20)                               #调用继承的方法修改年龄
    lisi.show()
```

程序运行结果如下：

```
姓名：张三 年龄：19 性别：男
姓名：李四 年龄：18 性别：男
入学年份：2015
姓名：李四 年龄：20 性别：男
入学年份：2015
```

方法重写必须出现在继承中。它是指当派生类继承了基类的方法之后，如果基类方法的功能不能满足需求，需要对基类中的某些方法进行修改，即可以在派生类重写基类的方法。

【例3-5】 重写父类（基类）的方法。

```
class Animal:                                     #定义父类
    def run(self):
        print("Animal is running…")               #调用父类方法
class Cat(Animal):                                #定义子类
    def run(self):
        print("Cat is running…")                  #调用子类方法
class Dog(Animal):                                #定义子类
    def run(self):
        print("Dog is running…")                  #调用子类方法

c = Dog()                                         #子类实例
c.run()                                           #子类调用重写方法
```

程序运行结果如下:

```
Dog is running...          #调用子类方法
```

当子类 Dog 和父类 Animal 都存在相同的 run()方法时,子类的 run()覆盖了父类的 run(),在代码运行时,总是会调用子类的 run()。这样,就获得了继承的另一个优点:多态。

3.2.8 多态

视频讲解

要理解什么是多态,首先要对数据类型再做一点说明。定义一个类时,实际上就定义了一种数据类型。定义的数据类型和 Python 自带的数据类型(如 string、list、dict)没什么区别。例如:

```
a = list()              #a 是 list 类型
b = Animal()            #b 是 Animal 类型
c = Dog()               #c 是 Dog 类型
```

判断一个变量是否是某个类型,可以用 isinstance()判断:

```
>>> isinstance(a, list)
True
>>> isinstance(b, Animal)
True
>>> isinstance(c, Dog)
True
```

即 a、b、c 分别对应着 list、Animal、Dog 这三种类型。

```
>>> isinstance(c, Animal)
True
```

因为 Dog 是从 Animal 继承下来的,当创建了一个 Dog 的实例 c 时,判定 c 的数据类型是 Dog 没错,但 c 同时也是 Animal 也没错,因为 Dog 本来就是 Animal 的一种。

所以,在继承关系中,如果一个实例的数据类型是某个子类,那它的数据类型也可以被看作父类。反之则错误,如下:

```
>>> b = Animal()
>>> isinstance(b, Dog)
False
```

其中,Dog 可以看成 Animal,但 Animal 不可以看成 Dog。

要理解多态的优点,还需要再编写一个函数接受一个 Animal 类型的变量:

```
def run_twice(animal):
    animal.run()
    animal.run()
```

当传入 Animal 的实例时，run_twice() 就输出：

```
>>> run_twice(Animal())
Animal is running…
Animal is running…
```

当传入 Dog 的实例时，run_twice() 就输出：

```
>>> run_twice(Dog())
Dog is running…
Dog is running…
```

当传入 Cat 的实例时，run_twice() 就输出：

```
>>> run_twice(Cat())
Cat is running…
Cat is running…
```

现在，如果再定义一个 Tortoise 类型，也从 Animal 派生：

```
class Tortoise(Animal):
    def run(self):
        print('Tortoise is running slowly…')
```

当调用 run_twice() 时，传入 Tortoise 的实例：

```
>>> run_twice(Tortoise())
Tortoise is running slowly…
Tortoise is running slowly…
```

此时，会发现新增一个 Animal 的子类，不必对 run_twice() 做任何修改。实际上，任何依赖 Animal 作为参数的函数或者方法都可以不加修改地正常运行，原因就在于多态。

多态的好处在于，当需要传入 Dog、Cat、Tortoise……时，只需要接收 Animal 类型即可。因为 Dog、Cat、Tortoise……都是 Animal 类型，然后，按照 Animal 类型进行操作即可。由于 Animal 类型有 run() 方法，因此，传入的任意类型，只要是 Animal 类或者子类，就会自动调用实际类型的 run() 方法，这就是多态的意义。

对于一个变量，只需要知道它是 Animal 类型，无须确切地知道它的子类型，就可以放心地调用 run() 方法，而具体调用的 run() 方法是作用在 Animal、Dog、Cat 还是 Tortoise 对象上，由运行时该对象的确切类型决定。这就是多态真正的作用：调用方只管调用，不管细节。而当新增一种 Animal 的子类时，只要确保 run() 方法编写正确，不用管原来的代码是如何调用的，这就是著名的"开闭"原则，说明如下。

（1）对扩展开放：允许新增 Animal 子类。
（2）对修改封闭：不需要修改依赖 Animal 类型的 run_twice() 等函数。

3.3 扑克牌发牌程序设计的步骤

3.3.1 设计类

视频讲解

对发牌程序设计了三个类：Card 类、Hand 类和 Poke 类。

1. Card 类

Card 类代表一张牌，其中 FaceNum 字段指的是牌面数字 1～13，Suit 字段指的是花色，值"梅"为梅花，"方"为方块，"红"为红桃，"黑"为黑桃。

其中：

(1) Card 构造函数根据参数初始化封装的成员变量，实现牌面大小和花色的初始化，以及是否显示牌面，默认 True 为显示牌正面。

(2) __str__()方法用来输出牌面大小和花色。

(3) pic_order()方法获取牌的顺序号，牌面按梅花 1～13、方块 14～26、红桃 27～39、黑桃 40～52 的顺序编号（未洗牌之前）。也就是说梅花 2 的编号为 2，方块 A 的编号为 14，方块 K 的编号为 26。这个方法是为图形化显示牌面预留的方法。

(4) flip()是翻牌方法，改变牌正面是否显示的属性值。

```python
# Cards Module
class Card():
    """ A playing card. """
    RANKS = ["A", "2", "3", "4", "5", "6", "7", "8", "9", "10", "J", "Q", "K"]
                                        # 牌面数字 1～13
    SUITS = ["梅", "方", "红", "黑"]      # "梅"为梅花,"方"为方块,"红"为红桃,"黑"为黑桃

    def __init__(self, rank, suit, face_up = True):
        self.rank = rank                 # 指的是牌面数字 1～13
        self.suit = suit                 # suit 指的是花色
        self.is_face_up = face_up        # 是否显示牌正面,True 为牌正面,False 为牌背面

    def __str__(self):                   # 重写 print()方法,打印一张牌的信息
        if self.is_face_up:
            rep = self.suit + self.rank
        else:
            rep = "XX"
        return rep

    def pic_order(self):                 # 牌的顺序号
        if self.rank == "A":
            FaceNum = 1
        elif self.rank == "J":
            FaceNum = 11
        elif self.rank == "Q":
            FaceNum = 12
```

```
        elif self.rank == "K":
            FaceNum = 13
        else:
            FaceNum = int(self.rank)
        if self.suit == "梅":
            Suit = 1
        elif self.suit == "方":
            Suit = 2
        elif self.suit == "红":
            Suit = 3
        else:
            Suit = 4
        return (Suit - 1) * 13 + FaceNum

    def flip(self):                          # 翻牌方法
        self.is_face_up = not self.is_face_up
```

2. Hand 类

Hand 类代表一手牌(一位玩家手里拿的牌),可以认为是一位牌手手里的牌,其中 cards 列表变量存储牌手手里的牌,可以增加牌、清空手里的牌或把一张牌给别的牌手。

```
class Hand():
    """ A hand of playing cards. """
    def __init__(self):
        self.cards = []                      # cards 列表变量存储牌手的牌
    def __str__(self):                       # 重写 print()方法,打印出牌手的所有牌
        if self.cards:
            rep = ""
            for card in self.cards:
                rep += str(card) + "\t"
        else:
            rep = "无牌"
        return rep
    def clear(self):                         # 清空手里的牌
        self.cards = []
    def add(self, card):                     # 增加牌
        self.cards.append(card)
    def give(self, card, other_hand):        # 把一张牌给别的牌手
        self.cards.remove(card)
        other_hand.add(card)
```

3. Poke 类

Poke 类代表一副牌,可以看作有 52 张牌的牌手,所以继承 Hand 类。由于其中 cards 列表变量要存储 52 张牌,而且要有发牌、洗牌操作,所以增加如下的方法:

(1) populate(self)生成存储了 52 张牌的一手牌,这些牌按梅花 1~13、方块 14~26、红

桃 27～39、黑桃 40～52 的顺序(未洗牌之前)存储在 cards 列表变量中。

(2) shuffle(self)洗牌,使用 Python 的 random 模块 shuffle()方法打乱牌的存储顺序即可。

(3) deal(self,hands,per_hand=13)是完成发牌动作,发给 4 位玩家,每人默认 13 张牌。若给 per_hand 传 10,则每人发 10 张牌,只不过牌没发完。

```
# Poke 类
class Poke(Hand):
    """ A deck of playing cards. """
    def populate(self):                          # 生成一副牌
        for suit in Card.SUITS:
            for rank in Card.RANKS:
                self.add(Card(rank, suit))
    def shuffle(self):                           # 洗牌
        import random
        random.shuffle(self.cards)               # 打乱牌的顺序

    def deal(self, hands, per_hand = 13):        # 发牌,发给玩家,每人默认 13 张牌
        for rounds in range(per_hand):
            for hand in hands:
                if self.cards:
                    top_card = self.cards[0]
                    self.cards.remove(top_card)
                    hand.add(top_card)
                    # self.give(top_card, hand)  # 上两句可以用此语句替换
                else:
                    print("不能继续发牌了,牌已经发完!")
```

注意:Python 子类的构造函数默认是从父类继承过来的,所以如果没在子类中重写构造函数,则是从父类调用的。

3.3.2 主程序

主程序比较简单,因为有 4 位玩家,所以生成 players 列表存储初始化的 4 位牌手。生成一副牌对象实例 poke1,调用 populate()方法生成有 52 张牌的一副牌,调用 shuffle()方法洗牌打乱顺序,调用 deal(players,13)方法发给每位牌手 13 张牌,最后显示 4 位牌手所有的牌。

```
# 主程序
if __name__ == "__main__":
    print("This is a module with classes for playing cards.")
    # 四位玩家
    players = [Hand(),Hand(),Hand(),Hand()]
    poke1 = Poke()
    poke1.populate()              # 生成一副牌
    poke1.shuffle()               # 洗牌
    poke1.deal(players,13)        # 发给每位牌手 13 张牌
```

```
# 显示4位牌手的牌
n = 1
for hand in players:
    print("牌手",n,end = ":")
    print(hand)
    n = n + 1
input("\nPress the enter key to exit.")
```

3.4 拓展练习——斗牛扑克牌游戏

3.4.1 斗牛游戏功能介绍

斗牛游戏分为庄家和闲家(即玩家)两位牌手。游戏的规则是:庄家和玩家每人发5张牌,庄家和玩家比拼牌面点数大小决定输赢。

1. 计算点数

斗牛游戏计算点数的规则如下:

(1) J、Q、K 牌都算 10 点,A 算 1 点,其余的牌按牌面值计算点数。游戏中不出现大小王牌。

(2) 牌局开始时,每人发 5 张牌,庄家和玩家需要将手中任意 3 张牌能组成 10 的倍数(如 A27、334、55J、91K、10JQ、JJK 等),称为"牛",剩余的两张牌加起来算点数(超过 10 则去掉十位数只留个位数),点数是几点就是牌面点数,也称为牛几(如剩余的两张牌加起来为5 点,则为"牛 5"),如果剩下两张牌正好是 10 点则为"牛牛"。如果 5 张牌中任意 3 张牌之和都不是 10 的倍数,则牌面点数为 0(即无牛)。

2. 比较大小

大小比较规则如下:

(1) 牛牛>牛 9>牛 8>牛 7>牛 6>牛 5>牛 4>牛 3>牛 2>牛 1>无牛。

(2) 计算输赢倍率的规则和点数有关,点数为 10(即牛牛)时,倍率为 3;点数为 7~9 时,倍率为 2;点数为 0~6 时,倍率为 1。

(3) 庄家和玩家的点数相同时,需要继续比较各自牌面中最大的牌,花色大小一般规则是按黑桃、红桃、梅花和方块的顺序,所以黑桃 K 最大,方块 A 最小。

3. 游戏过程

每局游戏玩家首先下赌注(欢乐豆数),然后给庄家和玩家各发 5 张牌,游戏显示双方牌手的牌,计算出牌面点数,并比较出谁的牌面点数大。

如果玩家赢则玩家得到(赌注×点数大小对应的倍率)个欢乐豆,玩家输则减去(赌注×点数大小对应的倍率)个欢乐豆。欢乐豆数量小于 0,则游戏结束;或者玩家输入的赌注小于或等于 0 时,则游戏也结束(这时主动退出游戏)。

游戏运行过程如下:

```
游戏开始
请输入玩家的初始欢乐豆：10
第 1 局游戏开始！
请玩家输入赌注：2
庄家的牌为：['K♠', 'A♦', '9♣', 'Q♣', '6♦']
庄家的点数：6
玩家的牌为：['J♣', '5♦', '7♣', '2♥', 'K♣']
玩家的点数：0
这把您输了
您的赌资还剩下：8
游戏继续

第 2 局游戏开始！
请玩家输入赌注：4
庄家的牌为：['8♥', '2♣', '3♠', 'K♥', '10♣']
庄家的点数：3
玩家的牌为：['6♣', '5♣', '7♦', '2♠', '9♠']
玩家的点数：9
这把您赢了
您的赌资还剩下：16
游戏继续

第 3 局游戏开始！
请玩家输入赌注：
```

3.4.2 程序设计的思路

斗牛游戏分为庄家和玩家，所以设计 player 类来创建庄家和玩家这两个对象。player 类封装牌面点数的计算、倍率的计算和获取牌面中最大牌等方法。

在 main() 函数中实现整个游戏逻辑，对庄家和玩家的点数进行比较，判断游戏结束的条件是否满足，以及玩家输入赌注和主动退出游戏的功能。

Python 使用 itertools 库提供的 permutations() 和 combinations() 函数，可以实现元素的排列和组合。例如：

```
from itertools import combinations
test_data = ['a', 'b', 'c', 'd']
print("两个元素的组合")
for i in combinations(test_data, 2):
    print(i, end = ",")
print("\n 三个元素的组合")
for i in combinations(test_data, 3):
    print(i, end = ",")
```

程序运行结果如下：

```
两个元素的组合
('a', 'b'),('a', 'c'),('a', 'd'),('b', 'c'),('b', 'd'),('c', 'd'),
```

三个元素的组合
('a', 'b', 'c'),('a', 'b', 'd'),('a', 'c', 'd'),('b', 'c', 'd'),

从结果可知,实现了任意两个和三个元素的组合,本程序即采用该方法实现任意 3 张牌的组合并计算牌面点数。

```
for i in permutations(test_data, 2):
    print(i,end = ",")
```

程序运行结果如下:

('a', 'b'),('a', 'c'),('a', 'd'),('b', 'a'),('b', 'c'),('b', 'd'),('c', 'a'),('c', 'b'),('c', 'd'),
('d', 'a'),('d', 'b'),('d', 'c'),

从结果可知,实现了任意两个元素的全排列。

注意,在 Python 3 中,permutations()和 combinations()函数返回值已经不是 list 列表,而是 iterator 迭代器(是一个对象),所以在需要 list 列表时,需要用 list()函数将 iterator 迭代器转换成 list 列表。例如:

```
list1 = list(permutations(test_data, 2))    # 得到列表
```

3.4.3 程序设计的步骤

1. 设计 player 类

在 player 类中,构造函数定义了 self.poker 和 self.bet_on 属性,它们分别存储每位牌手的 5 张牌及其下的赌注。sum_value(self)方法计算出 5 张牌中每张牌的点数。poker_point(self) 计算是牛几,即点数是几。当双方的点数相同时,需要比较庄家和玩家手中最大牌面的牌,此时调用 sorted_index(self) 方法获取牌手手中最大牌面的牌。level_rate(self) 计算点数大小对应的倍率。

```
import itertools
import random
class player(object):                              # player 类
    def __init__(self, poker,bet_on):              # 构造函数
        super(player, self).__init__()
        self.poker = poker                         # 自己的 5 张牌
        self.bet_on = bet_on                       # 赌注
    def sum_value(self):                           # 计算出 5 张牌中每张牌的点数
        L = []
        for i in self.poker:                       # i 是'J♣''10♥'这样的字符串
            # if i[0] == 'J' or i[0] == 'Q' or i[0] == 'K' or i[:2] == '10':
            if i[:-1] in ['10','J','Q','K']:       # 判断牌面是否是 10、J、Q、K
                num = 10
            elif i[0] == 'A':
```

```
                num = 1
            else:
                num = int(i[0])
            L.append(num)
        return L
    #计算牛几,即点数是几
    def poker_point(self):
        lst = self.sum_value()
        #排列组合：三张牌的点数之和为 10 的倍数
        maxn = 0
        for j in itertools.combinations(lst, 3):      #任意三张牌组合
            if sum(j) % 10 == 0:                      #三张可以组合成牛牌
                k = sum(lst) % 10                     #根据总点数计算余下两张牌的点数和
                if k == 0:                            #即牛牛
                    return 10
                if k > maxn:                          #即牛 k
                    maxn = k
        return maxn
    #获取最大牌的索引,索引值大则牌面就大
    def sorted_index(self):                           #找 5 张牌中牌面最大的牌
        L = []
        for i in self.poker:
            index = poker_list().index(i)             #获取某张牌在一副牌没洗牌前的索引
            L.append(index)
        return max(L)                                 #获取 5 张牌中最大的索引值
    def level_rate(self):                             #点数的大小对应的倍率
        point = self.poker_point()
        if point == 10:
            self.bet_on *= 3
        elif 7 <= point < 10:
            self.bet_on *= 2
        elif point < 7:
            self.bet_on *= 1
        return self.bet_on
```

2. 生成所有的牌

生成一副牌中的 52 张花色牌。

```
def poker_list():                              #生成所有的牌
    color = ['♦', '♣', '♠', '♥']              #['\u2666', '\u2663', '\u2660','\u2665']
    num_poker = ['A', '2', '3', '4', '5', '6', '7', '8', '9', '10', 'J', 'Q', 'K']
    #Joker = ['big_Joker','small_Joker']
    sum_poker = [i + j for i in num_poker for j in color]
    return sum_poker
```

3. 设计主程序

实现游戏的逻辑,玩家下赌注后每次都重新生成一副原始牌的 52 张牌,洗牌后,按顺序

发给庄家5张牌(前5张牌)和玩家5张牌(一副牌的第6~10张牌)。按游戏点数规则判断输赢,计算出玩家剩余欢乐豆。如果欢乐豆数量小于0则游戏结束;或者玩家输入的赌注小于或等于0时,游戏结束(玩家主动退出游戏)。

```python
def main():
    print("游戏开始")
    value = int(input('请输入玩家的初始欢乐豆: '))
    i = 1                                       # 统计玩家游戏局数
    while True:
        print('第 % s 局游戏开始!' % i)
        bet_on = input('请玩家输入赌注:')
        bet_on = int(bet_on)
        # 输入的赌注小于或等于0时,游戏结束(玩家主动退出游戏)
        if bet_on <= 0:
            print('游戏结束')
            print('您剩下的欢乐豆为: ', value)
            return
        else:
            L = poker_list()                    # 重新生成一副原始牌的52张牌
            random.shuffle(L)                   # 把牌随机洗好
            # 按顺序发牌(因为牌已经打乱顺序,所以顺序发牌)
            hostpoker = L[:5]                   # 一副牌的前5张牌
            host_value = player(hostpoker, bet_on)   # 创建庄家对象,把5张牌和赌注作为参数
            host_sumPoint = host_value.poker_point()  # 庄家牌面的点数
            print("庄家的牌为:", hostpoker)
            print("庄家的点数:", host_sumPoint)

            poker = L[5:10]                     # 一副牌的第6~10张牌
            player_value = player(poker, bet_on)   # 创建玩家对象,把5张牌和赌注作为参数
            player_sumPoint = player_value.poker_point()   # 玩家牌面的点数
            print("玩家的牌为:", poker)
            print("玩家的点数:", player_sumPoint)

            # 比较双方的点数,然后按照情况更改赌注和欢乐豆
            # 点数相同时,比较牌面中最大的牌
            if player_sumPoint == host_sumPoint:
                if player_value.sorted_index() > host_value.sorted_index():
                    print("这把您赢了")
                    value += player_value.level_rate()
                else:
                    print("这把您输了")
                    value -= host_value.level_rate()
            elif player_sumPoint > host_sumPoint:
                print("这把您赢了")
                value += player_value.level_rate()
            else:
                print("这把您输了")
                value -= host_value.level_rate()
            # 判断游戏结束的条件
```

```
                if value > 0:                    # 欢乐豆数量
                    print('您的赌资还剩下：', value)
                    print('游戏继续\r\n')
                else:
                    print('您已经输光了欢乐豆,游戏结束!!!')
                    return
            i += 1  # 游戏局数加1
# 主程序
if __name__ == '__main__':
    main()
```

至此,完成了斗牛扑克牌游戏设计。

思考与练习

使用面向对象设计思想重新设计背单词软件,功能要求如下。

(1) 录入单词。输入英文单词及相应的中文意思,例如:

China 中国
Japan 日本

(2) 查找单词的中文或英文意思(即输入中文可查对应的英文意思,输入英文可查对应的中文意思)。

(3) 随机测试,每次测试5题,系统随机显示英文单词,用户输入中文意思,要求能够统计回答的准确率。

提示:可以设计word类,实现单词信息的存储。

第4章

Python图形界面设计——猜数字游戏

本章之前所有的输入和输出都是简单的文本,但现代计算机和程序都会使用大量的图形,因而,本章以 Tkinter 模块为例学习建立一些简单的 GUI(图形用户界面),使编写的程序像大家平常熟悉的那些程序一样,有窗体、按钮之类的图形界面。本章的猜数字游戏界面使用 Tkinter 开发,学习本章的主要目的是掌握图形界面开发的能力。

4.1 使用 Tkinter 开发猜数字游戏功能介绍

在猜数字游戏中,计算机随机生成值 1024 以内的数字,然后玩家去猜,如果猜的数值过大或过小都会提示,程序要统计玩家猜的次数。使用 Tkinter 开发猜数字游戏,运行效果如图 4-1 所示。

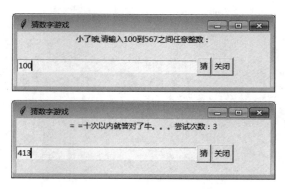

图 4-1 猜数字游戏运行效果

4.2 Python 图形界面设计

Python 提供了多个图形开发界面的库,几个常用 Python GUI 库如下。

(1) Tkinter:Tkinter 模块(Tk 接口)是 Python 的标准 Tk GUI 工具包的接口。Tkinter 可以在大多数的 UNIX 平台下使用,同样可以应用在 Windows 和 Macintosh 系统里。Tk 8.0 的后续版本可以实现本地窗口风格,并能良好地运行在绝大多数平台中。

（2）wxPython：wxPython 是一款开源软件，也是 Python 语言的一套优秀的 GUI 图形库，允许 Python 程序员很方便地创建完整的、功能健全的 GUI 用户界面。

（3）Jython：Jython 程序可以和 Java 无缝集成。除了一些标准模块，Jython 使用 Java 的模块。Jython 几乎拥有标准的 Python 中不依赖于 C 语言的全部模块。比如，Jython 的用户界面使用 Swing、AWT 或者 SWT。Jython 可以被动态或静态地编译成 Java 字节码。

Tkinter 是 Python 的标准 GUI 库。由于 Tkinter 内置到了 Python 的安装包中，只要安装好 Python 之后就能导入 Tkinter 库，而且 IDLE 也是用 Tkinter 编写而成，对于简单的图形界面 Tkinter 还是能应付自如。使用 Tkinter 可以快速地创建 GUI 应用程序。本书主要采用 Tkinter 设计图形界面。

4.2.1 创建 Window 窗口

使用 Tkinter 可以很方便地创建 Window 窗口，具体方法如例 4-1 所示。

【例 4-1】 Tkinter 创建一个 Window 窗口的 GUI 程序。

```
import tkinter                          # 导入 Tkinter 模块
win = tkinter.Tk()                      # 创建 Window 窗口对象
win.title('我的第一个 GUI 程序')         # 设置窗口标题
top.mainloop()                          # 进入消息循环，也就是显示窗口
```

在创建 Window 窗口对象后，可以使用 geometry()方法设置窗口的大小，格式如下：

窗口对象.geometry(size)

size 用于指定窗口大小，格式如下：

宽度 x 高度 （注：x 是小写字母 x，不是乘号）

【例 4-2】 显示一个 Window 窗口，初始大小为 800×600。

```
from tkinter import *
win = Tk();
win.geometry("800×600")
win.mainloop();
```

还可以使用 minsize()方法设置最小窗口的大小，使用 maxsize()方法设置最大窗口的大小，方法如下：

窗口对象.minsize(最小宽度,最小高度)
窗口对象.maxsize(最大宽度,最大高度)

例如：

```
win.minsize("400,600")
win.maxsize("1440,800")
```

设置窗口时，Tkinter 包含许多组件供用户使用，详见 4.2.3 节。

4.2.2 几何布局管理器

Tkinter 几何布局管理器（geometry manager）用于组织和管理父组件（往往是窗口）中子组件的布局方式。Tkinter 提供了三种不同风格的几何布局管理类：pack、grid 和 place。

1. pack 几何布局管理器

pack 几何布局管理器采用块的方式组织组件。pack 布局根据子组件创建生成的顺序，将其放在快速生成界面设计中而广泛采用。

> 调用子组件的方法 pack()，则该子组件在其父组件中采用 pack 布局：
> pack(option = value, …)

pack 方法提供如表 4-1 所示的若干参数选项。

表 4-1 pack 方法提供参数选项

选项	描述	取值范围
side	决定停靠在父组件的哪一边	'top'（默认值），'bottom'，'left'，'right'
anchor	停靠位置，对应于东南西北以及 4 个角	'n'，'s'，'e'，'w'，'nw'，'sw'，'se'，'ne'，'center'（默认值）
fill	填充空间	'x'，'y'，'both'，'none'
expand	扩展空间	0 或 1
ipadx,ipady	组件内部在 x/y 方向上填充的空间大小	单位为 c（厘米）、m（毫米）、i（英寸）、p（打印机的点）
padx,pady	组件外部在 x/y 方向上填充的空间大小	单位为 c（厘米）、m（毫米）、i（英寸）、p（打印机的点）

【例 4-3】 pack 几何布局管理器的 GUI 程序，运行效果如图 4-2 所示。

```
import tkinter
root = tkinter.Tk()
label = tkinter.Label(root,text = 'hello,python')
label.pack()                                          # 将 Label 组件添加到窗口中显示
button1 = tkinter.Button(root,text = 'BUTTON1')       # 创建名称是 BUTTON1 的 Button 组件
button1.pack(side = tkinter.LEFT)                     # 将 button1 组件添加到窗口中居左显示
button2 = tkinter.Button(root,text = 'BUTTON2')       # 创建名称是 BUTTON2 的 Button 组件
button2.pack(side = tkinter.RIGHT)                    # 将 button2 组件添加到窗口中居右显示
root.mainloop()
```

2. grid 几何布局管理器

grid 几何布局管理器采用表格结构组织组件。子组件的位置由行/列确定的单元格决定，子组件可以跨越多行/列。每一列中，列宽由这一列中最宽的单元格确定。采用 grid 布局，适合于表格形式的布局，可以实现复杂的界面，因而广泛采用。

图 4-2 pack 几何布局管理器

调用子组件的 grid() 方法,则该子组件在其父组件中采用 grid 几何布局:

```
grid(option = value, ... )
```

grid 方法提供如表 4-2 所示的若干参数选项。

表 4-2　grid 方法提供参数选项

选　项	描　述	取　值　范　围
sticky	组件紧贴所在单元格的某一边角,对应于东南西北以及 4 个角	'n','s','e','w','nw','sw','se','ne','center'(默认值)
row	单元格行号	整数
column	单元格列号	整数
rowspan	行跨度	整数
columnspan	列跨度	整数
ipadx,ipady	组件内部在 x/y 方向上填充的空间大小	单位为 c(厘米)、m(毫米)、i(英寸)、p(打印机的点)
padx,pady	组件外部在 x/y 方向上填充的空间大小	单位为 c(厘米)、m(毫米)、i(英寸)、p(打印机的点)

grid 有两个最为重要的参数,一个是 row,另一个是 column,用来指定将子组件放置到什么位置。如果不指定 row,会将子组件放置到第 1 个可用的行上,如果不指定 column,则使用第 0 列(首列)。

【例 4-4】　grid 几何布局管理器的 GUI 程序,运行效果如图 4-3 所示。

```
from tkinter import *
root = Tk()
#200x200 代表了初始化时主窗口的大小,280、280 代表了初始化时窗口所在的位置
root.geometry('200x200 + 280 + 280')
root.title('计算器示例')
#Grid 网格布局
L1 = Button(root, text = '1', width = 5, bg = 'yellow')
L2 = Button(root, text = '2', width = 5)
L3 = Button(root, text = '3', width = 5)
L4 = Button(root, text = '4', width = 5)
L5 = Button(root, text = '5', width = 5, bg = 'green')
L6 = Button(root, text = '6', width = 5)
L7 = Button(root, text = '7', width = 5)
L8 = Button(root, text = '8', width = 5)
L9 = Button(root, text = '9', width = 5, bg = 'yellow')
L0 = Button(root, text = '0')
Lp = Button(root, text = '.')
L1.grid(row = 0, column = 0)              #按钮放置在 0 行 0 列
L2.grid(row = 0, column = 1)              #按钮放置在 0 行 1 列
L3.grid(row = 0, column = 2)              #按钮放置在 0 行 2 列
L4.grid(row = 1, column = 0)              #按钮放置在 1 行 0 列
L5.grid(row = 1, column = 1)              #按钮放置在 1 行 1 列
L6.grid(row = 1, column = 2)              #按钮放置在 1 行 2 列
```

```
L7.grid(row = 2, column = 0)                                    # 按钮放置在 2 行 0 列
L8.grid(row = 2, column = 1)                                    # 按钮放置在 2 行 1 列
L9.grid(row = 2, column = 2)                                    # 按钮放置在 2 行 2 列
L0.grid(row = 3, column = 0,columnspan = 2,sticky = E + W)      # 跨 2 列,左右贴紧
Lp.grid(row = 3, column = 2,sticky = E + W)                     # 左右贴紧
root.mainloop()
```

图 4-3　grid 几何布局管理器

3. place 几何布局管理器

place 几何布局管理器允许指定组件的大小与位置。place 的优点是可以精确控制组件的位置,不足之处是改变窗口大小时子组件不能随之灵活改变大小。

调用子组件的方法 place(),则该子组件在其父组件中采用 place 布局:

```
place(option = value, …)
```

place()方法提供如表 4-3 所示的若干参数选项,可以直接给参数选项赋值加以修改。

表 4-3　place()方法提供参数选项

选项	描述	取值范围
x,y	将组件放到指定位置的绝对坐标	从 0 开始的整数
relx, rely	将组件放到指定位置的相对坐标	0~1.0
height,width	高度和宽度,单位为像素	
anchor	对齐方式,对应于东南西北以及 4 个角	'n','s','e','w','nw','sw','se','ne','center' ('center'为默认值)

注意 Python 的坐标系是左上角为原点(0,0)位置,向右是 x 坐标正方向,向下是 y 坐标正方向,这和数学中的几何坐标系不同。

【例 4-5】　place 几何布局管理器的 GUI 程序,运行效果如图 4-4 所示。

```
from tkinter import *
root = Tk()
root.title("登录")
root['width'] = 200;root['height'] = 80
```

```
Label(root,text = '用户名',width = 6).place(x = 1,y = 1)          # 绝对坐标(1,1)
Entry(root,width = 20).place(x = 45,y = 1)                        # 绝对坐标(45,1)
Label(root,text = '密码',width = 6).place(x = 1,y = 20)           # 绝对坐标(1,20)
Entry(root,width = 20, show = '*').place(x = 45,y = 20)           # 绝对坐标(45,20)
Button(root,text = '登录',width = 8).place(x = 40,y = 40)         # 绝对坐标(40,40)
Button(root,text = '取消',width = 8).place(x = 110,y = 40)        # 绝对坐标(110,40)
root.mainloop()
```

图 4-4 place 几何布局管理器

4.2.3 Tkinter 组件

Tkinter 提供各种组件(控件),如按钮、标签和文本框,可在一个 GUI 应用程序中使用。这些组件通常被称为控件或者部件。目前常用的 Tkinter 组件如表 4-4 所示。

表 4-4 Tkinter 组件

控件	描述
Button	按钮控件,在程序中显示按钮
Canvas	画布控件,显示图形元素如线条或文本
Checkbutton	多选框控件,用于在程序中提供多项选择框
Entry	输入控件,用于显示简单的文本内容
Frame	框架控件,在屏幕上显示一个矩形区域,多用来作为容器
Label	标签控件,可以显示文本和位图
Listbox	列表框控件,用来显示一个字符串列表给用户
Menubutton	菜单按钮控件,用于显示菜单项
Menu	菜单控件,显示菜单栏、下拉菜单和弹出菜单
Message	消息控件,用来显示多行文本,与 Label 类似
Radiobutton	单选按钮控件,显示一个单选按钮的状态
Scale	范围控件,显示一个数值刻度,为输出限定数值范围
Scrollbar	滚动条控件,当内容超过可视化区域时使用,如列表框
Text	文本控件,用于显示多行文本
Toplevel	容器控件,用来提供一个单独的对话框,与 Frame 类似
Spinbox	输入控件,与 Entry 类似,但是可以指定输入范围值
PanedWindow	窗口布局管理插件,可以包含一个或者多个子控件
LabelFrame	简单的容器控件,常用于复杂的窗口布局
tkMessageBox	消息框,用于显示应用程序的消息框

通过组件类的构造函数可以创建其对象实例,例如:

```
from tkinter import *
root = Tk()
button1 = Button(root, text = "确定")        # 按钮组件的构造函数
```

组件标准属性也就是所有组件(控件)的共同属性,如大小、字体和颜色等。常用的标准属性如表 4-5 所示。

表 4-5　Tkinter 组件标准属性

属性	描述
dimension	控件大小
color	控件颜色
font	控件字体
anchor	锚点(内容停靠位置),对应于东南西北以及 4 个角
relief	控件样式
bitmap	位图,内置位图包括 error、gray75、gray50、gray25、gray12、info、questhead、hourglass、question 和 warning,自定义位图为 .xbm 格式文件
cursor	光标
text	显示文本内容
state	设置组件状态;正常(normal)、激活(active)、禁用(disabled)

可以通过下列方式之一设置组件属性。

```
button1 = Button(root, text = "确定")        # 按钮组件的构造函数
button1.config(text = "确定")                # 组件对象的 config 方法的命名参数
button1["text"] = "确定"                     # 组件对象的属性赋值
```

1. 标签组件 Label

Label 组件用于在窗口中显示文本或位图。anchor 属性指定文本(text)或图像(bitmap/image)在 Label 中的显示位置(如图 4-5 所示,其他组件同此)。对应于东南西北以及 4 个角,可用值如下:

```
e: 垂直居中,水平居右
w: 垂直居中,水平居左
n: 垂直居上,水平居中
s: 垂直居下,水平居中
ne: 垂直居上,水平居右
se: 垂直居下,水平居右
sw: 垂直居下,水平居左
nw: 垂直居上,水平居左
center(默认值): 垂直居中,水平居中
```

【例 4-6】　Label 组件示例,运行效果如图 4-6 所示。

第4章 Python图形界面设计——猜数字游戏

```
from tkinter import *
win = Tk();                                  #创建窗口对象
win.title("我的窗口")                         #设置窗口标题
lab1 = Label(win,text = '你好', anchor = 'nw')  #创建文字是"你好"的 Label 组件
lab1.pack()                                  #显示 Label 组件
#显示内置的位图
lab2 = Label(win, bitmap = 'question')       #创建显示疑问图标 Label 组件
lab2.pack()                                  #显示 Label 组件
#显示自选的图片
bm = PhotoImage(file = r'J:\2018 书稿\aa.png')
lab3 = Label(win, image = bm)
lab3.bm = bm
lab3.pack()                                  #显示 Label 组件
win.mainloop()
```

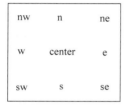

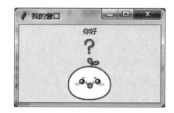

图 4-5　anchor 地理方位　　　　图 4-6　Label 组件示例

2. 按钮组件 Button

Button 组件(控件)是一个标准的 Tkinter 部件,用于实现各种按钮。按钮可以包含文本或图像,可以通过 command 属性将调用 Python 函数或方法与其关联。Tkinter 的按钮被选中时,会自动调用该函数或方法。

3. 单行文本框 Entry 和多行文本框 Text

单行文本框 Entry 主要用于输入单行内容和显示文本。可以方便地向程序传递用户参数。这里通过一个转换摄氏度和华氏度的小程序来演示该组件的使用。
1) 创建和显示 Entry 对象
创建 Entry 对象的基本方法如下:

```
Entry 对象 = Entry(Window 窗口对象)
```

显示 Entry 对象的方法如下:

```
Entry 对象.pack()
```

2) 获取 Entry 组件的内容
get()方法用于获取 Entry 单行文本框内输入的内容。
设置或者获取 Entry 组件内容也可以使用 StringVar()对象来完成,把 Entry 的

textvariable 属性设置为 StringVar()变量,再通过 StringVar()变量的 get()和 set()函数可以读取和输出相应文本内容。例如:

```
s = StringVar()                              #一个 StringVar()对象
s.set("大家好,这是测试")
entryCd = Entry(root, textvariable = s)     #Entry 组件显示"大家好,这是测试"
print(s.get())                               #打印出"大家好,这是测试"
```

3) Entry 的常用属性

show:如果设置为字符 *,则输入文本框内显示为 *,用于密码输入。

insertbackground:插入光标的颜色,默认为黑色。

selectbackground 和 selectforeground:分别为选中文本的背景色与前景色。

width:组件的宽度(所占字符个数)。

fg:字体的前景颜色。

bg:字体的背景颜色。

state:设置组件状态,默认为 normal,可设置为 disabled 或 readonly,其中 disabled 为禁用组件,readonly 为只读。

同样,Python 提供输入多行文本框 Text,用于输入多行内容和显示文本。使用方法与 Entry 类似。

4. 列表框组件 Listbox

列表框组件 Listbox 用于显示多个项目,并且允许用户选择一个或多个项目。

1) 创建和显示 Listbox 对象

创建 Listbox 对象的基本方法如下:

```
Listbox 对象 = Listbox(Tkinter Window 窗口对象)
```

显示 Listbox 对象的方法如下:

```
Listbox 对象.pack()
```

2) 插入文本项

可以使用 insert()方法向列表框组件中插入文本项,方法如下:

```
Listbox 对象.insert(index,item)
```

其中,index 是插入文本项的位置,如果在尾部插入文本项,则可以使用 END;如果在当前选中处插入文本项,则可以使用 ACTIVE。item 是要插入的文本项。

3) 返回选中项索引

```
Listbox 对象.curselection()
```

返回当前选中项目的索引,结果为元组。

注意：索引号从 0 开始，0 表示第一项。

4）删除文本项

```
Listbox 对象.delete(first,last)
```

删除指定范围(first,last)的项目，不指定 last 时，删除 1 个项目。

5）获取项目内容

```
Listbox 对象.get(first,last)
```

返回指定范围(first,last)的项目，不指定 last 时，仅返回 1 个项目。

6）获取项目个数

```
Listbox 对象.size()
```

7）获取 Listbox 内容

需要使用 listvariable 属性为 Listbox 对象指定一个对应的变量，例如：

```
m = StringVar()
listb = Listbox (root, listvariable = m)
listb.pack()
root.mainloop()
```

指定后就可以使用 m.get()方法用于获取 Listbox 对象中的内容了。

注意：如果允许用户选择多个项目，需要将 Listbox 对象的 selectmode 属性设置为 multiple 表示多选，而设置为 single 为单选。

【例 4-7】 创建从一个列表框选择内容添加到另一个列表框组件的 GUI 程序。

```
from tkinter import *                          # 导入 Tkinter 库
root = Tk()                                    # 创建窗口对象
def callbutton1():
    for i in listb.curselection():             # 遍历选中项
        listb2.insert(0,listb.get(i))          # 添加到右侧列表框

def callbutton2():
    for i in listb2.curselection():            # 遍历选中项
        listb2.delete(i)                       # 从右侧列表框中删除
# 创建两个列表
li = ['C','python','php','html','SQL','java']
listb = Listbox(root)                          # 创建两个列表框组件
listb2 = Listbox(root)
for item in li:                                # 左侧列表框组件插入数据
    listb.insert(0,item)
listb.grid(row = 0,column = 0,rowspan = 2)     # 将列表框组件放置到窗口对象中
b1 = Button(root,text = '添加>>', command = callbutton1, width = 20)    # 创建 Button 组件
b2 = Button(root,text = '删除<<', command = callbutton2, width = 20)    # 创建 Button 组件
```

```
b1.grid(row = 0,column = 1,rowspan = 2)           #显示 Button 组件
b2.grid(row = 1,column = 1,rowspan = 2)           #显示 Button 组件
listb2.grid(row = 0,column = 2,rowspan = 2)
root.mainloop()                                    #进入消息循环
```

以上代码执行结果如图 4-7 所示。

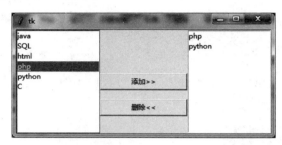

图 4-7　含有两个列表框组件的 GUI 程序

5. 单选按钮 Radiobutton 和复选框 Checkbutton

单选按钮和复选框分别用于实现选项的单选和复选功能。Radiobutton 用于在同一组单选按钮中选择一个单选按钮(不能同时选定多个)。Radiobutton 可以显示文本，也可以显示图像。Checkbutton 用于选择一项或多项，同样 Checkbutton 可以显示文本，也可以显示图像。

1) 创建和显示 Radiobutton 对象

创建 Radiobutton 对象的基本方法如下：

```
Radiobutton 对象 = Radiobutton(Window 窗口对象,text = Radiobutton 组件显示的文本)
```

显示 Radiobutton 对象的方法如下：

```
Radiobutton 对象.pack()
```

可以使用 variable 属性为 Radiobutton 组件指定一个对应的变量。如果将多个 Radiobutton 组件绑定到同一个变量，则这些 Radiobutton 组件属于一个分组。分组后需要使用 value 设置每个 Radiobutton 组件的值，以确定该组件是否被选中。

2) Radiobutton 组件常用属性

variable：单选按钮索引变量，通过变量的值确定哪个单选按钮被选中。一组单选按钮使用同一个索引变量。

value：单选按钮选中时变量的值。

command：单选按钮选中时执行的命令(函数)。

3) Radiobutton 组件的方法

deselect()：取消选择。

select()：选择。

invoke()：调用单选按钮 command 指定的回调函数。

4）创建和显示 Checkbutton 对象

创建 Checkbutton 对象的基本方法如下：

```
Checkbutton 对象 = Checkbutton(Tkinter Window 窗口对象, text = Checkbutton 组件显示的文本, 
command = 单击 Checkbutton 按钮所调用的回调函数)
```

显示 Checkbutton 对象的方法如下：

```
Checkbutton 对象.pack()
```

5）Checkbutton 组件常用属性

variable：复选框索引变量，通过变量的值确定哪些复选框被选中。每个复选框使用不同的变量，使复选框之间相互独立。

onvalue：复选框选中（有效）时变量的值。

offvalue：复选框未选中（无效）时变量的值。

command：复选框选中时执行的命令（函数）。

6）获取 Checkbutton 状态

为了获取 Checkbutton 组件是否被选中的状态，需要使用 variable 属性为 Checkbutton 组件指定一个对应变量，例如：

```
c = tkinter.IntVar()
c.set(2)
check = tkinter.Checkbutton(root, text = '喜欢', variable = c, onvalue = 1, offvalue = 2)
                                                        #1 为选中,2 为没选中
check.pack()
```

指定变量 c 后，可以使用 c.get() 获取复选框的状态值。也可以使用 c.set() 设置复选框的状态。例如设置 check 复选框对象为没有选中状态，代码如下：

```
c.set(2)         #1 为选中,2 为没选中,设置为 2 就是没选中的状态
```

获取单选按钮（Radiobutton）状态的方法同上。

【例 4-8】 Tkinter 创建使用单选按钮（Radiobutton）组件选择国家的程序。运行效果如图 4-8 所示。

```
import tkinter
root = tkinter.Tk()
r = tkinter.StringVar()                    #创建 StringVar 对象
r.set('1')                                 #设置初始值为 1,初始选中"中国"
radio = tkinter.Radiobutton(root, variable = r, value = '1', text = '中国')
radio.pack()
radio = tkinter.Radiobutton(root, variable = r, value = '2', text = '美国')
radio.pack()
```

```
radio = tkinter.Radiobutton(root,variable = r,value = '3',text = '日本')
radio.pack()
radio = tkinter.Radiobutton(root,variable = r,value = '4',text = '加拿大')
radio.pack()
radio = tkinter.Radiobutton(root,variable = r,value = '5',text = '韩国')
radio.pack()
root.mainloop()
print(r.get())                                    # 获取被选中单选按钮的变量值
```

以上代码执行结果如图 4-8 所示,选中"日本"后则输出 3。

图 4-8　单选按钮 Radiobutton 示例程序

6. 菜单组件 Menu

图形用户界面应用程序通常提供菜单,菜单包含各种按照主题分组的基本命令。图形用户界面应用程序包括两种类型的菜单,即主菜单和上下文菜单。

主菜单:提供窗体的菜单系统。通过单击可下拉出子菜单,选择命令可执行相关的操作。常用的主菜单通常包括文件、编辑、视图、帮助等。

上下文菜单(也称为快捷菜单):通过鼠标右击某对象而弹出的菜单,一般为与该对象相关的常用菜单命令,如剪切、复制、粘贴等。

创建 Menu 对象的基本方法如下:

```
Menu 对象 = Menu(Window 窗口对象)
```

将 Menu 对象显示在窗口中的方法如下:

```
Window 窗口对象['menu'] = Menu 对象
Window 窗口对象.mainloop()
```

【例 4-9】　使用 Menu 组件的简单例子。执行结果如图 4-9 所示。

```
from tkinter import *
root = Tk()
def hello():                                      # 菜单项事件函数,可以每个菜单项单独写
    print("你单击主菜单")
m = Menu(root)
for item in ['文件','编辑','视图']:              # 添加菜单项
    m.add_command(label = item, command = hello)
root['menu'] = m                                  # 附加主菜单到窗口
root.mainloop()
```

7. 消息窗口(消息框)

消息窗口(messagebox)用于弹出提示框向用户进行警告,或让用户选择下一步如何操

图 4-9　使用 Menu 组件主菜单运行效果

作。消息框包括很多类型，常用的有 Info、Warning、Error、YesNo、OkCancel 等，包含不同的图标、按钮及弹出提示音。

【例 4-10】 演示了各消息框的程序，消息窗口运行效果如图 4-10 所示。

```python
import tkinter as tk
from tkinter import messagebox as msgbox
def btn1_clicked():
    msgbox.showinfo("Info", "Showinfo test.")
def btn2_clicked():
    msgbox.showwarning("Warning", "Showwarning test.")
def btn3_clicked():
    msgbox.showerror("Error", "Showerror test.")
def btn4_clicked():
    msgbox.askquestion("Question", "Askquestion test.")
def btn5_clicked():
    msgbox.askokcancel("OkCancel", "Askokcancel test.")
def btn6_clicked():
    msgbox.askyesno("YesNo", "Askyesno test.")
def btn7_clicked():
    msgbox.askretrycancel("Retry", "Askretrycancel test.")
root = tk.Tk()
root.title("MsgBox Test")
btn1 = tk.Button(root, text = "showinfo", command = btn1_clicked)
btn1.pack(fill = tk.X)
btn2 = tk.Button(root, text = "showwarning", command = btn2_clicked)
btn2.pack(fill = tk.X)
btn3 = tk.Button(root, text = "showerror", command = btn3_clicked)
btn3.pack(fill = tk.X)
btn4 = tk.Button(root, text = "askquestion", command = btn4_clicked)
btn4.pack(fill = tk.X)
btn5 = tk.Button(root, text = "askokcancel", command = btn5_clicked)
btn5.pack(fill = tk.X)
btn6 = tk.Button(root, text = "askyesno", command = btn6_clicked)
btn6.pack(fill = tk.X)
btn7 = tk.Button(root, text = "askretrycancel", command = btn7_clicked)
btn7.pack(fill = tk.X)
root.mainloop()
```

8. Frame 框架组件

Frame 组件是框架组件，在进行分组组织其他组件的过程中是非常重要的，负责安排其

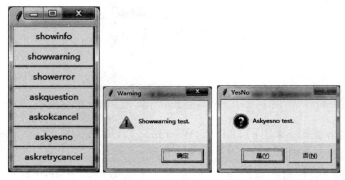

图 4-10　消息窗口运行效果

他组件的位置。Frame 组件在屏幕上显示为一个矩形区域,作为显示其他组件的容器。

1) 创建和显示 Frame 对象

创建 Frame 对象的基本方法如下:

```
Frame 对象 = Frame(窗口对象, height = 高度, width = 宽度, bg = 背景色, …)
```

例如,创建第 1 个 Frame 组件,其高为 100,宽为 400,背景色为绿色。

```
f1 = Frame(root, height = 100, width = 400, bg = 'green')
```

显示 Frame 对象的方法如下:

```
Frame 对象.pack()
```

2) 向 Frame 组件中添加组件

在创建组件时可以指定其容器为 Frame 组件即可,例如:

```
Label(Frame 对象, text = 'Hello').pack()    # 向 Frame 组件添加一个 Label 组件
```

3) LabelFrame 组件

LabelFrame 组件是有标题的 Frame 组件,可以使用 text 属性设置 LabelFrame 组件的标题,方法如下:

```
LabelFrame(窗口对象, height = 高度, width = 宽度, text = 标题).pack()
```

【例 4-11】　使用两个 Frame 组件和一个 LabelFrame 组件的例子。

```
from tkinter import *
root = Tk()                              # 创建窗口对象
root.title("使用 Frame 组件的例子")        # 设置窗口标题
f1 = Frame(root)                         # 创建第 1 个 Frame 组件
f1.pack()
f2 = Frame(root)                         # 创建第 2 个 Frame 组件
f2.pack()
```

```
f3 = LabelFrame(root,text = '第 3 个 Frame')  #第 3 个为 LabelFrame 组件,放置在窗口底部
f3.pack(side = BOTTOM)
redbutton = Button(f1, text = "Red", fg = "red")
redbutton.pack(side = LEFT)
brownbutton = Button(f1, text = "Brown", fg = "brown")
brownbutton.pack(side = LEFT)
bluebutton = Button(f1, text = "Blue", fg = "blue")
bluebutton.pack(side = LEFT)
blackbutton = Button(f2, text = "Black", fg = "black")
blackbutton.pack()
greenbutton = Button(f3, text = "Green", fg = "green")
greenbutton.pack()
root.mainloop()
```

通过 Frame 框架把 5 个按钮分成三个区域,第 1 个区域有三个按钮,第 2 个区域有一个按钮,第 3 个区域有一个按钮,运行效果如图 4-11 所示。

4）刷新 Frame

用 Python 做 GUI 图形界面,可以使用 after 方法每隔几秒刷新 GUI 图形界面。例如下面代码实现计数器效果,并且文字背景色不断改变。

图 4-11　Frame 框架运行效果

```
from tkinter import *
colors = ('red', 'orange', 'yellow', 'green', 'blue', 'purple')
root = Tk()
f = Frame(root, height = 200, width = 200)
f.color = 0
f['bg'] = colors[f.color]            #设置框架背景色
lab1 = Label(f,text = '0')
lab1.pack()
def foo():
    f.color = (f.color + 1) % (len(colors))
    lab1['bg'] = colors[f.color]
    lab1['text'] = str(int(lab1['text']) + 1)
    f.after(500, foo)                #隔 500 毫秒执行 foo()函数刷新屏幕
f.pack()
f.after(500, foo)
root.mainloop()
```

例如,开发移动电子广告效果就可以使用 after 方法实现,这里不断移动 lab1 即可。

```
from tkinter import *
root = Tk()
f = Frame(root, height = 200, width = 200)
lab1 = Label(f,text = '欢迎参观中原工学院')
x = 0
def foo():
```

```
            global x
            x = x + 10
            if x > 200:
                x = 0
            lab1.place(x = x, y = 0)
            f.after(500, foo)         #隔500毫秒执行foo()函数刷新屏幕

f.pack()
f.after(500, foo)
root.mainloop()
```

运行程序可见"欢迎参观中原工学院"不停地从左向右移动,出了窗口右侧以后重新从左侧出现。利用此技巧可以开发类似贪吃蛇游戏,可以借助after方法实现不断改变蛇的位置,从而达到蛇移动的效果。

4.2.4 Tkinter 字体

通过组件的 font 属性,可以设置其显示文本的字体。设置组件字体前要先能表示一个字体。

1. 通过元组表示字体

通过三个元素的元组,可以表示字体:

```
(font family, size, modifiers)
```

在一个元组 tuple 中,第一个元素 font family 是字体名;size 为字体大小,单位为 point;modifiers 为包含粗体、斜体、下画线的样式修饰符。

例如:

```
("Times New Roman ", "16")                    #16点阵的Times字体
("Times New Roman ", "24", "bold italic")     #24点阵的Times字体,且粗体、斜体
```

【例 4-12】 通过元组表示字体,设置标签 Label 字体,运行效果如图 4-12 所示。

```
from tkinter import *
root = Tk()
#创建Label
for ft in ('Arial',('Courier New',19,'italic'),('Comic Sans MS',),'Fixdsys',('MS Sans Serif',),
('MS Serif',),'Symbol','System',('Times New Roman',),'Verdana'):
    Label(root,text = 'hello sticky',font = ft).grid()
root.mainloop()
```

这个程序在 Windows 上测试字体的显示效果,注意包含空格的字体名称必须指定为 tuple 元组类型。

2. 通过 Font 对象表示字体

使用 tkFont.Font 来创建字体。格式如下：

```
ft = tkFont.Font(family = '字体名',size,weight,slant,underline,
overstrike)
```

图 4-12　缩放图形对象
　　　　运行效果

其中，size 为字体大小；weight 为 bold 或 normal，bold 为粗体；slant 为 italic 或 normal，italic 为斜体；underline 为 1 或 0，1 为下画线；overstrike 为 1 或 0，1 为删除线。

例如：

```
ft = Font(family = "Helvetica",size = 36,weight = "bold")
```

【例 4-13】　通过 Font 对象设置标签 label 字体，运行效果如图 4-13 所示。

```
#Font 来创建字体
from tkinter import *
import tkinter.font                           #引入字体模块
root = Tk()
#指定字体名称、大小、样式
ft = tkinter.font.Font(family = 'Fixdsys',size = 20,weight = 'bold')
Label(root,text = 'hello sticky',font = ft).grid()    #创建一个 Label
root.mainloop()
```

图 4-13　Font 对象设置标签 label 字体

通过 tkFont.families() 函数可以返回所有可用的字体。

```
from tkinter import *
import tkinter.font              #引入字体模块
root = Tk()
print(tkinter.font.families())
```

输出以下结果：

```
('Forte', 'Felix Titling', 'Eras Medium ITC', 'Eras Light ITC', 'Eras Demi ITC', 'Eras Bold ITC',
'Engravers MT', 'Elephant', 'Edwardian Script ITC', 'Curlz MT', 'Copperplate Gothic Light',
'Copperplate Gothic Bold', 'Century Schoolbook', 'Castellar', 'Calisto MT', 'Bookman Old Style',
'Bodoni MT Condensed', 'Bodoni MT Black', 'Bodoni MT', 'Blackadder ITC', 'Arial Rounded MT Bold',
'Agency FB', 'Bookshelf Symbol 7', 'MS Reference Sans Serif', 'MS Reference Specialty', 'Berlin
Sans FB Demi', 'Tw Cen MT Condensed Extra Bold', 'Calibri Light', 'Bitstream Vera Sans Mono',
'方正兰亭超细黑简体', '@方正兰亭超细黑简体', 'Buxton Sketch', 'Segoe Marker', 'SketchFlow
Print')
```

4.2.5 Python 事件处理

所谓事件(event)就是程序中发生的事。例如,用户单击、移动鼠标或是敲击键盘上某一个键,而对于这些事件,程序需要做出反应。Tkinter 提供的组件通常都有自己可以识别的事件。例如,当按钮被单击时执行特定操作,或是执行输入栏时又敲击了键盘上的某些按键,此时所输入的内容就会显示在输入栏内。

程序可以使用事件处理函数来指定当触发某个事件时所做的反应(操作)。

1. 事件类型

事件类型的通用格式:

```
<[modifier-]…type[-detail]>
```

事件类型必须放置于尖括号<>内。type 描述了类型,例如,按下键盘上的键、单击鼠标等。

modifier 用于组合键定义,例如 Control、Alt。detail 用于明确定义是哪一个键或按钮的事件,例如,1 表示鼠标左键,2 表示鼠标中键,3 表示鼠标右键。

举例:

```
<Button-1>                          单击鼠标左键
<KeyPress-A>                        按下键盘上的 A 键
<Control-Shift-KeyPress-A>          同时按下了 Control、Shift、A 三键
```

Python 中事件主要有:键盘事件见表 4-6、鼠标事件见表 4-7、窗体事件见表 4-8。

表 4-6 键盘事件

名称	描述
KeyPress	按下键盘某键时触发,可以在 detail 部分指定是哪个键
KeyRelease	释放键盘某键时触发,可以在 detail 部分指定是哪个键

表 4-7 鼠标事件

名称	描述
ButtonPress 或 Button	按下鼠标某键,可以在 detail 部分指定是哪个键
ButtonRelease	释放鼠标某键,可以在 detail 部分指定是哪个键
Motion	点中组件的同时拖拽组件移动时触发
Enter	当鼠标指针移进某组件时触发
Leave	当鼠标指针移出某组件时触发
MouseWheel	当鼠标滚轮滚动时触发

表 4-8 窗体事件

名称	描述
Visibility	当组件变为可视状态时触发
Unmap	当组件由显示状态变为隐藏状态时触发
Map	当组件由隐藏状态变为显示状态时触发

续表

名称	描述
Expose	当组件从原本被其他组件遮盖的状态中暴露出来时触发
FocusIn	组件获得焦点时触发
FocusOut	组件失去焦点时触发
Configure	当改变组件大小时触发,例如拖拽窗体边缘
Property	当窗体的属性被删除或改变时触发,属于 Tk 的核心事件
Destroy	当组件被销毁时触发
Activate	与组件选项中的 state 项有关,表示组件由不可用转为可用。例如按钮由 disabled(灰色)转为 enabled
Deactivate	与组件选项中的 state 项有关,表示组件由可用转为不可用。例如按钮由 enabled 转为 disabled(灰色)

modifier 组合键定义中常用的修饰符见表 4-9 所示。

表 4-9 组合键定义中常用的修饰符

修饰符	描述
Alt	按 Alt 键
Any	按任何键,例如< Any-KeyPress >
Control	按 Control 键
Double	两个事件在短时间内发生,例如双击鼠标左键< Double-Button-1 >
Lock	按 Caps Lock 键
Shift	按 Shift 键
Triple	类似于 Double,三个事件短时间内发生

可以用短格式表示事件,例如< 1 >等同于< Button-1 >,< x >等同于< KeyPress-x >。

对于大多数的单字符按键,用户还可以忽略"< >"符号。但是空格键和尖括号键不能忽略,其正确的表示分别为< space >、< less >。

2. 事件绑定

程序建立一个处理某一事件的事件处理函数,称为绑定。

1) 创建组件对象时指定

创建组件对象实例时,可通过其命名参数 command 指定事件处理函数。例如:

```
def callback():                          #事件处理函数
    showinfo("Python command","人生苦短、我用 Python")
Bu1 = Button(root, text = "设置 command 事件调用命令",command = callback)
Bu1.pack()
```

2) 实例绑定

调用组件对象实例方法 bind 可为指定组件实例绑定事件。这是最常用事件绑定方式。

组件对象实例名.bind("<事件类型>",事件处理函数)

假设声明了一个名为 canvas 的 Canvas 组件对象,想在 canvas 上按下鼠标左键时画上一条线,可以这样实现:

```
canvas.bind("<Button-1>", drawline)
```

其中 bind()函数的第一个参数是事件描述符,指定无论什么时候在 canvas 上,当按下鼠标左键时就调用事件处理函数 drawline 进行画线的任务。特别的是:drawline 后面的圆括号是省略的,Tkinter 会将此函数填入相关参数后调用运行,在这里只是声明而已。

3) 标识绑定

在 Canvas 画布中绘制各种图形,将图形与事件绑定可以使用标识绑定 tag_bind()函数。预先为图形定义标识 tag 后,通过标识 tag 来绑定事件。例如:

```
cv.tag_bind('r1','<Button-1>',printRect)
```

【例 4-14】 标识绑定的例子。

```python
from tkinter import *
root = Tk()
def printRect(event):
    print('rectangle 左键事件')
def printRect2(event):
    print('rectangle 右键事件')
def printLine(event):
    print('Line 事件')

cv = Canvas(root, bg = 'white')              #创建一个 Canvas,设置其背景色为白色
rt1 = cv.create_rectangle(
    10,10,110,110,
    width = 8, tags = 'r1')
cv.tag_bind('r1','<Button-1>',printRect)     #绑定 item 与鼠标左键事件
cv.tag_bind('r1','<Button-3>',printRect2)    #绑定 item 与鼠标右键事件
#创建一个 line,并将其 tags 设置为'r2'
cv.create_line(180,70,280,70,width = 10,tags = 'r2')
cv.tag_bind('r2','<Button-1>',printLine)     #绑定 item 与鼠标左键事件
cv.pack()
root.mainloop()
```

这个示例中,单击到矩形的边框时就会触发事件,矩形既响应鼠标左键又响应右键。单击矩形边框时出现"rectangle 左键事件"信息,右击矩形边框时出现"rectangle 右键事件"信息,单击直线时出现"Line 事件"信息。

3. 事件处理函数

1) 定义事件处理函数

事件处理函数往往带有一个 event 参数。触发事件调用事件处理函数时,将传递 Event 对象实例。

```
def callback(event):            #事件处理函数
    showinfo("Python command","人生苦短、我用 Python")
```

2）Event 事件处理参数属性

Event 对象实例可以获取各种相关参数，其主要参数属性如表 4-10 所示。

表 4-10 Event 事件对象主要参数属性

参　　数	说　　明
.x，.y	鼠标相对于组件对象左上角的坐标
.x_root，.y_root	鼠标相对于屏幕左上角的坐标
.keysym	字符串命名按键，例如 Escape，F1，…，F12，Scroll_Lock，Pause，Insert，Delete，Home，Prior(这个是 page up)，Next(这个是 page down)，End，Up，Right，Left，Down，Shitf_L，Shift_R，Control_L，Control_R，Alt_L，Alt_R，Win_L
.keysym_num	数字代码命名按键
.keycode	键码，但是它不能反映事件前缀：Alt、Control、Shift、Lock，并且它不区分按键大小写，即输入 a 和 A 是相同的键码
.time	时间
.type	事件类型
.widget	触发事件的对应组件
.char	字符

Event 事件对象按键详细信息说明如表 4-11 所示。

表 4-11 Event 按键详细信息

.keysym	.keycode	.keysym_num	说　　明
Alt_L	64	65 513	左手边的 Alt 键
Alt_R	113	65 514	右手边的 Alt 键
BackSpace	22	65 288	BackSpace 键
Cancel	110	65 387	Pause Break 键
F1～F11	67～77	65 470～65 480	功能键 F1～F11
Print	111	65 377	打印屏幕键

【例 4-15】 触发 keyPress 键盘事件的例子，运行效果如图 4-14 所示。

```
from tkinter import *              # 导入 Tkinter
def printkey(event):                # 定义的函数监听键盘事件
    print('你按下了: ' + event.char)
root = Tk()                         # 实例化 Tk
entry = Entry(root)                 # 实例化一个单行输入框
#给输入框绑定按键监听事件<KeyPress>为监听任何按键
#<KeyPress-x>监听某键 x,如大写的 A<KeyPress-A>、Enter 键<KeyPress-Return>
entry.bind('<KeyPress>', printkey)
entry.pack()
root.mainloop()                     # 显示窗体
```

图 4-14 keyPress 键盘事件运行效果

【例 4-16】 获取单击标签 Label 时坐标的鼠标事件例子,运行效果如图 4-15 所示。

```
from tkinter import *              # 导入 Tkinter
def leftClick(event):               # 定义的函数监听鼠标事件
    print("x轴坐标:", event.x)
    print("y轴坐标:", event.y)
    print("相对于屏幕左上角x轴坐标:", event.x_root)
    print("相对于屏幕左上角y轴坐标:", event.y_root)
root = Tk()                         # 实例化 Tk
lab = Label(root,text = "hello")    # 实例化一个 Label
lab.pack()                          # 显示 Label 组件
# 给 Label 绑定鼠标监听事件
lab.bind("<Button-1>",leftClick)
root.mainloop()                     # 显示窗体
```

图 4-15 鼠标事件运行效果

4.3 猜数字游戏程序设计的步骤

猜数字游戏程序导入相关模块。

```
import tkinter as tk
import random
```

random.randint(0,1024)随机产生玩家要猜的数字。

```
number = random.randint(0,1024)     # 玩家要猜的数字
running = True
num = 0                             # 猜的次数
nmaxn = 1024                        # 提示猜测范围的最大数
nminn = 0                           # 提示猜测范围的最小数
```

猜数字事件函数从单行文本框 entry_a 获取要猜的数字并转换成数字 val_a,然后判断是否正确,并与要猜的数字 number 比较判断出过大过小。

```python
def eBtnGuess(event):                    # 猜按钮事件函数
    global nmaxn                         # 全局变量
    global nminn
    global num
    global running
    if running:
        val_a = int(entry_a.get())       # 获取猜的数字并转换成数字
        if val_a == number:
            labelqval("恭喜答对了!")
            num += 1
            running = False
            numGuess()                   # 显示猜的次数
        elif val_a < number:             # 猜小了
            if val_a > nminn:
                nminn = val_a            # 修改提示猜测范围的最小数
                num += 1
                labelqval("小了哦,请输入" + str(nminn) + "到" + str(nmaxn) + "之间任意整数: ")
            else:
                if val_a < nmaxn:
                    nmaxn = val_a        # 修改提示猜测范围的最大数
                    num += 1
                    labelqval("大了哦,请输入" + str(nminn) + "到" + str(nmaxn) + "之间任意整数: ")
    else:
        labelqval('你已经答对啦…')
```

numGuess()函数修改提示标签中的文字来显示玩家猜的次数。

```python
def numGuess():                          # 显示猜的次数
    if num == 1:
        labelqval('哇!一次答对!')
    elif num < 10:
        labelqval(' = 10 次以内就答对了牛…尝试次数: ' + str(num))
    else:
        labelqval('好吧,您都试了超过 10 次了…尝试次数: ' + str(num))
def labelqval(vText):
    label_val_q.config(label_val_q, text = vText)   # 修改提示标签文字
```

用关闭按钮事件函数实现窗体的关闭。

```python
def eBtnClose(event):                    # 关闭按钮事件函数
    root.destroy()
```

以下是主程序实现游戏的窗体界面。

```python
root = tk.Tk(className = "猜数字游戏")
root.geometry("400x90 + 200 + 200")
```

```
label_val_q = tk.Label(root,width = "80")              #提示标签
label_val_q.pack(side = "top")

entry_a = tk.Entry(root,width = "40")                  #单行输入文本框
btnGuess = tk.Button(root,text = "猜")                  #猜按钮
entry_a.pack(side = "left")
entry_a.bind('<Return>',eBtnGuess)                     #绑定事件
btnGuess.bind('<Button-1>',eBtnGuess)                  #猜按钮
btnGuess.pack(side = "left")

btnClose = tk.Button(root,text = "关闭")                #关闭按钮
btnClose.bind('<Button-1>',eBtnClose)
btnClose.pack(side = "left")
labelqval("请入 0~1024 的任意整数：")
entry_a.focus_set()
print(number)
root.mainloop()
```

至此完成猜数字游戏的设计。

思考与练习

1. 设计一个四则运算程序，其运行效果如图 4-16 所示，用两个文本框输入数值数据，用列表框存放"加""减""乘""除"。用户先输入两个操作数，再从列表框中选择一种运算，即可在标签中显示出计算结果。

2. 编写选课程序。左侧列表框显示学生可以选择的课程名，右侧列表框显示学生已经选择的课程名，通过 4 个按钮在两个列表框中移动数据项。通过">"和"<"按钮移动一门课程，通过">>"和"<<"按钮移动全部课程。程序运行界面如图 4-17 所示。

图 4-16　四则运算

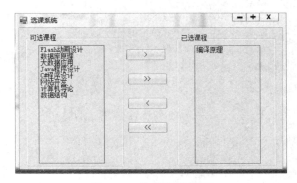

图 4-17　选课程序界面

第5章

Tkinter图形绘制——图形版发牌程序

第4章以 Tkinter 模块为例学习建立一些简单的 GUI(图形用户界面)，使编写的程序像大家平常熟悉的那些程序一样，有窗体、按钮之类的图形界面，本书后面章节的游戏界面也都使用 Tkinter 开发。在游戏开发中不仅有按钮、文本框等，实际上需要绘制大量图形图像，本章介绍使用 Canvas 技术实现游戏中画面的绘制任务。

5.1 扑克牌发牌窗体程序功能介绍

在扑克牌游戏中有 4 位牌手，计算机随机将 52 张牌(不含大小王)发给 4 位牌手，并在屏幕上显示每位牌手的牌。程序的运行效果如图 5-1 所示。以 Tkinter 模块中图形 Canvas 绘制为例学习建立一些简单的 GUI(图形用户界面)游戏界面。

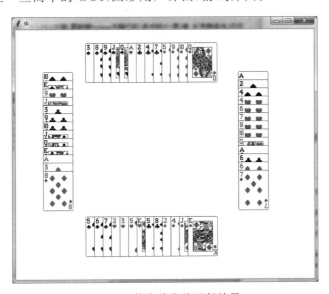

图 5-1 扑克牌发牌运行效果

下面将介绍开发扑克牌发牌窗体程序的思路和 Canvas 关键技术。

5.2 程序设计的思路

将游戏中的52张牌,按梅花0~12,方块13~25,红桃26~38,黑桃39~51的顺序编号并存储在pocker列表(未洗牌之前),列表元素存储的则是某张牌(实际上是牌的编号)。同时按此编号顺序存储在扑克牌图片imgs列表中。也就是说imgs[0]存储梅花A的图片,imgs[1]存储梅花2的图片,imgs[14]存储方块2的图片。

发牌后,根据每位牌手(p1,p2,p3,p4)各自牌的编号列表,从imgs获取对应牌的图片并使用create_image((x坐标,y坐标),image=图像文件)显示在指定位置。

5.3 Canvas 图形绘制技术

视频讲解

Canvas为Tkinter提供了绘图功能,其绘制图形函数包括线形、圆形、椭圆、多边形、图片等几何图案绘制。使用Canvas进行绘图时,所有的操作都是通过Canvas。

5.3.1 Canvas 画布组件

Canvas(画布)是一个长方形的区域,用于图形绘制或复杂的图形界面布局。可以在画布上绘制图形、文字,放置各种组件和框架。

1. 创建 Canvas 对象

可以使用下面的方法创建一个Canvas对象。

Canvas 对象 = Canvas(窗口对象, 选项, …)

Canvas画布中的常用选项如表5-1所示。

表5-1 Canvas画布的常用选项

属性	说 明
bd	指定画布的边框宽度,单位是像素
bg	指定画布的背景颜色
confine	指定画布在滚动区域外是否可以滚动。默认为True,表示不能滚动
cursor	指定画布中的鼠标指针,例如arrow、circle、dot
height	指定画布的高度
highlightcolor	选中画布时的背景色
relief	指定画布的边框样式,可选值包括sunken、raised、groove、ridge
scrollregion	指定画布的滚动区域的元组(w,n,e,s)

2. 显示 Canvas 对象

在模块中显示Canvas对象的方法如下:

```
Canvas 对象.pack()
```

例如创建一个白色背景、宽度为 300、高度为 120 的 Canvas 画布,代码如下。

```
from tkinter import *
root = Tk()
cv = Canvas(root, bg = 'white', width = 300, height = 120)
cv.create_line(10,10,100,80,width = 2, dash = 7)      #绘制直线
cv.pack()                                              #显示画布
root.mainloop()
```

5.3.2 Canvas 上的图形对象

1. 绘制图形对象

Canvas 画布上可以绘制各种图形对象,通过调用相应绘制函数即可实现,函数及功能如下。

create_arc():绘制圆弧。
create_line():绘制直线。
create_bitmap():绘制 Python 内置的位图。
create_image():绘制位图图像。
create_oval():绘制椭圆。
create_polygon():绘制多边形。
create_window():绘制子窗口。
create_text():创建一个文字对象。

Canvas 上每个绘制对象都有一个标识 id(整数),使用绘制函数创建绘制对象时,返回绘制对象的 id。例如:

```
id1 = cv.create_line(10,10,100,80,width = 2, dash = 7)      #绘制直线
```

id1 可以得到绘制对象直线 id。
在创建图形对象时可以使用属性 tags 设置图形对象的标记(tag),例如:

```
rt = cv.create_rectangle(10,10,110,110, tags = 'r1')
```

上面的语句指定矩形对象 rt 具有一个标记 r1。
也可以同时设置多个标记(tag),例如:

```
rt = cv.create_rectangle(10,10,110,110, tags = ('r1','r2','r3'))
```

上面的语句指定矩形对象 rt 有三个标记:r1、r2 和 r3。
指定标记后,使用 find_withtag() 方法可以获取到指定 tag 的图形对象,然后设置图形对象的属性。find_withtag() 方法的语法如下:

```
Canvas 对象.find_withtag(tag 名)
```

find_withtag()方法返回一个图形对象数组,其中包含所有具有 tag 名的图形对象。

使用 itemconfig()方法可以设置图形对象的属性,语法如下:

```
Canvas 对象.itemconfig(图形对象,属性 1 = 值 1,属性 2 = 值 2,…)
```

【例 5-1】 使用属性 tags 设置图形对象标记的例子。

```python
from tkinter import *
root = Tk()
#创建一个 Canvas,设置其背景色为白色
cv = Canvas(root, bg = 'white', width = 200, height = 200)
#使用 tags 指定给第一个矩形指定三个 tag
rt = cv.create_rectangle(10,10,110,110, tags = ('r1','r2','r3'))
cv.pack()
cv.create_rectangle(20,20,80,80, tags = 'r3')    #使用 tags 指定给第 2 个矩形指定一个 tag
#将所有与 tag('r3')绑定的 item 边框颜色设置为蓝色
for item in cv.find_withtag('r3'):
    cv.itemconfig(item,outline = 'blue')
root.mainloop()
```

下面学习使用绘制函数绘制各种图形对象。

2. 绘制圆弧

使用 create_arc()方法可以创建一个圆弧对象,可以是一个和弦、饼图扇区或者一个简单的弧,其具体语法如下:

```
Canvas 对象.create_arc(弧外框矩形左上角的 x 坐标,弧外框矩形左上角的 y 坐标,弧外框矩形右下角的 x 坐标,弧外框矩形右下角的 y 坐标,选项,…)
```

创建圆弧常用选项:outline 指定圆弧边框颜色,fill 指定填充颜色,width 指定圆弧边框的宽度,start 指定起始角度,extent 指定角度偏移量而不是终止角度。

【例 5-2】 使用 create_arc()方法创建圆弧,其运行效果如图 5-2 所示。

```python
from tkinter import *
root = Tk()
#创建一个 Canvas,设置其背景色为白色
cv = Canvas(root,bg = 'white')
cv.create_arc((10,10,110,110),)              #使用默认参数创建一个圆弧,结果为 90°的扇形
d = {1:PIESLICE,2:CHORD,3:ARC}
for i in d:
    #使用三种样式,分别创建了扇形、弓形和弧形
    cv.create_arc((10,10 + 60 * i,110,110 + 60 * i),style = d[i])
    print(i,d[i])
```

```
#使用 start/extent 分别指定圆弧起始角度与偏移角度
cv.create_arc(
        (150,150,250,250),
        start = 10,              #指定起始角度
        extent = 120             #指定角度偏移量(逆时针)
        )
cv.pack()
root.mainloop()
```

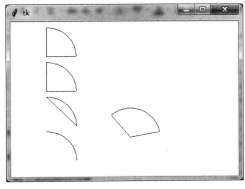

图 5-2　创建圆弧对象运行效果

3. 绘制线条

使用 create_line()方法可以创建一个线条对象,具体语法如下:

line = canvas.create_line(x0, y0, x1, y1, …, xn, yn,选项)

参数 x0、y0、x1、y1、……、xn、yn 是线段的端点。

创建线段常用选项:width 指定线段宽度,arrow 指定是否使用箭头(没有箭头为 none,起点有箭头为 first,终点有箭头为 last,两端有箭头为 both),fill 指定线段颜色,dash 指定线段为虚线(其整数值决定虚线的样式)。

【例 5-3】　使用 create_line()方法创建线条对象,其运行效果如图 5-3 所示。

```
from tkinter import *
root = Tk()
cv = Canvas(root, bg = 'white', width = 200, height = 100)
cv.create_line(10, 10, 100, 10, arrow = 'none')            #绘制没有箭头的线段
cv.create_line(10, 20, 100, 20, arrow = 'first')           #绘制起点有箭头的线段
cv.create_line(10, 30, 100, 30, arrow = 'last')            #绘制终点有箭头的线段
cv.create_line(10, 40, 100, 40, arrow = 'both')            #绘制两端有箭头的线段
cv.create_line(10,50,100,100,width = 3, dash = 7)          #绘制虚线
cv.pack()
root.mainloop()
```

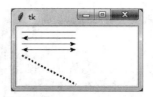

图 5-3 创建线条对象运行效果

4. 绘制矩形

使用 create_ rectangle()方法可以创建矩形对象,具体语法如下:

Canvas 对象. create_rectangle(矩形左上角的 x 坐标,矩形左上角的 y 坐标,矩形右下角的 x 坐标,矩形右下角的 y 坐标,选项, …)

创建矩形对象时的常用选项:outline 指定边框颜色,fill 指定填充颜色,width 指定边框的宽度,dash 指定边框为虚线,stipple 使用指定自定义画刷填充矩形。

【例 5-4】 使用 create_rectangle()方法创建矩形对象,其运行效果如图 5-4 所示。

```
from tkinter import *
root = Tk()
#创建一个 Canvas,设置其背景色为白色
cv = Canvas(root, bg = 'white', width = 200, height = 100)
cv.create_rectangle(10,10,110,110, width = 2,fill = 'red')    #指定矩形的填充色为红色,
                                                              #宽度为 2
cv.create_rectangle(120, 20,180, 80, outline = 'green')       #指定矩形的边框颜色为绿色
cv.pack()
root.mainloop()
```

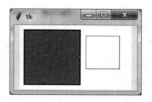

图 5-4 创建矩形对象运行效果

5. 绘制多边形

使用 create_polygon()方法可以创建一个多边形对象,可以是一个三角形、矩形或者任意一个多边形,具体语法如下:

Canvas 对象. create_polygon(顶点 1 的 x 坐标,顶点 1 的 y 坐标,顶点 2 的 x 坐标,顶点 2 的 y 坐标,…,顶点 n 的 x 坐标,顶点 n 的 y 坐标,选项, …)

创建多边形对象时的常用选项:outline 指定边框颜色,fill 指定填充颜色,width 指定边框的宽度,smooth 指定多边形的平滑程度(等于 0 表示多边形的边是折线;等于 1 表示

多边形的边是平滑曲线)。

【例 5-5】 分别创建三角形、正方形、对顶三角形对象,其运行效果如图 5-5 所示。

```
from tkinter import *
root = Tk()
cv = Canvas(root, bg = 'white', width = 300, height = 100)
cv.create_polygon(35,10,10,60,60,60, outline = 'blue', fill = 'red', width = 2)  #等腰三角形
cv.create_polygon(70,10,120,10,120,60, outline = 'blue', fill = 'white', width = 2)
                                                                         #直角三角形
cv.create_polygon(130,10,180,10,180,60, 130,60, width = 4)               #黑色填充正方形
cv.create_polygon(190,10,240,10,190,60, 240,60, width = 1)               #对顶三角形
cv.pack()
root.mainloop()
```

6. 绘制椭圆

使用 create_oval() 方法可以创建一个椭圆对象,具体语法如下:

Canvas 对象.create_oval(包裹椭圆的矩形左上角 x 坐标,包裹椭圆的矩形左上角 y 坐标,包裹椭圆的矩形右下角 x 坐标,包裹椭圆的矩形右下角 y 坐标,选项,…)

创建椭圆对象时的常用选项:outline 指定边框颜色,fill 指定填充颜色,width 指定边框宽度。如果包裹椭圆的矩形是正方形,绘制后则是一个圆形。

【例 5-6】 分别创建椭圆和圆形,其运行效果如图 5-6 所示。

```
from tkinter import *
root = Tk()
cv = Canvas(root, bg = 'white', width = 200, height = 100)
cv.create_oval(10,10,100,50, outline = 'blue', fill = 'red', width = 2)    #椭圆
cv.create_oval(100,10,190,100, outline = 'blue', fill = 'red', width = 2)  #圆形
cv.pack()
root.mainloop()
```

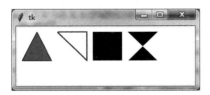

图 5-5 创建三角形对象运行效果

图 5-6 创建椭圆和圆形运行效果

7. 绘制文字

使用 create_text() 方法可以创建一个文字对象,具体语法如下:

文字对象 = Canvas 对象.create_text((文本左上角的 x 坐标,文本左上角的 y 坐标),选项,…)

创建文字对象时的常用选项：text 指定文字对象的文本内容，fill 指定文字颜色，anchor 控制文字对象的位置（其取值'w'表示左对齐，'e'表示右对齐，'n'表示顶对齐，'s'表示底对齐，'nw'表示左上对齐，'sw'表示左下对齐，'se'表示右下对齐，'ne'表示右上对齐，'center'表示居中对齐，anchor 默认值为'center'），justify 设置文字对象中文本的对齐方式（其取值'left'表示左对齐，'right'表示右对齐，'center'表示居中对齐，justify 默认值为'center'）。

【例 5-7】 创建文本的例子，其运行效果如图 5-7 所示。

```
from tkinter import *
root = Tk()
cv = Canvas(root, bg = 'white', width = 200, height = 100)
cv.create_text((10,10), text = 'Hello Python', fill = 'red', anchor = 'nw')
cv.create_text((200,50), text = '你好,Python', fill = 'blue', anchor = 'se')
cv.pack()
root.mainloop()
```

select_from()方法用于指定选中文本的起始位置，具体用法如下：

```
Canvas 对象. select_from(文字对象, 选中文本的起始位置)
```

select_to()方法用于指定选中文本的结束位置，具体用法如下：

```
Canvas 对象. select_to(文字对象, 选中文本的结束位置)
```

【例 5-8】 选中文本的例子，其运行效果如图 5-8 所示。

 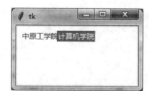

图 5-7　创建文本运行效果　　　　图 5-8　选中文本运行效果

```
from tkinter import *
root = Tk()
cv = Canvas(root, bg = 'white', width = 200, height = 100)
txt = cv.create_text((10,10), text = '中原工学院计算机学院', fill = 'red', anchor = 'nw')
# 设置文本的选中起始位置
cv.select_from(txt,5)
# 设置文本的选中结束位置
cv.select_to(txt,9)         # 选中"计算机学院"
cv.pack()
root.mainloop()
```

8. 绘制位图和图像

1）绘制位图

使用 create_bitmap()方法可以绘制 Python 内置的位图，具体方法如下：

Canvas 对象. create_bitmap((x 坐标,y 坐标),bitmap = 位图字符串,选项, …)

其中,(x 坐标,y 坐标)是位图放置的中心坐标;常用选项有 bitmap、activebitmap 和 disabledbitmap,分别用于指定正常、活动、禁用状态显示的位图。

2) 绘制图像

在游戏开发中需要使用大量图像,采用 create_image()方法可以绘制图形图像,具体方法如下:

Canvas 对象. create_image((x 坐标,y 坐标), image = 图像文件对象, 选项, …)

其中,(x 坐标,y 坐标)是图像放置的中心坐标;常用选项有 image、activeimage 和 disabledimage 用于指定正常、活动、禁用状态显示的图像。

注意:可以如下使用 PhotoImage()函数来获取图像文件对象。

img1 = PhotoImage(file = 图像文件)

例如,img1 = PhotoImage(file = 'C:\\aa.png')可以获取笑脸图形。Python 支持图像文件格式一般为.png 和.gif。

【**例 5-9**】 绘制图像示例,运行效果如图 5-9 所示。

```
from tkinter import *
root = Tk()
cv = Canvas(root)
img1 = PhotoImage(file = 'C:\\aa.png')          #笑脸
img2 = PhotoImage(file = 'C:\\2.gif')           #方块 A
img3 = PhotoImage(file = 'C:\\3.gif')           #梅花 A
cv.create_image((100,100),image = img1)         #绘制笑脸
cv.create_image((200,100),image = img2)         #绘制方块 A
cv.create_image((300,100),image = img3)         #绘制梅花 A
d = {1:'error',2:'info',3:'question',4:'hourglass',5:'questhead',
     6:'warning',7:'gray12',8:'gray25',9:'gray50',10:'gray75'} #字典
# cv.create_bitmap((10,220),bitmap = d[1])
#以下遍历字典绘制 Python 内置的位图
for i in d:
    cv.create_bitmap((20 * i,20),bitmap = d[i])
cv.pack()
root.mainloop()
```

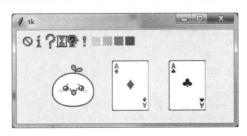

图 5-9 绘制图像示例

学会使用绘制图像,就可以开发图形版的扑克牌游戏了。

9. 修改图形对象的坐标

使用 coords()方法可以修改图形对象的坐标,具体方法如下:

```
Canvas 对象.coords(图形对象,(图形左上角的 x 坐标,图形左上角的 y 坐标,图形右下角的 x 坐标,图形右下角的 y 坐标))
```

因为可以同时修改图形对象的左上角的坐标和右下角的坐标,所以可以缩放图形对象。

注意:如果图形对象是图像文件,则只能指定图像中心点坐标,而不能指定图像左上角的坐标和右下角的坐标,故不能缩放图像。

【**例 5-10**】 修改图形对象的坐标示例,运行效果如图 5-10 所示。

```
from tkinter import *
root = Tk()
cv = Canvas(root)
img1 = PhotoImage(file = 'C:\\aa.png')           #笑脸
img2 = PhotoImage(file = 'C:\\2.gif')            #方块 A
img3 = PhotoImage(file = 'C:\\3.gif')            #梅花 A
rt1 = cv.create_image((100,100), image = img1)   #绘制笑脸
rt2 = cv.create_image((200,100), image = img2)   #绘制方块 A
rt3 = cv.create_image((300,100), image = img3)   #绘制梅花 A
#重新设置方块 A(rt2 对象)的坐标
cv.coords(rt2,(200,50))                          #调整 rt2 对象方块 A 位置
rt4 = cv.create_rectangle(20,140,110,220,outline = 'red', fill = 'green')    #正方形对象
cv.coords(rt4,(100,150,300,200))                 #调整 rt4 对象位置
cv.pack()
root.mainloop()
```

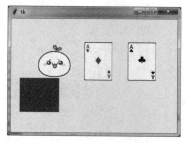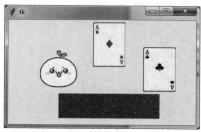

图 5-10 调整图形对象位置之前和之后的效果

10. 移动指定图形对象

使用 move()方法可以修改图形对象的坐标,具体方法如下:

```
Canvas 对象.move(图形对象, x 坐标偏移量, y 坐标偏移量)
```

【**例 5-11**】 移动指定图形对象示例,运行效果如图 5-11 所示。

```
from tkinter import *
root = Tk()
#创建一个Canvas,设置其背景色为白色
cv = Canvas(root, bg = 'white', width = 200, height = 120)
rt1 = cv.create_rectangle(20,20,110,110,outline = 'red',stipple = 'gray12',fill = 'green')
cv.pack()
rt2 = cv.create_rectangle(20,20,110,110,outline = 'blue')
cv.move(rt1,20, - 10)          #移动 rt1
cv.pack()
root.mainloop()
```

为了对比移动图形对象的效果,程序在同一位置绘制了2个矩形,其中矩形 rt1 有背景花纹,rt2 无背景填充。然后用 move() 方法移动 rt1,将被填充的矩形 rt1 向右移动 20 像素,向上移动 10 像素,则出现图 5-11 所示的效果。

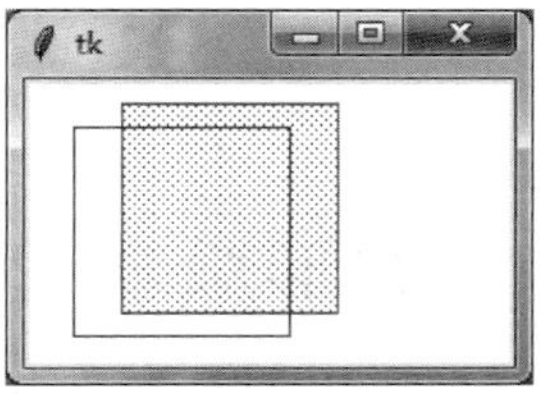

图 5-11 移动指定图形对象运行效果

11. 删除图形对象

使用 delete() 方法可以删除图形对象,具体方法如下:

```
Canvas 对象.delete(图形对象)
```

例如:

```
cv.delete(rt1)          #删除 rt1 图形对象
```

12. 缩放图形对象

使用 scale() 方法可以缩放图形对象,具体方法如下:

```
Canvas 对象.scale(图形对象, x轴偏移量, y轴偏移量, x轴缩放比例, y轴缩放比例)
```

【例 5-12】 缩放图形对象示例,对相同图形对象进行放大或缩小,运行效果如图 5-12 所示。

```
from tkinter import *
root = Tk()
#创建一个Canvas,设置其背景色为白色
cv = Canvas(root, bg = 'white', width = 200, height = 300)
rt1 = cv.create_rectangle(10,10,110,110,outline = 'red',stipple = 'gray12', fill = 'green')
rt2 = cv.create_rectangle(10,10,110,110,outline = 'green',stipple = 'gray12', fill = 'red')
cv.scale(rt1,0,0,1,2)          #y 方向放大一倍
cv.scale(rt2,0,0,0.5,0.5)      #缩小一半大小
cv.pack()
root.mainloop()
```

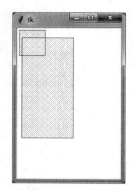

图 5-12　缩放图形对象运行效果

5.4　图形版发牌程序设计的步骤

图形版发牌程序导入相关模块：

```
from tkinter import *
import random
```

假设有 52 张牌，不包括大小王。

```
n = 52
```

gen_pocker(n) 函数实现对 n 张牌的洗牌。方法是随机产生两个下标，将此下标的列表元素进行交换达到洗牌目的。列表元素存储的是某张牌（实际上是牌的编号）。

```
def gen_pocker(n):
    x = 100
    while(x > 0):
        x = x - 1
        p1 = random.randint(0, n - 1)
        p2 = random.randint(0, n - 1)
        t = pocker[p1]
        pocker[p1] = pocker[p2]
        pocker[p2] = t
    return pocker
```

以下是主程序的实现步骤。

将要发的 52 张牌，按梅花 0～12，方块 13～25，红桃 26～38，黑桃 39～51 的顺序编号并存储在 pocker 列表（未洗牌之前）。

```
pocker = [i for i in range(n)]
```

调用 gen_pocker(n) 函数实现对 n 张牌的洗牌。

```
pocker = gen_pocker(n)                              # 实现对 n 张牌的洗牌
print(pocker)

(player1,player2,player3,player4) = ([],[],[],[])   # 4 位牌手各自牌的图片列表
(p1,p2,p3,p4) = ([],[],[],[])                       # 4 位牌手各自牌的编号列表
root = Tk()
# 创建一个 Canvas,设置其背景色为白色
cv = Canvas(root, bg = 'white', width = 700, height = 600)
```

将要发的 52 张牌图片,按梅花 0~12,方块 13~25,红桃 26~38,黑桃 39~51 的顺序编号存储到扑克牌图片 imgs 列表中。也就是说 imgs[0]存储梅花 A 的图片"1-1.gif",imgs[1]存储梅花 2 的图片"1-2.gif",imgs[14]存储方块 2 的图片"2-2.gif"。目的是根据牌的编号找到对应的图片。

```
imgs = []
for i in range(1,5):
    for j in range(1,14):
        imgs.insert((i-1) * 13 + (j-1),PhotoImage(file = str(i) + '-' + str(j) + '.gif'))
```

实现每人发 13 张牌,每轮发 4 张,一位牌手发一张,总计有 13 轮发牌。

```
for x in range(13):            # 13 轮发牌
    m = x * 4
    p1.append(pocker[m])
    p2.append(pocker[m + 1])
    p3.append(pocker[m + 2])
    p4.append(pocker[m + 3])
```

对牌手的牌排序,就是相当于理牌,同花色在一起。

```
p1.sort()           # 牌手的牌排序
p2.sort()
p3.sort()
p4.sort()
```

根据每位牌手手中牌的编号绘制显示对应的图片。

```
for x in range(0,13):
    img = imgs[p1[x]]
    player1.append(cv.create_image((200 + 20 * x,80),image = img))
    img = imgs[p2[x]]
    player2.append(cv.create_image((100,150 + 20 * x),image = img))
    img = imgs[p3[x]]
    player3.append(cv.create_image((200 + 20 * x,500),image = img))
    img = imgs[p4[x]]
    player4.append(cv.create_image((560,150 + 20 * x),image = img))
print("player1:",player1)
print("player2:",player2)
print("player3:",player3)
```

```
print("player4:",player4)
cv.pack()
root.mainloop()
```

至此完成图形版发牌程序的设计。

5.5 拓展练习——弹球小游戏

上面图形版发牌程序的画面是静止的。但在游戏开发中,游戏界面中物体会不断移动,例如小球下落、坦克移动的动画效果,这些效果是在游戏开发中通过画面不断更新实现的。下面以弹球小游戏为例进行说明。

用 Python 实现的弹球小游戏,可实现通过键盘左右方向键控制底部挡板左右移动或通过鼠标拖动底部挡板左右移动,以及小球碰撞到移动的挡板时反弹的游戏功能。如果小球落地则游戏结束。游戏界面如图 5-13 所示。

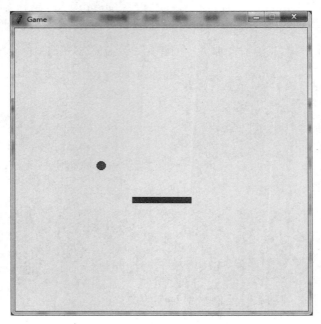

图 5-13 弹球小游戏

为弹球小游戏设计两个类。

1. Ball 弹球类

Ball 弹球类实现移动反弹功能。其中,draw(self)负责移动弹球 Ball,hit_paddle(self,pos)实现和挡板碰撞检测。

```
class Ball:
    def __init__(self, canvas, paddle, color):          # 构造函数
```

```python
        self.canvas = canvas
        self.paddle = paddle
        self.id = canvas.create_oval(10, 10, 25, 25, fill = color)
        self.canvas.move(self.id, 245, 100)
        startx = [-3, -2, -1, 1, 2, 3]
        random.shuffle(startx)                           #随机产生x方向速度
        self.x = startx[0]
        self.y = -3                                      #y方向速度(下落速度)
        self.canvas_height = self.canvas.winfo_height()
        self.canvas_width = self.canvas.winfo_width()
        self.hit_bottom = False                          #是否触底
    def draw(self):
        self.canvas.move(self.id, self.x, self.y)
        pos = self.canvas.coords(self.id)                #获取小球左上角和右下角坐标
                                                         #(top-left bottom-right)
        if (pos[1] <= 0 or self.hit_paddle(pos) == True):  #小球y触顶或者小球和挡板碰撞
            self.y = -self.y                             #y方向反向
        if (pos[0] <= 0 or pos[2] >= self.canvas_width): #小球左右方向碰壁
            self.x = -self.x                             #x方向反向
        if (pos[3] >= self.canvas_height):               #超过底部
            self.hit_bottom = True
    def hit_paddle(self, pos):
        paddle_pos = self.canvas.coords(self.paddle.id)
        if (pos[2] >= paddle_pos[0] and pos[0] <= paddle_pos[2]):
            if (pos[3] >= paddle_pos[1] and pos[3] <= paddle_pos[3]):   #和挡板碰撞
                return True
        return False
```

2. Paddle 挡板类

Paddle 挡板类实现底部挡板功能。其中,draw(self)负责移动挡板,hit_paddle(self, pos)实现和小球碰撞检测。同时对挡板添加鼠标事件绑定。

```python
class Paddle:
    def __init__(self, canvas, color):
        self.canvas = canvas
        self.id = canvas.create_rectangle(0, 0, 100, 10, fill = color)
        self.x = 0
        self.canvas.move(self.id, 200, 300)
        self.canvas_width = self.canvas.winfo_width()
        self.canvas.bind_all("<Key-Left>", self.turn_left)
        self.canvas.bind_all("<Key-Right>", self.turn_right)
        self.canvas.bind("<Button-1>", self.turn)         #鼠标单击事件
        self.canvas.bind("<B1-Motion>", self.turnmove)    #鼠标拖动事件

    def draw(self):
        pos = self.canvas.coords(self.id)
        if (pos[0] + self.x >= 0 and pos[2] + self.x <= self.canvas_width):
```

```
        self.canvas.move(self.id, self.x, 0)
    def turn_left(self, event):
        self.x = -4
    def turn_right(self, event):
        self.x = 4
    def turn(self, event):                              #鼠标单击事件函数
        print("clicked at", event.x, event.y)
        self.mousex = event.x
        self.mousey = event.y
    def turnmove(self, event):                          #鼠标拖动事件函数
        print("现在位置: ", event.x, event.y)
        self.x = event.x - self.mousex
        self.mousex = event.x
```

3. 主程序

建立无限死循环,实现不断重新绘制 Ball 和 Paddle。如果弹球碰到底部则退出循环,游戏结束。

```
from tkinter import *
import random
import time
tk = Tk()
tk.title("Game")
tk.resizable(0, 0) # not resizable
tk.wm_attributes("-topmost", 1) # at top
canvas = Canvas(tk, width=500, height=500, bd=0, highlightthickness=0)
canvas.pack()
tk.update()
paddle = Paddle(canvas, 'blue')
ball = Ball(canvas, paddle, 'red')
while True:
    if (ball.hit_bottom == False):                     #弹球是否碰到底部
        ball.draw()
        paddle.draw()
        tk.update()
        time.sleep(0.01)                               #游戏画面更新时间间隔 0.01 秒
    else:                                              #游戏循环结束
        break
```

至此弹球小游戏程序设计完成,玩家可以拖动挡板控制小球的反弹。

5.6 图形界面应用案例——关灯游戏

关灯游戏是很有趣的益智游戏,玩家通过单击可以关闭或打开一盏灯。关闭(或打开)一盏灯的同时,也会触动其四周(上、下、左、右)的灯的开关,改变它们的状态,成功关闭所有

的灯即可过关。游戏的运行效果如图 5-14 所示。

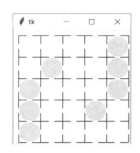

图 5-14 关灯游戏运行效果

分析：游戏中采用二维列表存储灯的状态，'you'表示灯亮（图中含有圆的方格），'wu'表示灯灭（背景色的方格）。在 Canvas 画布单击事件中，获取鼠标单击位置从而换算成棋盘位置(x1,y1)，并处理四周的灯的状态转换。

代码如下：

```python
from tkinter import *
from tkinter import messagebox
root = Tk()
l = [ ['wu', 'wu', 'you', 'you', 'you'],
      ['wu', 'you', 'wu', 'wu', 'wu'],
      ['wu', 'wu', 'wu', 'wu', 'wu'],
      ['wu', 'wu', 'wu', 'you', 'wu'],
      ['you', 'you', 'you', 'wu', 'wu']]
# 绘制灯的状态图
def huaqi():
    for i in range(0, 5):
        for u in range(0, 5):
            if l[i][u] == 'you':
                cv.create_oval(i * 40 + 10, u * 40 + 10, (i + 1) * 40 + 10, (u + 1) *
                               40 + 10, outline = 'white', fill = 'yellow', width = 2) # 灯亮
            else:
                cv.create_oval(i * 40 + 10, u * 40 + 10, (i + 1) * 40 + 10, (u + 1) *
                               40 + 10, outline = 'white', fill = 'white', width = 2) # 灯灭
# 反转(x1,y1)处灯的状态
def reserve(x1,y1):
    if l[x1][y1] == 'wu':
        l[x1][y1] = 'you'
    else:
        l[x1][y1] = 'wu'
# 单击事件函数
def luozi(event):
    x1 = (event.x - 10) // 40
    y1 = (event.y - 10) // 40
    print(x1, y1)
    reserve(x1,y1) # 反转(x1,y1)处灯的状态
    # 以下反转(x1,y1)周围的灯的状态
```

```
        # 将左侧灯的状态反转
        if x1!= 0:
            reserve(x1 - 1, y1)
        # 将右侧灯的状态反转
        if x1!= 4:
            reserve(x1 + 1, y1)
        # 将上方灯的状态反转
        if y1!= 0:
            reserve(x1, y1 - 1)
        # 将下方灯的状态反转
        if y1!= 4:
            reserve(x1, y1 + 1)
        huaqi()

# 主程序
cv = Canvas(root, bg = 'white', width = 210, height = 210)
for i in range(0, 6):                              # 绘制网格线
    cv.create_line(10, 10 + i * 40, 210, 10 + i * 40, arrow = 'none')
    cv.create_line(10 + i * 40, 10, 10 + i * 40, 210, arrow = 'none')
huaqi()                                            # 绘制灯的状态图
p = 0
for i in range(0, 5):
    for u in l[i]:
        if u == 'wu':
            p = p + 1
if p == 25:
    messagebox.showinfo('win','你过关了')          # 显示游戏过关信息的消息窗口
cv.bind('< Button - 1 >', luozi)
cv.pack()
root.mainloop()
```

思考与练习

1. 实现 15×15 棋盘的五子棋游戏界面的绘制。

2. 实现国际象棋界面的绘制。

3. 实现推箱子游戏界面的绘制。

4. 编写程序,实现井字棋游戏。该游戏界面是一个由 3×3 方格构成的棋盘,游戏双方各执一种颜色的棋子,在规定的方格内轮流布棋,如果一方在横、竖、斜三个方向上都形成 3 子相连则该方胜利。

第6章

数据库应用——智力问答游戏

程序设计使用简单的纯文本文件只能实现有限的功能,如果要处理的数据量巨大并且容易让程序员理解的话,可以选择相对标准化的数据库(Datebase)。Python支持多种数据库,如 Sybase、DB2、Oracle、SQLServer、SQLite 等。本章主要介绍数据库概念以及结构化查询语言 SQL,讲解 Python 自带轻量级的关系型数据库 SQLite 的使用方法,然后通过智力问答游戏来掌握数据库使用的方法。

6.1 智力问答游戏功能介绍

智力问答测试程序测试内容涉及历史、经济、风情、民俗、地理、人文等古今中外多方面的知识,让玩家在轻松娱乐、益智、搞笑的同时,不知不觉地增长知识。答题过程中对做对、做错进行实时跟踪。测试完成后,能根据用户答题情况给出成绩。程序运行界面如图 6-1 所示。

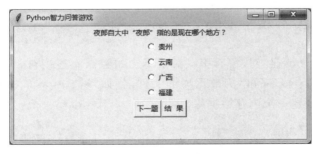

图 6-1 智力问答测试程序运行界面

下面将介绍智力问答测试程序的设计思路和数据库访问技术。

6.2 程序设计的思路

此程序使用一个 SQLite 试题库 test2.db,其中每个智力问答由题目、4 个选项和正确答案组成,即(question,Answer_A,Answer_B,Answer_C,Answer_D,right_Answer)。测

试前,程序从试题库 test2.db 中读取试题信息,存储到 values 列表中。测试时,顺序从 values 列表读出题目显示在 GUI 界面供用户答题。在进行界面设计时,智力问答题目是标签控件,4 个选项是单选按钮控件,在"下一题"按钮单击事件中实现题目切换和对错判断,如果正确则得分 score 加 10 分,错误不加分。并判断用户是否做完。在"结果"按钮单击事件中实现得分 score 的显示。

6.3 数据库访问技术

视频讲解

Python 2.5 版本以上内置了 SQLite3,所以在 Python 中使用 SQLite 不需要安装任何东西,直接使用即可。SQLite3 数据库使用 SQL 语言。SQLite 作为后端数据库,可以制作有数据存储需求的工具。Python 标准库中的 SQLite3 提供该数据库的接口。

6.3.1 访问数据库的步骤

从 Python 2.5 开始,SQLite3 就成为 Python 的标准模块,这也是 Python 中唯一一个数据库接口类模块,大大方便了用户使用 Python SQLite 数据库开发小型数据库应用系统。

Python 的数据库模块有统一的接口标准,所以数据库操作都有统一的模式,操作数据库 SQLite3 主要分为以下几步。

(1) 导入 Python SQLite 数据库模块。Python 标准库中带有 SQLite3 模块,可直接导入:

```
import sqlite3
```

(2) 建立数据库连接,返回 Connection 对象。使用数据库模块的 connect() 函数建立数据库连接,返回连接对象 con:

```
con = sqlite3.connect(connectstring)    # 连接到数据库,返回 sqlite3.connection 对象
```

说明:connectstring 是连接字符串。对于不同的数据库连接对象,其连接字符串的格式各不相同,sqlite 的连接字符串为数据库的文件名,如"e:\test.db"。如果指定连接字符串为 memory,则可创建一个内存数据库。例如:

```
import sqlite3
con = sqlite3.connect("E:\\test.db")
```

如果 E:\test.db 存在,则打开数据库;否则在该路径下创建数据库 test.db 并打开。

(3) 创建游标对象。调用 con.cursor() 创建游标对象 cur:

```
cur = con.cursor()    # 创建游标对象
```

(4) 使用 Cursor 对象的 execute 执行 SQL 命令返回结果集。调用 cur.execute()、executemany()、executescript() 方法查询数据库。

cur.execute(sql)：执行 SQL 语句。

cur.execute(sql,parameters)：执行带参数的 SQL 语句。

cur.executemany(sql,seq_of_parameters)：根据参数执行多次 SQL 语句。

cur.executescript(sql_script)：执行 SQL 脚本。

例如，创建一个表 category。

```
cur.execute(''CREATE TABLE category(id primary key,sort,name)'')
```

以上语句将创建一个包含三个字段 id、sort 和 name 的表 category。下面向表中插入记录：

```
cur.execute("INSERT INTO category VALUES (1, 1, 'computer')")
```

SQL 语句字符串中可以使用占位符"?"表示参数，传递的参数使用元组。例如：

```
cur.execute("INSERT INTO category VALUES (?, ?,?) ",(2, 3, 'literature'))
```

(5) 获取游标的查询结果集。调用 cur.fetchall()，cur.fetchone()，cur.fetchmany()返回查询结果。

cur.fetchone()：返回结果集的下一行(Row 对象)；无数据时，返回 None。

cur.fetchall()：返回结果集的剩余行(Row 对象列表)；无数据时，返回空 List。

cur.fetchmany()：返回结果集的多行(Row 对象列表)；无数据时，返回空 List。

例如：

```
cur.execute("select * from catagory")
print(cur.fetchall())        #提取查询到的数据
```

返回结果如下：

```
[(1, 1, 'computer'), (2, 2,'literature')]
```

如果使用 cur.fetchone()，则首先返回列表中的第 1 项，再次使用，返回第 2 项，依次进行。也可以直接使用循环输出结果，例如：

```
for row in cur.execute("select * from catagory"):
    print(row[0],row[1])
```

(6) 数据库的提交和回滚。根据数据库事务隔离级别的不同，可以提交或回滚。

con.commit()：事务提交。

con.rollback()：事务回滚。

(7) 关闭 Cursor 对象和 Connection 对象。最后，需要关闭打开的 Cursor 对象和 Connection 对象，其函数如下。

cur.close()：关闭 Cursor 对象。

con.close()：关闭 Connection 对象。

6.3.2 创建数据库和表

【例6-1】 创建数据库sales，并在其中创建表book，表中包含3列：id、price和name，其中id为主键(primary key)。

```python
# 导入Python SQLite数据库模块
import sqlite3
# 创建SQLite数据库
con = sqlite3.connect("E:\\sales.db")
# 创建表book，包含三个列：id，price和name
con.execute("create table book(id primary key,price,name)")
```

说明：connection对象的execute方法是Cursor对象对应方法的快捷方式，系统会创建一个临时Cursor对象，然后调用对应的方法，并返回Cursor对象。

6.3.3 数据库的插入、更新和删除操作

在数据库表中插入、更新、删除记录的一般步骤为：

(1) 建立数据库连接。

(2) 创建游标对象cur，使用cur.execute(sql)执行SQL的insert、Update、delete等语句完成数据库记录的插入、更新、删除操作，并根据返回值判断操作结果。

(3) 提交操作。

(4) 关闭数据库。

【例6-2】 数据库表记录的插入、更新和删除操作。

```python
import sqlite3
books = [("021",25,"大学计算机"),("022",30,"大学英语"),("023",18,"艺术欣赏"),( "024",35,"高级语言程序设计")]
# 打开数据库
Con = sqlite3.connect("E:\\sales.db")
# 创建游标对象
Cur = Con.cursor()
# 插入一行数据
Cur.execute("insert into book(id,price,name) values ('001',33,'大学计算机多媒体')")
Cur.execute("insert into book(id,price,name) values (?,?,?) ",("002",28,"数据库基础"))
# 插入多行数据
Cur.executemany("insert into book(id,price,name) values (?,?,?) ",Books)
# 修改一行数据
Cur.execute("Update book set price = ? where name = ? ",(25,"大学英语"))
# 删除一行数据
n = Cur.execute("delete from book where price = ?",(25,))
print("删除了",n.rowcount,"行记录")
Con.commit()
Cur.close()
Con.close()
```

运行结果如下：

删除了 2 行记录

6.3.4 数据库表的查询操作

查询数据库表的步骤为：
（1）建立数据库连接。
（2）创建游标对象 cur，使用 cur.execute(sql)执行 SQL 的 select 语句。
（3）循环输出结果。

【例 6-3】 数据库表的查询操作。

```
import sqlite3
#打开数据库
Con = sqlite3.connect("E:\\sales.db")
#创建游标对象
Cur = Con.cursor()
#查询数据库表
Cur.execute("select id,price,name from book")
for row in Cur:
    print(row)
```

运行结果如下：

```
('001', 33, '大学计算机多媒体')
('002', 28, '数据库基础')
('023', 18, '艺术欣赏')
('024', 35, '高级语言程序设计')
```

6.3.5 数据库使用实例——学生通讯录

设计一个学生通讯录，可以添加、删除、修改里面的信息。

```
import sqlite3
#打开数据库
def opendb():
        conn = sqlite3.connect("e:\\mydb.db")
        cur = conn.execute("""create table if not exists tongxinlu(usernum integer primary key, username varchar(128), passworld varchar(128), address varchar(125), telnum varchar(128))""")
        return cur, conn
#查询全部信息
def showalldb():
        print("---------------------------处理后的数据--------------------")
        hel = opendb()
```

```python
        cur = hel[1].cursor()
        cur.execute("select * from tongxinlu")
        res = cur.fetchall()
        for line in res:
                for h in line:
                        print(h),
                print
        cur.close()
# 输入信息
def into():
        usernum = input("请输入学号：")
        username1 = input("请输入姓名：")
        passworld1 = input("请输入密码：")
        address1 = input("请输入地址：")
        telnum1 = input("请输入联系电话：")
        return usernum,username1, passworld1, address1, telnum1
# 往数据库中添加内容
def adddb():
        welcome = """------------------- 欢迎使用添加数据功能 ---------------"""
        print(welcome)
        person = into()
        hel = opendb()
        hel[1].execute("insert into tongxinlu(usernum,username, passworld, address, telnum) values (?,?,?,?,?)",(person[0], person[1], person[2], person[3],person[4]))
        hel[1].commit()
        print("---------------- 恭喜你,数据添加成功 ---------------")
        showalldb()
        hel[1].close()
# 删除数据库中的内容
def deldb():
        welcome = "------------------- 欢迎使用删除数据库功能 ---------------"
        print(welcome)
        delchoice = input("请输入想要删除的学号：")
        hel = opendb()           # 返回游标 conn
        hel[1].execute("delete from tongxinlu where usernum = " + delchoice)
        hel[1].commit()
        print("---------------- 恭喜你,数据删除成功 ---------------")
        showalldb()
        hel[1].close()
# 修改数据库的内容
def alter():
        welcome = "------------------- 欢迎使用修改数据库功能 ---------------"
        print(welcome)
        changechoice = input("请输入想要修改的学生的学号:")
        hel = opendb()
        person = into()
        hel[1].execute("update tongxinlu set usernum = ?,username = ?, passworld = ?,address = ?,telnum = ? where usernum = " + changechoice,(person[0], person[1], person[2], person[3],person[4]))
        hel[1].commit()
```

```python
            showalldb()
            hel[1].close()
# 查询数据
def searchdb():
        welcome = "-------------------- 欢迎使用查询数据库功能 ---------------- "
        print(welcome)
        choice = input("请输入要查询的学生的学号：")
        hel = opendb()
        cur = hel[1].cursor()
        cur.execute("select * from tongxinlu where usernum = " + choice)
        hel[1].commit()
        print("-------------------- 恭喜你,你要查找的数据如下 ---------------- ")
        for row in cur:
            print(row[0],row[1],row[2],row[3],row[4])
        cur.close()
        hel[1].close()
# 是否继续
def conti():
        choice = input("是否继续?(y or n):")
        if choice == 'y':
                a = 1
        else:
                a = 0
        return a
if __name__ == "__main__":
        flag = 1
        while flag:
                welcome = "---------- 欢迎使用数据库通讯录 ---------- "
                print(welcome)
                choiceshow = """
                        请进行您的下一步选择：
                        (添加)往通讯录数据库里面添加内容
                        (删除)删除通讯录中内容
                        (修改)修改通讯录同图中的内容
                        (查询)查询通讯录同图中的内容
                        选择您想要进行的操作：
                        """
                choice = input(choiceshow)
                if choice == "添加":
                        adddb()
                        flag = conti()
                elif choice == "删除":
                        deldb()
                        flag = conti()
                elif choice == "修改":
                        alter()
                        flag = conti()
                elif choice == "查询":
                        searchdb()
                        flag = conti()
                else:
                        print("你输入错误,请重新输入")
```

程序运行界面及添加记录界面如图 6-2 所示。

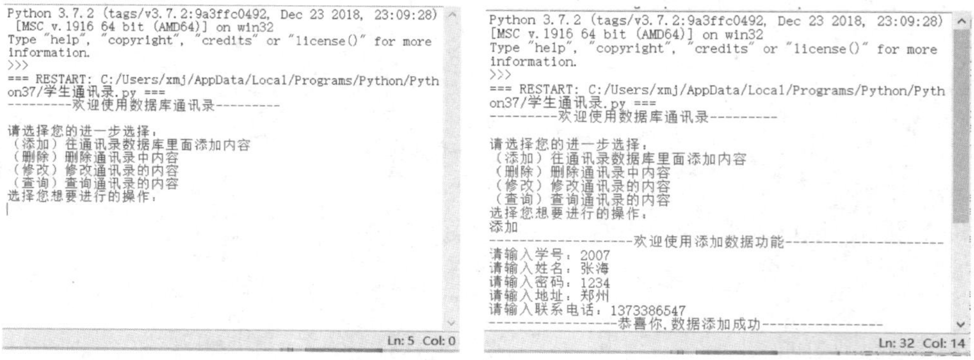

图 6-2　程序运行界面及添加记录界面

视频讲解

6.4　智力问答游戏程序设计的步骤

6.4.1　生成试题库

在智力回答游戏中首先生成试题库，代码如下：

```
import sqlite3              # 导入 SQLite 驱动
# 连接到 SQLite 数据库，数据库文件是 test2.db
# 如果文件不存在，会自动在当前目录创建：
conn = sqlite3.connect('test2.db')
cursor = conn.cursor()  # 创建一个 Cursor：
# cursor.execute("delete from exam")
# 执行一条 SQL 语句，创建 exam 表，字段名的方括号可以不写
cursor.execute('CREATE TABLE [exam] ([question] VARCHAR(80) NULL,[Answer_A] VARCHAR(50) NULL,
[Answer_B] VARCHAR(50) NULL,[Answer_C] VARCHAR(50) NULL,[Answer_D] VARCHAR(50) NULL,[right_
Answer] VARCHAR(1) NULL)')
# 继续执行一条 SQL 语句，插入一条记录：
cursor.execute(" insert into exam (question, Answer_A, Answer_B, Answer_C, Answer_D, right_
Answer) values ('哈雷彗星的平均周期为', '54年', '56年', '73年', '83年', 'C')")
cursor.execute(" insert into exam (question, Answer_A, Answer_B, Answer_C, Answer_D, right_
Answer) values ('夜郎自大中"夜郎"指的是现在哪个地方?', '贵州', '云南', '广西', '福建', 'A')")
cursor.execute(" insert into exam (question, Answer_A, Answer_B, Answer_C, Answer_D, right_
Answer) values ('在中国历史上是谁发明了麻药', '孙思邈', '华佗', '张仲景', '扁鹊', 'B')")
cursor.execute(" insert into exam (question, Answer_A, Answer_B, Answer_C, Answer_D, right_
Answer) values ('京剧中花旦是指', '年轻男子', '年轻女子', '年长男子', '年长女子', 'B')")
cursor.execute(" insert into exam (question, Answer_A, Answer_B, Answer_C, Answer_D, right_
Answer) values ('篮球比赛每队几人?', '4', '5', '6', '7', 'B')")
cursor.execute(" insert into exam (question, Answer_A, Answer_B, Answer_C, Answer_D, right_
Answer) values ('在天愿作比翼鸟,在地愿为连理枝。讲述的是谁的爱情故事?', '焦仲卿和刘兰芝',
'梁山伯与祝英台', '崔莺莺和张生', '杨贵妃和唐明皇', 'D')")
print(cursor.rowcount)              # 通过 rowcount 获得插入的行数
cursor.close()                      # 关闭 Cursor
conn.commit()                       # 提交事务
conn.close()                        # 关闭 Connection
```

以上代码完成数据库 test2.db 的建立。下面是实现智力问答测试程序功能。

6.4.2 读取试题信息

在智力回答游戏中读取试题信息的代码如下：

```
conn = sqlite3.connect('test2.db')
cursor = conn.cursor()
#执行查询语句
cursor.execute('select * from exam')
#获得查询结果集
values = cursor.fetchall()
cursor.close()
conn.close()
```

以上代码完成数据库 test2.db 的试题信息读取，并存储到 values 列表中。

6.4.3 界面和逻辑设计

callNext()实现判断用户选择的正误，正确则加 10 分，错误不加分。并判断用户是否做完，如果没做完则将下一题的题目信息显示到 timu 标签，题目中的 4 个选项分别显示到 radio1 到 radio4 这 4 个单选按钮上。

```
import tkinter
from tkinter import *
from tkinter.messagebox import *
def callNext():
    global k
    global score
    useranswer = r.get()              #获取用户的选择
    print(r.get())                    #获取被选中单选按钮变量值
    if useranswer == values[k][5]:
        showinfo("恭喜","恭喜你对了!")
        score += 10
    else:
        showinfo("遗憾","遗憾你错了!")
    k = k + 1
    if k >= len(values):              #判断用户是否做完
        showinfo("提示","题目做完了")
        return
    #显示下一题
    timu["text"] = values[k][0]       #题目信息
    radio1["text"] = values[k][1]     #A 选项
    radio2["text"] = values[k][2]     #B 选项
    radio3["text"] = values[k][3]     #C 选项
    radio4["text"] = values[k][4]     #D 选项
    r.set('E')
def callResult():
    showinfo("你的得分",str(score))
```

以下就是问答游戏的界面布局代码。

```python
root = tkinter.Tk()
root.title('Python 智力问答游戏')
root.geometry("500x200")
r = tkinter.StringVar()                                  # 创建 StringVar 对象
r.set('E')                                               # 设置初始值为'E',初始没选中
k = 0
score = 0
timu = tkinter.Label(root,text = values[k][0])           # 题目
timu.pack()
f1 = Frame(root)                                         # 创建第 1 个 Frame 组件
f1.pack()
radio1 = tkinter.Radiobutton(f1,variable = r,value = 'A',text = values[k][1])
radio1.pack()
radio2 = tkinter.Radiobutton(f1,variable = r,value = 'B',text = values[k][2])
radio2.pack()
radio3 = tkinter.Radiobutton(f1,variable = r,value = 'C',text = values[k][3])
radio3.pack()
radio4 = tkinter.Radiobutton(f1,variable = r,value = 'D',text = values[k][4])
radio4.pack()
f2 = Frame(root)                                         # 创建第 2 个 Frame 组件
f2.pack()
Button(f2,text = '下一题',command = callNext).pack(side = LEFT)
Button(f2,text = '结果',command = callResult).pack(side = LEFT)
root.mainloop()
```

思考与练习

使用数据库设计背英文单词软件,功能要求如下。

(1) 录入单词,输入英文单词及相应的中文意思,例如:

China　中国
Japan　日本

(2) 查找单词的中文或英文意思(输入中文查对应的英文意思,输入英文查对应的中文意思)。

(3) 随机测试,每次测试 5 题,系统随机显示英文单词,用户回答中文意思,要求能够统计回答的准确率。

提示:可以使用 Python 序列中的字典(dict)实现。

第7章

网络编程应用——网络五子棋游戏

Python 提供了用于网络编程和通信的各种模块,用户可以使用 socket 模块进行基于套接字的底层网络编程。socket 是计算机之间进行网络通信的一套程序接口,计算机之间的通信都必须遵守 socket 接口的相关要求。socket 对象是网络通信的基础,相当于一个管道连接了发送端和接收端,并在两者之间相互传递数据。Python 语言对 socket 进行了二次封装,简化了程序开发步骤,大大提高了开发的效率。

本章主要介绍 socket 程序的开发,讲述两种常见的通信协议(TCP 和 UDP)的发送和接收的实现,最后介绍基于 UDP 的 socket 编程方法来制作网络五子棋游戏程序。

7.1 网络五子棋游戏简介

网络五子棋采用 C/S 架构,分为服务器端和客户端。服务器端运行界面如图 7-1 所示,游戏时服务器端首先启动,当客户端连接后,服务器端可以走棋。

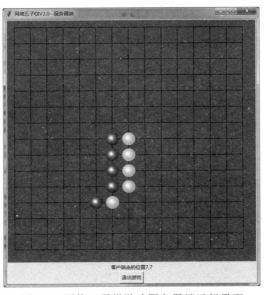

图 7-1 网络五子棋游戏服务器端运行界面

服务器端用户根据提示信息，轮到自己下棋时才可以在棋盘上落子，同时下方标签会显示对方的走棋信息，服务器端用户通过"退出游戏"按钮可以结束游戏。

客户端运行界面如图7-2所示，需要输入服务器IP地址（这里采用默认地址本机地址），如果正确且服务器启动则可以"连接"服务器。连接成功后客户端用户根据提示信息，轮到自己下棋时才可以在棋盘上落子，同样可以通过"退出游戏"按钮结束游戏。

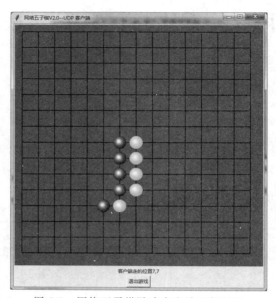

图7-2 网络五子棋游戏客户端运行界面

7.2 网络编程基础

7.2.1 互联网TCP/IP协议

计算机为了联网，就必须规定通信协议，早期的计算机网络，都是由各厂商自己规定一套协议，IBM、Apple和Microsoft都有各自的网络协议，互不兼容，这就好比一群人有的说英语，有的说中文，有的说德语，只有说同一种语言的人可以交流，而不同语言之间的人则无法交流。

为了把全世界的所有不同类型的计算机都连接起来，就必须规定一套全球通用的协议，为了实现互联网这个目标，国际组织制定了OSI七层模型互联网协议标准，如图7-3所示。因为互联网协议包含了上百种协议标准，但是最重要的两个协议是TCP和IP协议，所以，大家把互联网的协议简称为TCP/IP协议。

7.2.2 IP协议

通信的时候，双方必须知道对方的标识，好比发邮件必须知道对方的邮件地址。互联网上每个计算机的唯一标识就是IP地址，如202.196.32.7。如果一台计算机同时接入到两个或更多的网络，比如路由器，它就会有两个或多个IP地址，所以，IP地址对应的实际上是

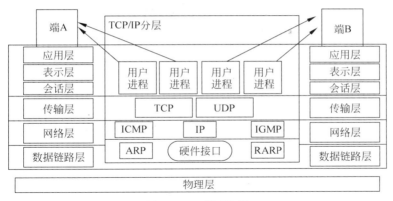

图 7-3　互联网协议

计算机的网络接口,通常是网卡。

IP 协议负责把数据从一台计算机通过网络发送到另一台计算机。数据被分割成一小块一小块,然后通过 IP 包发送出去。由于互联网链路复杂,两台计算机之间经常有多条线路,因此,路由器就负责把一个 IP 包转发出去。IP 包的特点是按块发送,途经多个路由,但不保证能送达,也不保证顺序送达。

IP 地址实际上是一个 32 位整数(称为 IPv4),以字符串表示的 IP 地址,如 192.168.0.1,实际上是把 32 位整数按 8 位分组后的数字表示,目的是便于阅读。

IPv6 地址实际上是一个 128 位整数,它是目前使用的 IPv4 的升级版,以字符串表示类似于 2001:0db8:85a3:0042:1000:8a2e:0370:7334。

7.2.3　TCP 和 UDP 协议

TCP 协议是建立在 IP 协议之上的。TCP 协议负责在两台计算机之间建立可靠连接,保证数据包按顺序到达。TCP 协议会通过握手建立连接,然后对每个 IP 包编号,确保对方按顺序收到,如果包丢掉了,就自动重发。

许多常用的更高级的协议都是建立在 TCP 协议基础上的,比如用于浏览器的 HTTP 协议、发送邮件的 SMTP 协议等。

UDP 协议同样是建立在 IP 协议之上,但是 UDP 协议面向无连接的通信协议,不保证数据包的顺利到达,是不可靠传输。所以效率比 TCP 要高。

7.2.4　HTTP 和 HTTPS 协议

超文本传输协议(HTTP 协议)被用于在 Web 浏览器和网站服务器之间传递信息,HTTP 协议以明文方式发送内容,不提供任何方式的数据加密,如果攻击者截取了 Web 浏览器和网站服务器之间的传输报文,就可以直接读懂其中的信息,因此,HTTP 协议不适合传输一些敏感信息,比如信用卡号、密码等支付信息。

为了解决 HTTP 协议的这一缺陷,需要使用另一种协议:安全套接字层超文本传输协议(HTTPS),为了数据传输的安全,HTTPS 在 HTTP 的基础上加入了 SSL 协议,SSL 依靠证书来验证服务器的身份,并为浏览器和服务器之间的通信进行加密。

HTTP 协议用于客户端(如浏览器)与服务器之间的通信。HTTP 协议属于应用层,建立在传输层协议 TCP 之上。客户端通过与服务器建立 TCP 连接后,发送 HTTP 请求与接收 HTTP 响应都是通过访问 Socket 接口来调用 TCP 协议实现的。

7.2.5 端口

一个 IP 包除了包含要传输的数据外,还包含源 IP 地址和目标 IP 地址,以及源端口和目标端口。

端口有什么作用?在两台计算机通信时,只发 IP 地址是不够的,因为同一台计算机上运行着多个网络程序(例如浏览器、QQ 等网络程序)。一个 IP 包来了之后,到底是交给浏览器还是 QQ,就需要端口号来区分。每个网络程序都向操作系统申请唯一的端口号,这样,两个进程在两台计算机之间建立网络连接就需要各自的 IP 地址和各自的端口号。例如浏览器常常使用 80 端口,FTP 程序使用 21 端口,邮件收发使用 25 端口。

网络上两台计算机之间的数据通信,归根到底就是不同主机之间的进程交互,而每台主机的进程都对应着某个端口。也就是说,单独靠 IP 地址是无法完成通信的,必须要有 IP 和端口。

7.2.6 Socket

套接字(Socket)是网络编程的一个抽象概念,主要是用于网络通信编程。20 世纪 80 年代初,美国政府的高级研究工程机构(ARPA)给加利福尼亚大学伯克利分校提供了资金,让他们在 UNIX 操作系统下实现 TCP/IP 协议。在这个项目中,研究人员为 TCP/IP 网络通信开发了一个应用程序接口(API),这个 API 称为 Socket,Socket 是 TCP/IP 网络最为通用的 API。任何网络通信都是通过 Socket 来完成的。

通常用一个 Socket 表示"打开了一个网络链接",而打开一个 Socket 需要知道目标计算机的 IP 地址和端口号,再指定协议类型即可。

套接字构造函数 socket(family,type[,protocal])使用给定的套接字家族、套接字类型、协议编号来创建套接字。

其参数介绍如下,参数取值含义如表 7-1 所示。

表 7-1 套接字函数参数含义

参 数	描 述
socket.AF_UNIX	只能够用于单一的 UNIX 系统进程间通信
socket.AF_INET	服务器之间网络通信
socket.AF_INET6	IPv6
socket.SOCK_STREAM	流式 socket,针对 TCP
socket.SOCK_DGRAM	数据报式 socket,针对 UDP
socket.SOCK_RAW	原始套接字,普通的套接字无法处理 ICMP、IGMP 等网络报文,而 SOCK_RAW 可以;其次,SOCK_RAW 也可以处理特殊的 IPv4 报文;此外,利用原始套接字,可以通过 IP_HDRINCL 套接字选项由用户构造 IP 头部
socket.SOCK_SEQPACKET	可靠的连续数据包服务

family：套接字家族，可以使 AF_UNIX 或者 AF_INET、AF_INET6。

type：套接字类型，可以根据是面向连接的还是非连接分为 SOCK_STREAM 或 SOCK_DGRAM。

protocol：一般不填，默认为 0。

例如，创建 TCP Socket：

```
s = socket.socket(socket.AF_INET,socket.SOCK_STREAM)
```

创建 UDP Socket：

```
s = socket.socket(socket.AF_INET,socket.SOCK_DGRAM)
```

Socket 同时支持数据流 Socket 和数据报 Socket。下面是利用 Socket 进行通信连接的过程框图。其中图 7-4 是面向连接支持数据流 TCP 的时序图，图 7-5 是无连接数据报 UDP 的时序图。

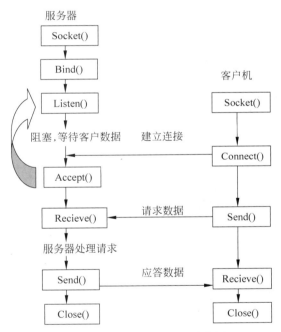

图 7-4 面向连接 TCP 的时序图

由图 7-4 可以看出，客户机(Client)与服务器(Server)的关系是不对称的。

对于 TCP 的 C/S 时序，服务器首先启动，然后在某一时刻启动客户机与服务器建立连接。服务器与客户机开始都必须调用 Socket()建立一个套接字 Socket，然后服务器调用 Bind()将套接字与一个本机指定端口绑定在一起，再调用 Listen()使套接字处于一种被动的准备接收状态，这时客户机建立套接字便可通过调用 Connect()和服务器建立连接，服务器就可以调用 Accept()来接收客户机连接。然后继续侦听指定端口并发出阻塞，直到下一个请求出现，从而实现多个客户机连接。连接建立之后，客户机和服务器之间就可以通过连

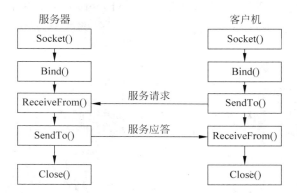

图 7-5 无连接 UDP 的时序图

接发送和接收数据。最后,待数据传送结束,双方可调用 Close()关闭套接字。

对于 UDP 的 C/S,客户机并不与服务器建立一个连接,而仅仅调用函数 SendTo()给服务器发送数据报。相似地,服务器也不从客户端接收一个连接,只是调用函数 ReceiveFrom(),等待从客户端发来的数据,依照 ReceiveFrom()得到的协议地址以及数据报,服务器就可以给客户送一个应答。

在 Python 中,Socket 模块中 Socket 对象提供函数方法如表 7-2 所示。

表 7-2 Socket 对象函数方法

套接字	函 数	描 述
服务器套接字	s.bind(host,port)	绑定地址(host,port)到套接字,在 AF_INET 下以元组(host,port)的形式表示地址
	s.listen(backlog)	开始 TCP 监听。backlog 指定在拒绝连接之前,可以最大连接数量。该值至少为1,大部分应用程序设为5就可以了
	s.accept()	被动接受 TCP 客户端连接,(阻塞式)等待连接的到来
客户端套接字	s.connect(address)	主动与 TCP 服务器连接。一般 address 的格式为元组(hostname,port),如果连接出错,返回 socket.error 错误
	s.connect_ex()	connect()函数的扩展版本,出错时返回出错码,而不是抛出异常
	s.recv(bufsize,[,flag])	接收 TCP 数据,数据以字节串形式返回,bufsize 指定要接收的最大数据量。flag 提供有关消息的其他信息,通常可以忽略
公共用途的套接字	s.send(data)	发送 TCP 数据,将 data 中的数据发送到连接的套接字。返回值是要发送的字节数量,该数量可能小于 data 的字节大小
	s.sendall(data)	完整发送 TCP 数据。将 data 中的数据发送到连接的套接字,但在返回之前会尝试发送所有数据。成功返回 None,失败则抛出异常
	s.recvform(bufsize,[,flag])	接收 UDP 数据,与 recv()类似,但返回值是(data,address)。其中 data 是包含接收数据的字节串,address 是发送数据的套接字地址

续表

套接字	函数	描述
公共用途的套接字	s.sendto(data,address)	发送 UDP 数据,将数据发送到套接字,address 是形式为(ip,port)的元组,指定远程地址。返回值是发送的字节数
	s.close()	关闭套接字
	s.getpeername()	返回连接套接字的远程地址。返回值通常是元组(ipaddr,port)
	s.getsockname()	返回套接字自己的地址。通常是一个元组(ipaddr,port)
	s.setsockopt(level,optname,value)	设置给定套接字选项的值
	s.getsockopt(level,optname)	返回套接字选项的值
	s.settimeout(timeout)	设置套接字操作的超时时间,timeout 是一个浮点数,单位是秒(s)。值为 None 表示没有超时时间。一般,超时时间应该在刚创建套接字时设置,因为它们可能用于连接的操作(如 connect())
	s.gettimeout()	返回当前超时时间的值,单位是秒,如果没有设置超时时间,则返回 None
	s.fileno()	返回套接字的文件描述符
	s.setblocking(flag)	如果 flag 为 0,则将套接字设为非阻塞模式,否则将套接字设为阻塞模式(默认值)。非阻塞模式下,如果调用 recv()没有发现任何数据,或调用 send()无法立即发送数据,那么将引起 socket.error 异常
	s.makefile()	创建一个与该套接字相关联的文件

　　了解了 TCP/IP 协议、IP 地址、端口的概念和 Socket 后,就可以开始进行网络编程了。下面采用不同协议类型来开发网络通信程序。

7.3　TCP 编程

视频讲解

　　日常生活中大多数连接都是可靠的 TCP 连接。创建 TCP 连接时,主动发起连接的叫客户端,被动响应连接的叫服务器。

7.3.1　TCP 客户端编程

　　例如,当在浏览器中访问新浪网时,用户的计算机就是客户端,浏览器会主动向新浪网的服务器发起连接。如果一切顺利,新浪网服务器接受了用户的连接,建立了一个 TCP 连接,然后就可发送网页内容进行通信了。

　　【例 7-1】　访问新浪网的 TCP 客户端程序。
　　程序模拟浏览器向新浪网服务器发送一个 HTTP 的 GET 请求报文,请求获取新浪网首页的 HTML 文件,服务器把包含该 HTML 文件的响应报文发送回本程序,从而获取整个网页页面文件。
　　获取新浪网页客户端程序的整个代码如下:

```python
import socket                                                  # 导入 socket 模块
s = socket.socket(socket.AF_INET, socket.SOCK_STREAM)           # 创建一个 socket
s.connect(('www.sina.com.cn', 80))                              # 建立与新浪网站链接
# 发送数据请求
s.send(b'GET / HTTP/1.1\r\nHost: www.sina.com.cn\r\nConnection: close\r\n\r\n')
# 接收数据
buffer = []
while True:
    d = s.recv(1024)                                            # 每次最多接收服务器端1K字节数据
    if d:                                                       # 是否为空数据
        buffer.append(d)                                        # 字节串增加到列表中
    else:
        break                                                   # 返回空数据,表示接收完毕,退出循环
data = b''.join(buffer)
s.close()                                                       # 关闭连接
header, html = data.split(b'\r\n\r\n', 1)
print(header.decode('utf-8'))
# 把接收的数据写入文件
with open('sina.html', 'wb') as f:
    f.write(html)
```

代码中首先要创建一个基于 TCP 连接的 Socket:

```python
import socket                                                  # 导入 socket 模块
s = socket.socket(socket.AF_INET, socket.SOCK_STREAM)           # 创建一个 socket
s.connect(('www.sina.com.cn', 80))                              # 建立与新浪网站链接
```

创建 Socket 时,AF_INET 指定使用 IPv4 协议,如果要用更先进的 IPv6,就指定为 AF_INET6。SOCK_STREAM 指定使用面向流的 TCP 协议,这样,一个 Socket 对象就创建成功了,但是还没有建立连接。

客户端要主动发起 TCP 连接,必须知道服务器的 IP 地址和端口号。新浪网站的 IP 地址可以用域名 www.sina.com.cn 自动转换到 IP 地址,但如何获取新浪网服务器的端口号呢?

作为服务器,提供什么样的服务,端口号就必须固定下来。由于客户端想要访问网页,因此新浪网提供网页服务的服务器必须把端口号固定在 80 端口,因为 80 端口是 Web 服务的标准端口。其他服务都有对应的标准端口号,例如,SMTP 服务是 25 端口,FTP 服务是 21 端口。端口号小于 1024 的是 Internet 标准服务的端口,端口号大于 1024 的可以任意使用。

因此,连接新浪网服务器的代码如下:

```python
s.connect(('www.sina.com.cn', 80))
```

注意参数是一个 tuple,包含地址和端口号。

建立 TCP 连接后,就可以向新浪网服务器发送请求,要求返回首页的内容:

```python
# 发送数据请求
s.send(b'GET / HTTP/1.1\r\nHost: www.sina.com.cn\r\nConnection: close\r\n\r\n')
```

TCP 连接创建的是双向通道,双方都可以同时给对方发数据。但是谁先发谁后发,怎么协调,要根据具体的协议来决定。例如,HTTP 协议规定客户端必须先发请求给服务器,服务器收到后才发数据给客户端。

发送的文本格式必须符合 HTTP 标准,如果格式没问题,接下来就可以接收新浪网服务器返回的数据了:

```python
#接收数据
buffer = []
while True:
    d = s.recv(1024)          #每次最多接收1K字节
    if d:                     #是否为空数据
        buffer.append(d)      #字节串增加到列表中
    else:
        break                 #返回空数据,表示接收完毕,退出循环
data = b''.join(buffer)
```

接收数据时,调用 recv(max)方法,一次最多能接收指定的字节数,因此,在一个 while 循环中反复接收,直到 recv()返回空数据,表示接收完毕,退出循环。

data=b''.join(buffer)语句中,b''是一个空字节,join()是连接列表的函数,buffer 是一个字节串的列表,使用空字节把 buffer 这个字节列表连接在一起,成为一个新的字节串。这个是 Python 3 新的功能,以前 join()函数只能连接字符串,现在可以连接字节串了。

当接收完数据后,调用 close()方法关闭 Socket,这样,一次完整的网络通信就结束了。

```python
s.close()                #关闭连接
```

接收到的数据包括 HTTP 头和网页本身,只需要将 HTTP 头和网页分离,把 HTTP 头打印出来,网页内容保存到文件:

```python
header, html = data.split(b'\r\n\r\n', 1)   #以'\r\n\r\n'分割,且仅仅分割1次
print(header.decode('utf-8'))               #decode('utf-8')以 utf-8 编码将字节串转换成字符串
#把接收的数据写入文件
with open('sina.html', 'wb') as f:          #以写方式打开文件 sina.html,即可以写入信息
    f.write(html)
```

现在,只需要在浏览器中打开这个 sina.html 文件,就可以看到新浪网的首页了。由于新浪网站现已改成 HTTPS 安全传输协议,即在 HTTP 的基础上加入了 SSL 协议,SSL 依靠证书来验证服务器的身份,并为浏览器和服务器之间的通信加密。读者可以换成其他网站(如当当网 www.dangdang.com),这样仍可以采用 HTTP 传输协议测试本例。

HTTPS 传输协议需要使用 SSL 模块,HTTPS 协议访问新浪网站的代码修改如下:

```python
import socket                               #导入 socket 模块
import ssl                                  #导入 ssl 模块
s = ssl.wrap_socket(socket.socket())        #创建一个 socket
s.connect(('www.sina.com.cn', 443))         #建立与新浪网站链接,端口 443
#发送数据请求
s.send(b'GET / HTTP/1.1\r\nHost:www.sina.com.cn\r\nConnection: close\r\n\r\n')
```

运行结果如下:

```
HTTP/1.1 200 OK
Server: edge-esnssl-1.17.3-14.3
Date: Mon, 24 Feb 2020 08:03:18 GMT
Content-Type: text/html
Content-Length: 542459
Connection: close
Vary: Accept-Encoding
```

HTTP 响应的头信息中,HTTP/1.1 200 OK 表示访问成功,而不再出现 HTTP/1.1 302 Moved Temporarily 错误。

通过上面的例子,可以掌握采用底层 Socket 编程实现浏览网页的过程,熟悉 HTTP 通信过程。在实际的爬虫开发中,使用 Python 网页访问的标准库 urllib、第三方库 requests 等浏览网页更加容易。

7.3.2 TCP 服务器端编程

服务器端和客户端编程相比,编程要复杂一些。服务器端进程首先要绑定一个端口并监听来自其他客户端的连接。如果某个客户端连接过来了,服务器就与该客户端建立 Socket 连接,随后的通信就靠这个 Socket 连接了。

所以,服务器会打开固定端口(比如80)监听,每来一个客户端连接,就创建该 Socket 连接。由于服务器会有大量来自客户端的连接,所以,服务器要能够区分一个 Socket 连接是与哪个客户端绑定的,要依赖服务器地址、服务器端口、客户端地址、客户端端口这 4 项来唯一确定一个 Socket。

但是服务器还需要同时响应多个客户端的请求,所以,每个连接都需要一个新的进程或者新的线程来处理,否则,服务器一次就只能服务一个客户端了。

【例 7-2】 编写一个简单的 TCP 服务器程序,它接受客户端连接,把客户端发过来的字符串加上 Hello 再发回去。

完整的 TCP 服务器端程序如下:

```python
import socket                                    # 导入 socket 模块
import threading                                 # 导入 threading 线程模块
def tcplink(sock, addr):
    print('接受一个来自%s:%s连接请求'% addr)
    sock.send(b'Welcome!')                       # 发给客户端 Welcome!信息
    while True:
        data = sock.recv(1024)                   # 接收客户端发来的信息
        time.sleep(1)                            # 延时 1 秒
        if not data or data.decode('utf-8') == 'exit':    # 如果没数据或收到 exit 信息
            break                                # 终止循环
        sock.send(('Hello, %s!'% data.decode('utf-8')).encode('utf-8'))
                                                 # 收到信息加上 Hello 发回
    sock.close()                                 # 关闭连接
    print('来自%s:%s连接关闭了.'% addr)
```

```
s = socket.socket(socket.AF_INET, socket.SOCK_STREAM)
s.bind(('127.0.0.1', 8888))                    #监听本机 8888 端口
s.listen(5)                                    #连接的最大数量为 5
print('等待客户端连接…')
while True:
    sock, addr = s.accept()                    #接受一个新连接
    #创建新线程来处理 TCP 连接
    t = threading.Thread(target = tcplink, args = (sock, addr))
    t.start()
```

在程序中,首先创建了一个基于 IPv4 和 TCP 协议的 Socket:

```
s = socket.socket(socket.AF_INET, socket.SOCK_STREAM)
```

然后绑定监听的地址和端口。服务器可能有多块网卡,可以绑定到某一块网卡的 IP 地址上,也可以用 0.0.0.0 绑定到所有的网络地址,还可以用 127.0.0.1 绑定到本机地址。127.0.0.1 是一个特殊的 IP 地址,表示本机地址,如果绑定到这个地址,客户端必须同时在本机运行才能连接,也就是说,外部的计算机无法连接进来。

端口号需要预先指定。因为我们写的这个服务不是标准服务,所以用 8888 这个端口号。请注意,小于 1024 的端口号必须要有管理员权限才能绑定。

```
#监听本机 8888 端口
s.bind(('127.0.0.1', 8888))
```

紧接着,调用 listen()方法开始监听端口,传入的参数指定等待连接的最大数量为 5。

```
s.listen(5)
print('等待客户端连接…')
```

接下来,服务器程序通过一个无限循环来接受来自客户端的连接,accept()会等待并返回一个客户端的连接。

```
while True:
    #接受一个新连接
    sock, addr = s.accept()  #sock 是新建的 socket 对象,服务器通过它与对应客户端通信,addr 是
                             #IP 地址
    #创建新线程来处理 TCP 连接
    t = threading.Thread(target = tcplink, args = (sock, addr))
    t.start()
```

每个连接都必须创建新线程(或进程)来处理,否则,单线程在处理连接的过程中,无法接受其他客户端的连接。

```
def tcplink(sock, addr):
    print('接受一个来自%s:%s 连接请求' % addr)
    sock.send(b'Welcome!')                     #发给客户端 Welcome! 信息
```

```
while True:
    data = sock.recv(1024)                              # 接收客户端发来的信息
    time.sleep(1)                                       # 延时1秒
    if not data or data.decode('utf-8') == 'exit':      # 如果没数据或收到exit信息
        break                                           # 终止循环
    sock.send(('Hello, %s!' % data.decode('utf-8')).encode('utf-8'))
                                                        # 收到信息加上Hello发回
sock.close()                                            # 关闭连接
print('来自%s:%s连接关闭了.' % addr)
```

连接建立后,服务器首先发一条欢迎消息,然后等待客户端数据,并加上Hello再发送给客户端。如果客户端发送了exit字符串,则直接关闭连接。

要测试这个服务器程序,还需要编写一个客户端程序:

```
import socket                                           # 导入socket模块
s = socket.socket(socket.AF_INET, socket.SOCK_STREAM)
s.connect(('127.0.0.1', 8888))                          # 建立连接
# 打印接收到欢迎消息
print(s.recv(1024).decode('utf-8'))
for data in [b'Michael', b'Tracy', b'Sarah']:
    s.send(data)                                        # 客户端程序发送人名数据给服务器端
    print(s.recv(1024).decode('utf-8'))
s.send(b'exit')
s.close()
```

需要打开两个命令行窗口,一个运行服务器端程序,另一个运行客户端程序,运行效果分别如图7-6和图7-7所示。

图7-6 服务器端程序效果

图7-7 客户端程序效果

需要注意的是,客户端程序运行完毕就退出了,而服务器端程序会永远运行下去,必须按Ctrl+C组合键退出程序。

可见，用 TCP 协议进行 Socket 编程在 Python 中十分简单：对于客户端，要主动连接服务器的 IP 地址和指定端口；对于服务器，首先要监听指定端口，然后对每一个新的连接创建一个线程或进程来处理。通常，服务器程序会无限运行下去。还需注意同一个端口，被一个 Socket 绑定了以后，就不能被别的 Socket 绑定了。

7.4 UDP 编程

TCP 是建立可靠连接，并且通信双方都可以以流的形式发送数据。相对于 TCP，UDP 则是面向无连接的协议。

使用 UDP 协议时，不需要建立连接，只需要知道对方的 IP 地址和端口号，就可以直接发数据包，但是不能保证会到达。虽然用 UDP 传输数据不可靠，但与 TCP 相比，速度快，对于不要求可靠到达的数据，就可以使用 UDP 协议。

通过 UDP 协议传输数据和 TCP 类似，使用 UDP 的通信双方也分为客户端和服务器端。

【例 7-3】 编写一个简单的 UDP 演示下棋程序。服务器端把 UDP 客户端发来的下棋坐标信息(x,y)显示出来，并把 x 和 y 坐标加 1 后(模拟服务器端下棋)，再发给 UDP 客户端。

服务器首先需要绑定 8888 端口：

```
import socket                              # 导入 socket 模块
s = socket.socket(socket.AF_INET, socket.SOCK_DGRAM)
s.bind(('127.0.0.1', 8888))                # 绑定端口
```

创建 Socket 时，SOCK_DGRAM 指定了这个 Socket 的类型是 UDP。绑定端口和 TCP 一样，但是不需要调用 listen()方法，而是直接接收来自任何客户端的数据。

```
print('Bind UDP on 8888...')
while True:
    # 接收数据
    data, addr = s.recvfrom(1024)
    print('Received from % s: % s.' % addr)
    print('received:',data)
    p = data.decode('utf-8').split(",")    # decode()解码,将字节串转换成字符串
    x = int(p[0])
    y = int(p[1])
    print(p[0],p[1])
    pos = str(x+1) + "," + str(y+1)        # 模拟服务器端下棋位置
    s.sendto(pos.encode('utf-8'),addr)     # 发回客户端
```

recvfrom()方法返回数据和客户端的地址与端口，这样，服务器收到数据后，直接调用 sendto()就可以用 UDP 把数据发给客户端。

客户端使用 UDP 时，首先也要创建基于 UDP 的 Socket，然后直接通过 sendto()给服务器端发数据，而无须调用 connect()。

```
import socket                                    # 导入 socket 模块
s = socket.socket(socket.AF_INET, socket.SOCK_DGRAM)
x = input("请输入 x 坐标")
y = input("请输入 y 坐标")
data = str(x) + "," + str(y)
s.sendto(data.encode('utf-8'), ('127.0.0.1', 8888))
                                    # encode()编码,将字符串转换成传送的字节串
# 接收服务器加 1 后的坐标数据
data2, addr = s.recvfrom(1024)
print("接收服务器加 1 后的坐标数据: ", data2.decode('utf-8'))        # decode()解码
s.close()
```

从服务器端接收数据仍然调用 recvfrom()方法。仍然用两个命令行分别启动服务器端和客户端测试,运行效果分别如图 7-8 和图 7-9 所示。

图 7-8　服务器端程序效果

图 7-9　客户端程序效果

7.5　多线程技术

线程是操作系统可以调度的最小执行单位,能够执行并发处理。通常是将程序拆分成两个或多个并发运行的线程,即同时执行多个操作。例如,使用线程同时监视用户并发输入,并执行后台任务等。

7.5.1　进程和线程

1. 概念

进程是操作系统中正在执行的应用程序的一个实例,操作系统把不同的进程(即不同程序)分离开来。每一个进程都有自己的地址空间,一般情况下,包括文本区域、数据区域和堆

栈。文本区域存储处理器执行的代码,数据区域存储变量和进程执行期间使用的动态分配的内存;堆栈区域存储着活动过程可能调用的指令和本地变量。

每个进程至少包含一个线程,它从程序开始执行,直到退出程序,主线程结束,该进程也被从内存中卸载。主线程在运行过程中还可以创建新的线程,实现多线程的功能。

线程就是一段顺序程序。但是线程不能独立运行,只能在程序中运行。

不同的操作系统实现进程和线程的方法也不同,但大多数是在进程中包含线程,如Windows。一个进程中可以存在多个线程,线程可以共享进程的资源(比如内存),而不同的进程之间则是不能共享资源的。

2．多线程优点

多线程的运行类似于同时执行多个不同程序,多线程运行有如下优点:

(1) 使用线程可以把程序中占据长时间的任务放到后台去处理。

(2) 用户界面可以更加吸引人。例如,用户单击了一个按钮去触发某些事件,可以弹出一个进度条来显示处理的进度。

(3) 程序的运行速度可能加快。

(4) 在一些等待的任务实现上(如用户输入、文件读写和网络收发数据等)线程就比较有用,在这种情况下可以释放一些珍贵的资源,如内存占用等。

线程在执行过程中与进程还是有区别的。每个独立的线程有一个程序运行的入口、顺序执行序列和程序的出口。但是线程不能够独立执行,必须依存在应用程序中,由应用程序提供多个线程执行控制。

每个线程都有自己的一组CPU寄存器,称为线程的上下文,该上下文反映了线程上次运行该线程的CPU寄存器的状态。

3．线程的状态

在操作系统内核中,线程可以被标记成如下状态。

初始化(Init):在创建线程时,操作系统在内部会将其标识为初始化状态。此状态只在系统内核中使用。

就绪(Ready):线程已经准备好被执行。

延迟就绪(Deferred ready):表示线程已经被选择在指定的处理器上运行,但还没有被调度。

备用(Standby):表示已经选择下一个线程在指定的处理器上运行。当该处理器上运行的线程因等待资源等原因被挂起时,调度器将备用线程切换到处理器上运行。只有一个线程可以是备用状态。

运行(Running):表示调度器将线程切换到处理器上运行,它可以运行一个线程周期(quantum),然后将处理器让给其他线程。

等待(Waiting):线程可以因为等待一个同步执行的对象或等待资源等原因切换到等待状态。

过渡(Transition):表示线程已经准备好被执行,但其内核堆已经从内存中被移除。一旦其内核堆被加载到内存中,线程就会变成运行状态。

终止(Terminated)：当线程被执行完成后，其状态会变成终止。系统会释放线程中的数据结构和资源。

7.5.2 创建线程

Python 中 threading 模块提供了 Thread 类来创建和处理线程，格式如下：

```
线程对象 = threading.Thread(target = 线程函数, args = (参数列表), name = 线程名, group = 线程组)
```

其中，线程名和线程组都可以省略。

创建线程后，通常需要调用线程对象的 setDaemon() 方法将线程设置为守护线程。主线程执行完后，如果其他线程为非守护线程，则主线程不会退出，而被无限挂起；线程声明为守护线程之后，如果队列中的线程运行完了，那么整个程序不用等待就可以退出。

setDaemon() 函数的使用方法如下：

```
线程对象.setDaemon(是否设置为守护线程)
```

setDaemon() 函数必须在运行线程之前被调用，然后调用线程对象的 start() 方法可以运行线程。

在俄罗斯方块游戏的程序中可以通过创建线程来实现游戏过程中方块的下落和显示。

【例 7-4】 使用 threading.Thread 类来创建线程例子。

```python
import threading
def f(i):
    print(" I am from a thread, num = %d \n" %(i))
def main():
    for i in range(1,10):
        t = threading.Thread(target = f,args = (i,))
        t.setDaemon(True)              #设置为守护线程，主线程可以结束退出
        t.start()
if __name__ == "__main__":
    main()
```

程序定义了一个函数 f()，用于输出参数 i。在主程序中依次使用 1～10 作为参数创建 10 个线程来运行函数 f()。以上程序执行结果如下：

```
I am from a thread, num = 2
I am from a thread, num = 1
I am from a thread, num = 5
I am from a thread, num = 3
I am from a thread, num = 6
I am from a thread, num = 7
I am from a thread, num = 8
>>>
I am from a thread, num = 9
I am from a thread, num = 4
```

可以看到,虽然线程的创建和启动是有顺序的,但是线程是并发运行的,所以不能确定哪个线程先执行完。从运行结果可以看到,输出的数字也是没有规律的。而且在"I am from a thread,num=9"前面有一个">>>",说明主程序在此处已经退出了。

Thread 类还提供了以下方法。

run():用以表示线程活动的方法。

start():启动线程活动。

join([time]):可以阻塞进程直到线程执行完毕。参数 timeout 指定超时时间(单位为秒(s)),超过指定时间 join 就不再阻塞进程了。

isAlive():返回线程是否是活动的。

getName():返回线程名。

setName():设置线程名。

threading 模块提供的其他方法如下。

threading.currentThread():返回当前的线程变量。

threading.enumerate():返回一个包含正在运行的线程的 list。正在运行指线程启动后、结束前,不包括启动前和终止后。

threading.activeCount():返回正在运行的线程数量,与 len(threading.enumerate())有相同的结果。

【例 7-5】 编写自己的线程类 myThread 来创建线程对象。

分析:自己的线程类直接从 threading.Thread 类继承,然后重写__init__()方法和 run()方法就可以创建线程对象了。

```
import threading
import time
exitFlag = 0
class myThread(threading.Thread):          #继承父类 threading.Thread
    def __init__(self, threadID, name, counter):
        threading.Thread._init_(self)
        self.threadID = threadID
        self.name = name
        self.counter = counter
    def run(self):        #把要执行的代码写到 run()函数中,线程在创建后会直接运行 run()函数
        print("Starting " + self.name)
        print_time(self.name, self.counter, 5)
        print("Exiting " + self.name)

def print_time(threadName, delay, counter):
    while counter:
        if exitFlag:
            thread.exit()
        time.sleep(delay)
        print("%s: %s" % (threadName, time.ctime(time.time())))
        counter -= 1

#创建新线程
```

```
thread1 = myThread(1, "Thread-1", 1)
thread2 = myThread(2, "Thread-2", 2)
# 开启线程
thread1.start()
thread2.start()
print("Exiting Main Thread")
```

以上程序的执行结果如下：

```
Starting Thread-1 Exiting Main Thread Starting Thread-2
Thread-1: Tue Aug 2 10:19:01 2019
Thread-2: Tue Aug 2 10:19:02 2019
Thread-1: Tue Aug 2 10:19:02 2019
Thread-1: Tue Aug 2 10:19:03 2019
Thread-2: Tue Aug 2 10:19:04 2019
Thread-1: Tue Aug 2 10:19:04 2019
Thread-1: Tue Aug 2 10:19:05 2019
Exiting Thread-1
Thread-2: Tue Aug 2 10:19:06 2019
Thread-2: Tue Aug 2 10:19:08 2019
Thread-2: Tue Aug 2 10:19:10 2019
Exiting Thread-2
```

7.5.3 线程同步

如果多个线程共同对某个数据进行修改，则可能出现无法预料的结果，为了保证数据的正确性，需要对多个线程进行同步。

使用 Threading 的 Lock(指令锁)和 Rlock(可重入锁)对象可以实现简单的线程同步，这两个对象都有 acquire 方法(申请锁)和 release 方法(释放锁)，对于那些需要每次只允许一个线程操作的数据，可以将其操作放到 acquire 和 release 方法之间。

例如这样一种情况：一个列表里所有元素都是 0，线程 set 从后向前把所有元素改成 1，而线程 print 负责从前往后读取列表并打印。

那么，在线程 set 开始改的时候，线程 print 可能开始打印列表了，输出就成了一半 0 一半 1，这就是数据的不同步。为了避免这种情况，引入了锁的概念。

锁有两种状态——锁定和未锁定。每当一个线程比如 set 要访问共享数据时，必须先获得锁定；如果已经有别的线程比如 print 获得锁定了，那么就让线程 set 暂停，也就是同步阻塞；等到线程 print 访问完毕释放锁以后，再让线程 set 继续。

经过这样的处理，打印列表时要么全部输出 0，要么全部输出 1，不会再出现一半 0 一半 1 的尴尬场面。

【例 7-6】 使用指令锁实行多个线程同步。

```
import threading
import time
class myThread(threading.Thread):
```

```python
    def __init__(self, threadID, name, counter):
        threading.Thread.__init_(self)
        self.threadID = threadID
        self.name = name
        self.counter = counter
    def run(self):
        print ("Starting " + self.name)
        # 获得锁,成功获得锁定后返回 True
        # 可选的 timeout 参数不填时将一直阻塞直到获得锁定
        # 否则超时后将返回 False
        threadLock.acquire()            # 线程一直阻塞直到获得锁
        print(self.name,"获得锁")
        print_time(self.name, self.counter, 3)
        print(self.name,"释放锁")
        threadLock.release()            # 释放锁

def print_time(threadName, delay, counter):
    while counter:
        time.sleep(delay)
        print("% s: % s" % (threadName, time.ctime(time.time())))
        counter -= 1

threadLock = threading.Lock()           # 创建一个指令锁
threads = []
# 创建新线程
thread1 = myThread(1, "Thread-1", 1)
thread2 = myThread(2, "Thread-2", 2)
# 开启新线程
thread1.start()
thread2.start()

# 添加线程到线程列表
threads.append(thread1)
threads.append(thread2)

# 等待所有线程完成
for t in threads:
    t.join()                            # 可以阻塞主程序直到线程执行完毕后主程序结束
print("Exiting Main Thread")
```

以上程序的执行结果如下:

```
Starting Thread-1Starting Thread-2
Thread-1 获得锁
Thread-1: Tue Aug 2 11:13:20 2019
Thread-1: Tue Aug 2 11:13:21 2019
Thread-1: Tue Aug 2 11:13:22 2019
Thread-1 释放锁
Thread-2 获得锁
```

```
Thread - 2: Tue Aug 2 11:13:24 2019
Thread - 2: Tue Aug 2 11:13:26 2019
Thread - 2: Tue Aug 2 11:13:28 2019
Thread - 2 释放锁
Exiting Main Thread
```

7.5.4 定时器 Timer

定时器(Timer)是 Thread 的派生类,用于在指定的时间后能调用一个函数,具体方法如下:

```
timer = threading.Timer(指定时间 t, 函数 f)
timer.start()
```

执行 timer.start()后,程序会在指定的时间 t 后启动线程执行函数 f。

【例 7-7】 使用定时器 Timer 的例子。

```
import threading
import time
def func():
    print(time.ctime())        #输出当前时间
print(time.ctime())
timer = threading.Timer(5, func)
timer.start()
```

该程序可实现延迟 5 秒后调用 func()方法的功能。

7.6 网络五子棋游戏设计步骤

在 7.4 节中模拟了服务器端和客户端两方下棋的通信过程,本节学习基于 UDP 的网络五子棋游戏,以真正开发出实用的网络程序。

7.6.1 数据通信协议和算法

1. 数据通信协议

网络五子棋游戏设计的难点在于需要与对方通信。这里使用了面向非连接的 Socket 编程。Socket 编程用于开发 C/S 结构程序,在这类应用中,客户端和服务器端通常需要先建立连接,然后发送和接收数据,交互完成后需要断开连接。该游戏的通信采用基于 UDP 的 Socket 编程实现。这里虽然两台计算机不分主次,但设计时需假设一台做服务器端(黑方),等待其他人加入。其他人想加入的时候要输入服务器端主机的 IP 地址。为了区分通信中传送的是输赢信息,还是下的棋子位置信息或结束游戏等,在发送信息的首部要加上标识。因此定义了如下协议。

(1) move|：下的棋子位置坐标(x,y)。

例如："move|7,4"表示对方下子位置坐标(7,4)。

(2) over|：哪方赢的信息。

例如："over|黑方你赢了"表示黑方赢了。

(3) exit|：表示对方离开了,游戏结束。

(4) join|：连接服务器。

当然可以根据程序功能增加协议,例如悔棋、文字聊天等协议,本程序没有设计"悔棋"和"文字聊天"功能所以没定义相应的协议。读者可以自己完善程序。

程序中根据接收的信息都是字符串,通过字符串.split("|")获取消息类型(move、join、exit 或者 over),从中区分出输赢信息 over 和下的棋子位置信息 move 等,代码如下：

```python
def receiveMessage():                        #接收消息函数
    global s
    while True:
        #接收客户端发送的消息
        global addr
        data, addr = s.recvfrom(1024)
        data = data.decode('utf-8')
        a = data.split("|")                  #分割数据
        if not data:
            print('client has exited!')
            break
        elif a[0] == 'join':                 #连接服务器请求
            print('client 连接服务器!')
            label1["text"] = 'client 连接服务器成功,请你走棋!'
        elif a[0] == 'exit':                 #对方退出信息
            print('client 对方退出!')
            label1["text"] = 'client 对方退出,游戏结束!'
        elif a[0] == 'over':                 #对方赢信息
            print('对方赢信息!')
            label1["text"] = data.split("|")[0]
            showinfo(title = "提示",message = data.split("|")[1])
        elif a[0] == 'move':                 #客户端走的位置信息,如"move|7,4"
            print('received:',data,'from',addr)
            p = a[1].split(",")
            x = int(p[0])
            y = int(p[1])
            print(p[0],p[1])
            label1["text"] = "客户端走的位置" + p[0] + p[1]
            drawOtherChess(x,y)              #画对方棋子
    s.close()
```

2. 判断输赢的算法

本游戏的关键技术是判断输赢的算法。算法的具体实现大致分为以下几部分。

(1) 判断 X=Y 轴上是否形成五子连珠。

(2) 判断 X=-Y 轴上是否形成五子连珠。
(3) 判断 X 轴上是否形成五子连珠。
(4) 判断 Y 轴上是否形成五子连珠。
以上 4 种情况只要任何一种成立,那么就可以判断输赢。

```python
def win_lose():                          #输赢判断
    #扫描整个棋盘,判断是否连成5颗
    a = str(turn)
    print("a = ",a)
    for i in range(0,11):                #i取0~11
        #判断X=Y轴上是否形成五子连珠
        for j in range(0,11):            #j取0~10
            if map[i][j] == a and map[i+1][j+1] == a and map[i+2][j+2] == a
                and map[i+3][j+3] == a and map[i+4][j+4] == a:
                print("X=Y轴上形成五子连珠")
                return True

    for i in range(4,15):                #i取4~14
        #判断X=-Y轴上是否形成五子连珠
        for j in range(0,11):            #j0--10
            if map[i][j] == a and map[i-1][j+1] == a and map[i-2][j+2] == a
                and map[i-3][j+3] == a and map[i-4][j+4] == a:
                print("X=-Y轴上形成五子连珠")
                return True

    for i in range(0,15):                #i取0~14
        #判断Y轴上是否形成五子连珠
        for j in range(4,15):            #j取4~14
            if map[i][j] == a and map[i][j-1] == a and map[i][j-2] == a
                and map[i][j-3] == a and map[i][j-4] == a:
                print("Y轴上形成五子连珠")
                return True

    for i in range(0,11):                #i取0~11
        #判断X轴上是否形成五子连珠
        for j in range(0,15):                    #j取0~14
            if map[i][j] == a and map[i+1][j] == a and map[i+2][j] == a
                and map[i+3][j] == a and map[i+4][j] == a:
                print("X轴上形成五子连珠")
                return True
    return False
```

判断输赢实际上不用扫描整个棋盘,如果能得到刚下的棋子位置(x,y),就不用扫描整个棋盘,而仅仅在此棋子附近横、竖、斜方向均判断一遍即可。

checkWin(x,y)函数判断这个棋子是否和其他的棋子连成 5 子,即输赢判断,它是以(x,y)为中心横向、纵向、斜方向的判断来统计相同个数而实现。

例如以水平方向(横向)判断为例,以(x,y)为中心计算水平方向棋子数量时,首先向右最多 4 个位置,如果同色则 count 加 1;然后向左最多 4 个位置,如果同色则 count 加 1。统计完成后,如果 count 大于或等于 5,则说明水平方向连成了五子。其他方向同理。在每个方向判断前,因为落子处(x,y)还有己方一个,所以 count 初始值为 1。

```python
def checkWin(x,y):
    flag = False
    count = 1              # 保存共有多少相同颜色棋子相连
    color = map[x][y]
    # 通过循环来做棋子相连的判断
    # 横向的判断
    # 判断横向是否有 5 个棋子相连,特点是纵坐标相同,即 map[x][y]中 y 值相同
    i = 1
    while color == map[x + i][y]:        # 向右统计
        count = count + 1
        i = i + 1
    i = 1
    while color == map[x - i][y]:        # 向左统计
        count = count + 1
        i = i + 1
    if count >= 5:
        flag = True
    # 纵向的判断
    i2 = 1
    count2 = 1
    while color == map[x][y + i2]:
        count2 = count2 + 1
        i2 = i2 + 1
    i2 = 1
    while color == map[x][y - i2]:
        count2 = count2 + 1
        i2 = i2 + 1
    if count2 >= 5:
        flag = True
    # 斜方向的判断(右上和左下)
    i3 = 1
    count3 = 1
    while color == map[x + i3][y - i3]:
        count3 = count3 + 1
        i3 = i3 + 1
    i3 = 1
    while color == map[x - i3][y + i3]:
        count3 = count3 + 1
        i3 = i3 + 1
    if count3 >= 5:
        flag = True

    # 斜方向的判断(右下和左上)
    i4 = 1
    count4 = 1
    while color == map[x + i4][y + i4]:
        count4 = count4 + 1
```

```
            i4 = i4 + 1
        i4 = 1
        while color == map[x - i4][y - i4]:
            count4 = count4 + 1
            i4 = i4 + 1
        if count4 >= 5:
            flag = True
    return flag
```

本程序中每下一步棋子,调用checkWin(x,y)函数判断是否已经连成五子,如果返回True,则说明已经连成五子,显示输赢结果对话框。

掌握通信协议和五子棋输赢判断知识后就可以开发网络五子棋了。下面首先介绍服务器端程序设计的步骤。

7.6.2 服务器端程序设计

1. 主程序

先定义包含两个棋子图片的列表imgs,创建Window窗口对象root,初始化游戏地图map,绘制一个15×15的游戏棋盘,添加显示提示信息的标签Label,绑定Canvas画布的鼠标左键和按钮单击事件。

同时创建UDP通信服务器端的SOCKET,绑定在8000端口,启动线程接收客户端的消息receiveMessage(),最后窗口root.mainloop()方法是进入窗口的主循环,也就是显示窗口。

```
from tkinter import *
from tkinter.messagebox import *
import socket
import threading
import os

root = Tk()
root.title("网络五子棋 V2.0 -- 服务器端")
#五子棋 -- 夏敏捷
imgs = [PhotoImage(file = 'bmp\\BlackStone.gif'), PhotoImage(file = 'bmp\\WhiteStone.gif')]
turn = 0                                    #轮到某方走棋,0是黑方,1是白方
Myturn = -1                                 #保存自己的角色,-1表示还没确定下来
map = [[" "," "," "," "," "," "," "," "," "," "," "," "," "," "," "]for y in range(15)]
cv = Canvas(root, bg = 'green', width = 610, height = 610)
drawQiPan()                                 #绘制15×15的游戏棋盘
cv.bind("<Button-1>", callpos)
cv.pack()
label1 = Label(root,text = "服务器端….")       #显示提示信息
label1.pack()
button1 = Button(root,text = "退出游戏")        #按钮
button1.bind("<Button-1>", callexit)
```

```
button1.pack()
#创建 UDP SOCKET
s = socket.socket(socket.AF_INET,socket.SOCK_DGRAM)
s.bind(('localhost',8000))
addr = ('localhost',8000)
startNewThread()                          #启动线程接收客户端的消息 receiveMessage()
root.mainloop()
```

2. 退出函数

退出游戏的按钮单击事件代码很简单,仅仅发送一个"exit|"命令协议消息,最后调用 os._exit(0)函数即可结束程序。

```
def callexit(event):         #退出
    pos = "exit|"
    sendMessage(pos)
    os._exit(0)
```

3. 走棋函数

鼠标单击事件能完成走棋功能,并判断单击位置是否合法,即不能在已有棋的位置单击,也不能超出游戏棋盘边界,如果合法则将此位置信息记录到 map 列表(数组)中。

同时由于网络对战,第一次走棋时还要确定自己的角色(白方还是黑方),而且还要判断是否轮到自己走棋。这里使用两个变量 Myturn 和 turn 来解决。

```
Myturn = -1      #保存自己的角色
```

Myturn 是 -1 表示还没确定下来,第一次走棋时修改。

turn 保存轮到谁走棋,如果 turn 是 0 轮到黑方,turn 是 1 则轮到白方。

最后是本游戏关键输赢判断,程序中调用 win_lose()函数判断输赢。判断 4 种情况下是否连成五子,返回 True 或 False,根据当前走棋方 turn 的值(0 黑方,1 白方)得出谁赢。

自己走完后,当然轮到对方走棋。

```
def callpos(event):#走棋
    global turn
    global Myturn
    if Myturn == -1:                     #第一次确定自己的角色(白方还是黑方)
        Myturn = turn
    else:
        if(Myturn!= turn):
            showinfo(title = "提示",message = "还没轮到自己走棋")
            return
    x = (event.x)//40                    #换算棋盘坐标
    y = (event.y)//40
    print("clicked at", x, y,turn)
```

```python
            if map[x][y]!=" ":
                showinfo(title="提示",message="已有棋子")
            else:
                img1 = imgs[turn]
                cv.create_image((x*40+20,y*40+20),image=img1)      #画自己棋子
                cv.pack()
                map[x][y] = str(turn)

                pos = str(x) + "," + str(y)
                sendMessage("move|" + pos)
                print("服务器走的位置",pos)
                label1["text"] = "服务器走的位置" + pos

                #输出输赢信息
                if win_lose() == True:
                    if turn == 0:
                        showinfo(title="提示",message="黑方你赢了")
                        sendMessage("over|黑方你赢了")
                    else:
                        showinfo(title="提示",message="白方你赢了")
                        sendMessage("over|白方你赢了")
                #换下一方走棋
                if turn == 0:
                    turn = 1
                else:
                    turn = 0
```

4. 画对方棋子

轮到对方走棋子后,在自己的棋盘上根据 turn 知道对方角色,根据从 socket 获取的对方走棋坐标(x,y)从而画出对方棋子。画出对方棋子后,同样换下一方走棋。

```python
def drawOtherChess(x,y):                #画对方棋子
    global turn
    img1 = imgs[turn]
    cv.create_image((x*40+20,y*40+20),image=img1)
    cv.pack()
    map[x][y] = str(turn)
    #换下一方走棋
    if turn == 0:
        turn = 1
    else:
        turn = 0
```

5. 画棋盘

用 drawQiPan() 函数画出 15×15 的五子棋棋盘。

```
def drawQiPan():                    #画棋盘
    for i in range(0,15):
        cv.create_line(20,20 + 40 * i,580,20 + 40 * i,width = 2)
    for i in range(0,15):
        cv.create_line(20 + 40 * i,20,20 + 40 * i,580,width = 2)
    cv.pack()
```

6. 输赢判断

用 win_lose()函数从 4 个方向扫描整个棋盘,判断棋子是否连成 5 颗。代码见前文判断输赢的算法。

```
def win_lose():                     #输赢判断
    #以下代码见判断输赢算法,此处略
```

7. 输出 map 地图

在程序中 map 地图主要用来显示当前棋子信息。

```
def print_map():                    #输出 map 地图
    for j in range(0,15):           #取值范围为 0~14
        for i in range(0,15):       #取值范围为 0~14
            print(map[i][j],end = ' ')
        print('w')
```

8. 接收消息

本程序的关键部分就是接收消息 data,从 data 字符串.split("|")中分割出消息类型(move、join、exit 或者 over)。如果是 join,是客户端连接服务器请求;如果是 exit,是客户端退出信息;如果是 move,是客户端走的位置信息;如果是 over,是客户端赢的信息。这里重点是处理对方走棋信息如"move|7,4",通过字符串.split(",")分割出(x,y)坐标。

```
def receiveMessage():
    global s
    while True:
        #接收客户端发送的消息
        global addr
        data, addr = s.recvfrom(1024)
        data = data.decode('utf - 8')
        a = data.split("|")                         #分割数据
        if not data:
            print('client has exited!')
            break
        elif a[0] == 'join':                        #连接服务器请求
```

```
            print('client 连接服务器!')
            label1["text"] = 'client 连接服务器成功,请你走棋!'
        elif a[0] == 'exit':                    #对方退出信息
            print('client 对方退出!')
            label1["text"] = 'client 对方退出,游戏结束!'
        elif a[0] == 'over':                    #对方赢信息
            print('对方赢信息!')
            label1["text"] = data.split("|")[0]
            showinfo(title = "提示",message = data.split("|")[1])
        elif a[0] == 'move':                    #客户端走的位置信息"move|7,4"
            print('received:',data,'from',addr)
            p = a[1].split(",")
            x = int(p[0])
            y = int(p[1])
            print(p[0],p[1])
            label1["text"] = "客户端走的位置" + p[0] + p[1]
            drawOtherChess(x,y)                 #画对方棋子
    s.close()
```

9. 发送消息

发送消息的代码很简单,仅仅调用 socket 的 sendto() 函数就可以把按协议写的字符串信息发出。

```
def sendMessage(pos):           #发送消息
    global s
    global addr
    s.sendto(pos.encode(),addr)
```

10. 启动线程接收客户端的消息

```
#启动线程接收客户端的消息
def startNewThread():
    #启动一个新线程来接收客户器端的消息
    # thread.start_new_thread(function,args[,kwargs])函数原型
    # 其中 function 参数是将要调用的线程函数,args 是传递给线程函数的参数,它必须是
    # 元组类型,而 kwargs 是可选的参数
    # receiveMessage()函数不需要参数,就传一个空元组
    thread = threading.Thread(target = receiveMessage,args = ())
    thread.setDaemon(True)
    thread.start()
```

至此,服务器端的程序设计就完成了。图 7-10 是服务器端走棋过程打印的输出信息。网络五子棋客户端程序设计基本与服务器端代码相似,主要区别在消息处理上。

第7章 网络编程应用——网络五子棋游戏

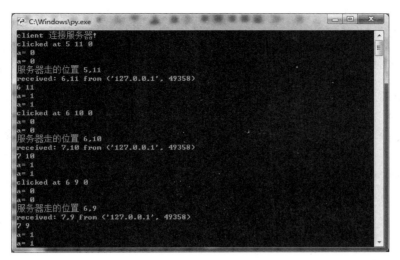

图 7-10　走棋过程打印的输出信息

7.6.3　客户端程序设计

1. 主程序

先定义包含两个棋子图片的列表 imgs，创建 Windows 窗口对象 root，初始化游戏地图 map，绘制一个 15×15 的游戏棋盘，添加显示提示信息的标签 Label，绑定 Canvas 画布的鼠标左键和按钮单击事件。

同时创建 UDP 通信客户端的 SOCKET，这里不指定端口会自动绑定某个空闲端口，由于是客户端 SOCKET，需要指定服务器端的 IP 地址和端口号，并发出连接服务器端请求。

启动线程接收服务器端的消息 receiveMessage()，最后窗口 root.mainloop() 方法是进入窗口的主循环，也就是显示窗口。

```
from tkinter import *
from tkinter.messagebox import *
import socket
import threading
import os

root = Tk()
root.title(" 网络五子棋 V2.0 -- UDP 客户端")
imgs = [PhotoImage(file = 'bmp\\BlackStone.gif'),
        PhotoImage(file = 'bmp\\WhiteStone.gif')]
turn = 0
Myturn = -1

map = [[" "," "," "," "," "," "," "," "," "," "," "," "," "," "," "]for y in range(15)]
cv = Canvas(root, bg = 'green', width = 610, height = 610)
drawQiPan()
cv.bind("<Button-1>", callback)
```

```
cv.pack()
label1 = Label(root,text = "客户端…")
label1.pack()
button1 = Button(root,text = "退出游戏")
button1.bind("<Button-1>", callexit)
button1.pack()
#创建 UDP SOCKET
s = socket.socket(socket.AF_INET,socket.SOCK_DGRAM)
port = 8000                    #服务器端口
host = 'localhost'             #服务器地址 192.168.0.101
pos = 'join|'                  #连接服务器命令
sendMessage(pos)               #发送连接服务器请求
startNewThread()               #启动线程接收服务器端的消息 receiveMessage()
root.mainloop()
```

2. 退出函数

退出游戏的按钮单击事件代码很简单,仅仅发送一个"exit|"命令协议消息,最后调用 os._exit(0)函数即可结束程序。

```
def callexit(event):           #退出
    pos = "exit|"
    sendMessage(pos)
    os._exit(0)
```

3. 走棋函数

客户端走棋的功能与服务器端类似,只是提示信息与服务器端不同。

```
def callback(event):                         #走棋
    global turn
    global Myturn
    if Myturn == -1:                         #第一次确定自己的角色(白方还是黑方)
        Myturn = turn
    else:
        if(Myturn!= turn):
            showinfo(title = "提示",message = "还没轮到自己走棋")
            return
    x = (event.x)//40                        #换算棋盘坐标
    y = (event.y)//40
    print ("clicked at", x, y,turn)
    if map[x][y]!= " ":
        showinfo(title = "提示",message = "已有棋子")
    else:
        img1 = imgs[turn]
        cv.create_image((x * 40 + 20,y * 40 + 20),image = img1)
        cv.pack()
        map[x][y] = str(turn)
```

```
        pos = str(x) + "," + str(y)
        sendMessage("move|" + pos)
        print("客户端走的位置",pos)
        label1["text"] = "客户端走的位置" + pos

        #输出输赢信息
        if win_lose() == True:
            if turn == 0:
                showinfo(title = "提示",message = "黑方你赢了")
                sendMessage("over|黑方你赢了")
            else:
                showinfo(title = "提示",message = "白方你赢了")
                sendMessage("over|白方你赢了")
        #换下一方走棋
        if turn == 0:
            turn = 1
        else:
            turn = 0
```

4. 画棋盘

调用 drawQiPan() 函数画出一个 15×15 的五子棋棋盘。

```
def drawQiPan():          #画棋盘
    for i in range(0,15):
        cv.create_line(20,20 + 40 * i,580,20 + 40 * i,width = 2)
    for i in range(0,15):
        cv.create_line(20 + 40 * i,20,20 + 40 * i,580,width = 2)
    cv.pack()
```

5. 输赢判断

用 win_lose() 函数从 4 个方向扫描整个棋盘,判断棋子是否连成 5 颗。功能同服务器端,代码没有区别,这里代码省略了。

6. 接收消息

接收消息 data,从 data 字符串.split("|")中分割出消息类型(move、join、exit 或者 over)。功能同服务器端没有区别,只是不再有连接服务器请求 join 消息类型,因为是客户端请求连接服务器,而不是服务器请求连接客户端。所以少了一个 join 消息类型判断。

```
def receiveMessage():               #接收消息
    global s
    while True:
        data = s.recv(1024).decode('utf - 8')
        a = data.split("|")         #分割数据
        if not data:
            print('server has exited!')
```

```
                break
            elif a[0] == 'exit':                    #对方退出信息
                print('对方退出!')
                label1["text"] = '对方退出,游戏结束!'
            elif a[0] == 'over':                    #对方赢信息
                print('对方赢信息!')
                label1["text"] = data.split("|")[0]
                showinfo(title = "提示",message = data.split("|")[1] )
            elif a[0] == 'move':                    #服务器走棋的位置信息
                print('received:',data)
                p = a[1].split(",")
                x = int(p[0])
                y = int(p[1])
                print(p[0],p[1])
                label1["text"] = "服务器走的位置" + p[0] + p[1]
                drawOtherChess(x,y)                 #画对方棋子,函数代码同服务器端
    s.close()
```

7. 发送消息

发送消息代码很简单,仅仅调用 socket 的 sendto()函数,就可以把按协议写的字符串信息发出。

```
def sendMessage(pos):        #发送消息
    global s
    s.sendto(pos.encode(),(host,port))
```

8. 启动线程接收服务器端的消息

```
#启动线程接收服务器端的消息
def startNewThread():
        #启动一个新线程来接收服务器端的消息
        #thread.start_new_thread(function,args[,kwargs])函数原型
        #其中 function 参数是将要调用的线程函数,args 是传递给线程函数的参数,它必须是个
#元组类型,而 kwargs 是可选的参数
        #receiveMessage()函数不需要参数,就传一个空元组
        thread = threading.Thread(target = receiveMessage,args = ())
        thread.setDaemon(True)
        thread.start()
```

至此,就完成客户端的程序设计。

思考与练习

1. 设计简单的网络聊天程序。
2. 设计带有悔棋功能的网络五子棋游戏。
3. 设计网络三子棋(井字棋)游戏。

图像处理和可视化篇

第8章　Python图像处理——人物拼图游戏

第9章　可视化应用——学生成绩分布柱状图展示

第8章 Python图像处理——人物拼图游戏

本章讲解 Python 操作和处理图像的基础知识,通过实例介绍处理图像所需的 Python 图像处理类库(PIL),并介绍用于读取图像、图像转换和缩放、保存结果等的基本图像操作函数,最后应用 Python 图像处理类库(PIL)实现人物拼图游戏。

8.1 人物拼图游戏介绍

视频讲解

所谓拼图游戏,是将一幅图片分割成若干拼块并将它们随机打乱顺序,再将所有拼块都放回原位置时,就完成了拼图,即游戏结束。

本人物拼图游戏为 3 行 3 列,拼块以随机顺序排列,玩家用鼠标单击空白块四周的拼块来交换它们的位置,直到所有拼块都回到原位置。拼图游戏运行界面如图 8-1 所示。

图 8-1 拼图游戏运行界面

8.2 程序设计的思路

游戏程序首先将图片分割成相应 3 行 3 列等面积的拼块,并按顺序编号。动态地生成一个大小为 3×3 的列表 board,用于存放数字 0~8,其中,每个数字代表一个拼块,这里 8 号拼块不显,游戏拼块编号如图 8-2 所示。

图 8-2 拼块编号示意图

游戏开始时,随机打乱这个数组 board,如 board[0][0]是 5 号拼块,则在左上角显示编号是 5 的拼块。根据玩家用鼠标单击的拼块和空白块所在位置来交换该 board 数组对应的元素,最后通过元素排列顺序来判断是否已经完成游戏。

8.3 Python 图像处理

8.3.1 Python 图像处理类库(PIL)

图像处理类库(Python Imaging Library,PIL)提供了通用的图像处理功能,以及大量实用的基本图像操作,如图像缩放、裁剪、旋转、颜色转换等。PIL 是 Python 语言的第三方库,安装 PIL 库的方法如下,需要安装库的名字是 pillow。

```
C:\> pip install pillow 或者 pip3 install pillow
```

PIL 库支持图像存储、显示和处理,它能够处理几乎所有的图片格式,可以完成对图像的缩放、剪裁、叠加,以及向图像添加线条和文字等操作。

PIL 库主要可以实现图像归档和图像处理两方面的功能需求。

(1) 图像归档:对图像进行批处理、生成图像预览、图像格式转换等。

(2) 图像处理:对图像进行基本处理、像素处理、颜色处理等。

根据功能不同,PIL 库共包括 21 个与图像相关的类,这些类可以被看作子库或 PIL 库中的模块,包括 Image、ImageChops、ImageCrackCode、ImageDraw、ImageEnhance、ImageFile、ImageFileIO、ImageFilter、ImageFont、ImageGrab、ImageOps、ImagePath、ImageSequence、ImageStat、ImageTk、ImageWin、PSDraw 等模块。其中最常用的有以下 7 个模块。

1. Image 模块

Image 模块是 PIL 中最重要的模块,它提供了诸多图像操作的功能,如创建、打开、显示、保存图像等功能;合成、裁剪、滤波等功能;获取图像属性功能,如图像直方图、通道数等。

PIL 中 Image 模块提供 Image 类，可以使用 Image 类从大多数图像格式的文件中读取数据，然后写入最常见的图像格式文件中。要读取一幅图像，可以使用：

```python
from PIL import Image
pil_im = Image.open('empire.jpg')
```

上述代码的返回值 pil_im 是一个 PIL 图像对象。

也可以直接用 Image.new(mode,size,color=None)创建图像对象，color 的默认值是黑色。

```python
newIm = Image.new('RGB', (640, 480), (255, 0, 0))     # 新建一个 image 对象
```

这里新建一个红色背景、大小为 640×480 的 RGB 空白图像。

图像的颜色转换可以使用 Image 类 convert() 方法来实现。要读取一幅图像，并将其转换成灰度图像，只需要加上 convert('L')，如下所示：

```python
pil_im = Image.open('empire.jpg').convert('L')     # 转换成灰度图像
```

2. ImageChops 模块

ImageChops 模块包含一些算术图形操作，叫作 channel operations(即 chops)。这些操作可用于诸多目的，比如图像特效、图像组合、算法绘图等。通道操作只用于位图像(比如 L 模式和 RGB 模式)。大多数通道操作有一个或者两个图像参数，返回一个新的图像。

通道概念是每张图片都是由一个或者多个数据通道构成的。以 RGB 图像为例，每张图片都是由三个数据通道构成的，分别为 R 通道、G 通道和 B 通道。而对于灰度图像，则只有一个通道。

ImageChops 模块的使用如下：

```python
from PIL import Image
im = Image.open('D:\\1.jpg')
from PIL import ImageChops
im_dup = ImageChops.duplicate(im)              # 复制图像，返回给定图像的复制
print(im_dup.mode)                              # 输出模式：RGB
im_diff = ImageChops.difference(im, im_dup)    # 返回由两幅图像各像素差的绝对值形成的图像
im_diff.show()
```

由于图像 im_dup 是 im 复制过来的，所以它们的差为 0，图像 im_diff 显示时为黑色图像。

3. ImageDraw 模块

ImageDraw 模块为 image 对象提供了基本的图形处理功能。例如它可以为图像添加几何图形。

ImageDraw 模块的使用如下：

```
from PIL import Image, ImageDraw
im = Image.open('D:\\1.jpg')
draw = ImageDraw.Draw(im)
draw.line((0,0) + im.size, fill = 128)
draw.line((0, im.size[1], im.size[0], 0), fill = 128)
im.show()
```

结果是在原有图像上画了两条对角线。

4. ImageEnhance 模块

ImageEnhance 模块包括一些用于图像增强的类,分别为 Color 类、Brightness 类、Contrast 类和 Sharpness 类。

ImageEnhance 模块的使用如下:

```
from PIL import Image, ImageEnhance
im = Image.open('D:\\1.jpg')
enhancer = ImageEnhance.Brightness(im)
im0 = enhancer.enhance(0.5)
im0.show()
```

结果是图像 im0 的亮度为图像 im 的一半。

5. ImageFile 模块

ImageFile 模块为图像打开和保存功能提供了相关支持功能。

6. ImageFilter 模块

ImageFilter 模块包括各种滤波器的预定义集合,与 Image 类的 filter 方法一起使用。该模块包含一些图像增强的滤波器:BLUR、CONTOUR、DETAIL、EDGE_ENHANCE、EDGE_ENHANCE_MORE、EMBOSS、FIND_EDGES、SMOOTH、SMOOTH_MORE 和 SHARPEN。

ImageFilter 模块的使用如下:

```
from PIL import Image
im = Image.open('D:\\1.jpg')
from PIL import ImageFilter
imout = im.filter(ImageFilter.BLUR)
print(imout.size)    #图像的尺寸大小为 300×450,是一个二元组,即水平和垂直方向上的像素数
imout.show()
```

7. ImageFont 模块

ImageFont 模块定义了一个同名的类,即 ImageFont 类。这个类的实例中存储着 bitmap 字体,需要与 ImageDraw 类的 text 方法一起使用。

Image 模块是 PIL 中最重要的模块,它提供了一个相同名称的类,即 Image 类,用于表示 PIL 图像。Image 类提供很多方法对图像进行处理,接下来对 image 类的方法进行介绍。

8.3.2 复制和粘贴图像区域

要想对图像进行复制和粘贴,可使用 crop() 方法从一幅图像中裁剪指定区域。

```
from PIL import Image
im = Image.open("D:\\test.jpg")
box = (100,100,400,400)
region = im.crop(box)
```

该区域使用四元组来指定。四元组的坐标依次是左、上、右、下。PIL 中指定坐标系的左上角坐标为(0,0)。可以旋转上面代码中获取的区域,然后使用 paste() 方法将该区域放回去,具体实现如下:

```
region = region.transpose(Image.ROTATE_180)    #逆时针旋转180度
im.paste(region,box)
```

8.3.3 调整尺寸和旋转

要调整一幅图像的尺寸,可以调用 resize() 方法。该方法的参数是一个元组,用来指定新图像的大小:

```
out = im.resize((128,128))
```

要旋转一幅图像,可以使用逆时针方式表示旋转角度,然后调用 rotate() 方法:

```
out = im.rotate(45)                            #逆时针旋转45度
```

8.3.4 转换成灰度图像

对于彩色图像,不管其图像格式是 PNG、BMP,还是 JPG,在 PIL 中,使用 Image 模块的 open() 函数打开后,返回的图像对象的模式都是 RGB。而对于灰度图像,不管其图像格式是 PNG、BMP,还是 JPG,打开后其模式即为 L。

对于 PNG、BMP 和 JPG 彩色图像格式之间的互相转换都可以通过 Image 模块的 open() 和 save() 函数来完成。即在打开这些图像时,PIL 会将它们解码为三通道的 RGB 图像,用户可以基于这个 RGB 图像对其进行处理完毕,使用函数 save() 可以将处理结果保存成 PNG、BMP 和 JPG 中的任何格式。这样也就完成了几种格式之间的转换。当然,对于不同格式的灰度图像,也可通过类似途径完成,只是 PIL 解码后是模式为 L 的图像。

这里,详细介绍一下 Image 模块的 convert()函数,用于不同模式图像之间的转换。Convert()函数有 3 种形式的定义,它们定义形式如下:

```
im.convert(mode)
im.convert('P', ** options)
im.convert(mode, matrix)
```

使用不同的参数,将当前的图像转换为新的模式(PIL 中有 9 种不同模式,分别为 1、L、P、RGB、RGBA、CMYK、YCbCr、I、F),并产生新的图像作为返回值。

例如:

```
from PIL import Image            # 或直接 import Image
im = Image.open('a.jpg')
im1 = im.convert('L')            # 将图片转换成灰度图
```

模式 L 为灰色图像,它的每像素用 8b 表示,0 表示黑,255 表示白,其他数字表示不同的灰度。在 PIL 中,从 RGB 模式转换为 L 模式是按照下面的公式进行转换的:

```
L = R * 299/1000 + G * 587/1000 + B * 114/1000
```

打开图片并转换成灰度图的方法是:

```
im = Image.open('a.jpg').convert('L')
```

如果转换成黑白图片(为二值图像),也就是模式 1(非黑即白),其中每像素都用 8b 表示,0 表示黑,255 表示白。下面代码将彩色图像转换为黑白图像。

```
from PIL import Image            # 或直接 import Image
im = Image.open('a.jpg')
im1 = im.convert('1')            # 将彩色图像转换成黑白图像
```

8.3.5 对像素进行操作

getpixel(x,y)函数用于获取指定像素的颜色,如果图像为多通道,则返回一个元组。该方法执行比较慢;如果用户需要使用 Python 处理图像中较大部分数据,可以使用像素访问对象 load()或者方法 getdata()。putpixel(xy,color)可改变单像素的颜色。

```
img = Image.open("smallimg.png")
img.getpixel((4,4))                    # 获取(4,4)像素的颜色
img.putpixel((4,4),(255,0,0))          # 改变(4,4)像素为红色
img.save("img1.png","png")
```

说明:getpixel 得到图片 img 的坐标为(4,4)的像素。putpixel 将坐标为(4,4)的像素变为(255,0,0)颜色,即红色。

8.4 程序设计的步骤

8.4.1 Python 处理图片切割

使用 PIL 库中的 crop()方法可以从一幅图像中裁剪指定区域。该区域使用四元组来指定。四元组的坐标依次是左、上、右、下。PIL 中指定坐标系的左上角坐标为(0,0)。具体实现如下：

```
from PIL import Image
img = Image.open(r'c:\woman.jpg')        #r 表示原义字符串
box = (100,100,400,400)
region = img.crop(box)                    #裁切图片
#保存裁切后的图片
cropImg.save('crop.jpg')
```

本游戏中需要把图片分割成三列图片块，在上面的基础上指定不同的区域即可裁剪保存。为了更通用一些，编成 splitimage(src，rownum，colnum，dstpath)函数，可以将指定的 src 图片分割成 rownum×colnum 数量的小图片块。具体实现如下：

```
import os
from PIL import Image
def splitimage(src, rownum, colnum, dstpath):
    img = Image.open(src)
    w, h = img.size                    #图片大小
    if rownum <= h and colnum <= w:
        print('Original image info: %sx%s, %s, %s' % (w, h, img.format, img.mode))
        print('开始处理图片切割，请稍候…')
        s = os.path.split(src)
        if dstpath == '':              #没有输入路径
            dstpath = s[0]             #使用源图片所在目录 s[0]
        fn = s[1].split('.')
        basename = fn[0]               #主文件名
        ext = fn[-1]                   #扩展名
        num = 0
        rowheight = h // rownum
        colwidth = w // colnum
        for r in range(rownum):
            for c in range(colnum):
                box = (c * colwidth, r * rowheight, (c+1) * colwidth, (r+1) * rowheight)
                img.crop(box).save(os.path.join(dstpath, basename + '_' + str(num) + '.' + ext))
                num = num + 1
        print('图片切割完毕，共生成 %s 张小图片.' % num)
    else:
        print('不合法的行列切割参数！')

src = input('请输入图片文件路径：')        # src = "c:\\woman.png"
```

```
        if os.path.isfile(src):
            dstpath = input('请输入图片输出目录(不输入路径则表示使用源图片所在目录): ')
            if (dstpath == '') or os.path.exists(dstpath):
                row = int(input('请输入切割行数: '))
                col = int(input('请输入切割列数: '))
                if row > 0 and col > 0:
                    splitimage(src, row, col, dstpath)
                else:
                    print('无效的行列切割参数!')
            else:
                print('图片输出目录 %s 不存在!' % dstpath)
        else:
            print('图片文件 %s 不存在!' % src)
```

运行结果如下:

```
请输入图片文件路径: c:\ woman.png
请输入图片输出目录(不输入路径则表示使用源图片所在目录):
请输入切割行数: 3
请输入切割列数: 3
Original image info: 283x212, PNG, RGBA
开始处理图片切割, 请稍候…
图片切割完毕,共生成 9 张小图片.
```

视频讲解

8.4.2 游戏逻辑实现

1. 常量定义及加载图片

游戏中一些常量的定义及图片加载的代码如下:

```
from tkinter import *
from tkinter.messagebox import *
import random
# 定义常量
# 画布的尺寸
WIDTH = 312
HEIGHT = 450
# 图像块的边长
IMAGE_WIDTH = WIDTH // 3
IMAGE_HEIGHT = HEIGHT // 3
# 游戏的行数和列数
ROWS = 3
COLS = 3
# 移动步数
steps = 0
# 保存所有图像块的列表
board = [[0, 1, 2],
         [3, 4, 5],
```

```
            [6, 7, 8]]
root = Tk('拼图')
root.title("拼图 -- 夏敏捷")
#载入外部事先生成的9个小图像块
Pics = []
for i in range(9):
    filename = "woman_" + str(i) + ".png"
    Pics.append(PhotoImage(file = filename))
```

2．图像块(拼块)类

每个图像块是个 Square 对象，具有 draw 功能，即将本拼块图片绘制到 canvas 上。orderID 属性是每个图像块对应的编号。

```
#图像块(拼块)类
class Square:
    def __init__(self, orderID):
        self.orderID = orderID
    def draw(self, canvas, board_pos):
        img = Pics[self.orderID]
        canvas.create_image(board_pos, image = img)
```

3．初始化游戏

random.shuffle(board)函数打乱二维列表只能按行进行，所以使用一维列表来实现编号打乱。打乱图像块后，根据编号生成对应的图像块到 board 列表中。

```
def init_board():
    #打乱图像块
    L = list(range(9))              #L列表中[0,1,2,3,4,5,6,7,8]
    random.shuffle(L)
    #填充拼图板
    for i in range(ROWS):
      for j in range(COLS):
            idx = i * ROWS + j
            orderID = L[idx]
            if orderID is 8:         #8号拼块不显示,所以存为None
                board[i][j] = None
            else:
                board[i][j] = Square(orderID)
```

4．绘制游戏界面各元素

接下来绘制游戏界面中的一些元素，其代码如下：

```
def drawBoard(canvas):
    #画黑框
```

```python
canvas.create_polygon((0, 0, WIDTH, 0, WIDTH, HEIGHT, 0, HEIGHT), width = 1, outline = 'Black')
# 画所有图像块
for i in range(ROWS):
    for j in range(COLS):
        if board[i][j] is not None:
            board[i][j].draw(canvas, (IMAGE_WIDTH * (j + 0.5), IMAGE_HEIGHT * (i + 0.5)))
```

5. 鼠标事件

将单击位置换算成拼图板上的棋盘坐标，如果单击的是空白位置则不进行任何移动，否则依次检查被单击的当前图像块的上、下、左、右是否有空位，如果有就移动当前图像块。

```python
def mouseclick(pos):
    global steps
    # 将单击位置换算成拼图板上的棋盘坐标
    r = int(pos.y // IMAGE_HEIGHT)
    c = int(pos.x // IMAGE_WIDTH)
    if r < 3 and c < 3:                            # 单击位置在拼图板内才移动图片
        if board[r][c] is None:                    # 单击空白位置时不进行任何移动
            return
        else:
            # 依次检查被单击的当前图像块的上、下、左、右是否有空位,如果有就移动当前图像块
            current_square = board[r][c]
            if r - 1 >= 0 and board[r - 1][c] is None:        # 判断上面
                board[r][c] = None
                board[r - 1][c] = current_square
                steps += 1
            elif c + 1 <= 2 and board[r][c + 1] is None:      # 判断右面
                board[r][c] = None
                board[r][c + 1] = current_square
                steps += 1
            elif r + 1 <= 2 and board[r + 1][c] is None:      # 判断下面
                board[r][c] = None
                board[r + 1][c] = current_square
                steps += 1
            elif c - 1 >= 0 and board[r][c - 1] is None:      # 判断左面
                board[r][c] = None
                board[r][c - 1] = current_square
                steps += 1
            # print(board)
            label1["text"] = "步数： " + str(steps)
            cv.delete('all')                                   # 清除canvas画布上的内容
            drawBoard(cv)
            if win():
                showinfo(title = "恭喜", message = "你成功了!")
```

6. 输赢判断

判断拼块的编号是否是有序的，如果不是有序的则返回 False。

```
def win():
    for i in range(ROWS):
        for j in range(COLS):
            if board[i][j] is not None and board[i][j].orderID!= i * ROWS + j:
                return False
    return True
```

7. 重置游戏

重置游戏的代码如下：

```
def play_game():
    global steps
    steps = 0
    init_board()
```

8. "重新开始"按钮的单击事件

如果要单击"重新开始"按钮来重新进入游戏，按钮的单击事件代码如下：

```
def callBack2():
    print("重新开始")
    play_game()
    cv.delete('all')       #清除canvas画布上的内容
    drawBoard(cv)
```

9. 主程序

人物拼图游戏的主程序代码如下：

```
#设置窗口
cv = Canvas(root, bg = 'green', width = WIDTH, height = HEIGHT)
b1 = Button(root,text = "重新开始",command = callBack2,width = 20)
label1 = Label(root,text = "步数："+ str(steps),fg = "red",width = 20)
label1.pack()
cv.bind("<Button-1>", mouseclick)
cv.find
cv.pack()
b1.pack()
play_game()
drawBoard(cv)
root.mainloop()
```

至此，完成了人物拼图游戏的程序设计。

8.5 拓展练习——Python 生成验证码图片

8.5.1 PIL 库的 ImageDraw 类的基础知识

1. Coordinates 坐标

ImageDraw 绘图接口使用和 PIL 一样的坐标系统,即(0,0)为左上角顶点的坐标。

2. Colours 颜色

为了指定颜色,用户可以使用数字或者元组。对于模式为 1、L 和 I 的图像,使用整数;对于 RGB 图像,使用整数组成的三元组;对于 F 图像,使用整数或者浮点数。

3. Fonts 字体

PIL 可以使用 Bitmap 字体或者 OpenType/TrueType 字体。

Bitmap 字体被存储在 PIL 自己的格式中。它一般包括两个文件:一个为.pil,包含字体的矩阵;另一个通常为.pbm,包含栅格数据。

在 ImageFont 模块中,使用 load()函数加载一个 Bitmap 字体。

在 ImageFont 模块中,使用 truetype()函数加载一个 OpenType/TrueType 字体。注意,这个函数依赖于第三方库,而且并不是在所有的 PIL 版本中都有效。

8.5.2 PIL 库的 ImageDraw 类的方法

1. draw

创建一个可以在给定图像上绘图的对象,注意图像内容将会被修改。例如:

```
from PIL import Image, ImageDraw
im01 = Image.open("D:\\test.jpg")
draw = ImageDraw.Draw(im01)                        #创建一个绘图对象
```

也可以新建一个空白图片来创建一个绘图对象,例如:

```
from PIL import Image, ImageDraw
blank = Image.new("RGB",[1024,768],"white")        #新建一个空白图片
draw = ImageDraw.Draw(blank)                       #创建一个绘图对象
```

2. arc

绘制弧线,语法如下:

```
arc(xy, start, end, options)
```

在给定的区域 xy 内,在开始(start)和结束(end)角度之间绘制一条弧(圆的一部分)。变量 options 中的 fill 设置弧的颜色。

注意:变量 xy 是需要设置的一个区域,此处使用四元组,包含了区域的左上角和右下角两个点的坐标。

```
draw.arc((0,0,200,200),0, 90, fill = (255,0,0))    #在(0,0,200,200)区域用红色绘制90°的弧
```

3. chord

绘制弧,语法如下:

```
chord(xy,start, end, options)
```

和 arc()方法一样,但是使用直线连接弦或弧的起点和终点。变量 options 中的 outline 给定弦轮廓的颜色,fill 给定弦内部的颜色。绘制一个圆,并在圆内绘制弦的示例如下,效果如图 8-3 所示。

```
draw.ellipse((100,100,600,600),outline = 128)         #绘制圆
draw.chord((100,100,600,600),0,90,outline = "red")    #绘制一条弦
draw.chord((100,100,600,600),90,180,fill = "red")     #绘制弦并且将弦与弧包围的区域涂色
```

图 8-3　chord()绘制效果

4. ellipse

绘制椭圆,语法如下:

```
ellipse(xy,options)
```

在给定的区域绘制一个椭圆形。变量 options 中的 outline 给定椭圆形轮廓的颜色,fill 给定椭圆形内部的颜色。

```
draw.ellipse((100,100,600,600),outline = 128)
draw.ellipse((100,250,600,450),fill = "blue")
```

5. line

绘制线段,语法如下:

```
line(xy,options)
```

在变量 xy 列表所表示的坐标之间绘线。坐标列表可以是任何包含二元组[(x,y),…]或者数字[x,y,…]的序列对象。它至少包括两个坐标。变量 options 中的 fill 给定线的颜色,width 给定线的宽度。

```
draw.line([(0,0),(100,300),(200,500)], fill = (255,0,0), width = 5)
draw.line([50,10,100,200,400,300], fill = (0,255,0), width = 10)
```

6. rectangle

绘制矩形,语法如下:

```
rectangle(box,options)
```

变量 box 是包含二元组[(x,y),…]或者数字[x,y,…]的任何序列对象。它应该包括两个坐标值。

```
draw.rectangle((200,200,500,500),outline = "red")     #绘制矩形
draw.rectangle((250,300,450,400),fill = 128)
```

7. bitmap

绘制位图图像,语法如下:

```
bitmap(xy, bitmap, options)
```

在给定的区域绘制变量 bitmap 所对应的位图,变量 bitmap 对应的位图应该是一个有效的透明模板(模式为 1)或者蒙版(模式为 L 或者 RGBA)。这个方法与 Image.paste(xy,color,bitmap)有相同的功能。

8. text

绘制多个字符,语法如下:

```
text(position,string, options)
```

在给定的位置绘制一个字符串。变量 position 给出了文本左上角的位置。变量 options 中的 font 用于指定所用字体。字体应该是 ImageFont 类的一个实例,可以使用 ImageFont 模块的 ImageFont.truetype(filename,wordsize)创建字体对象,这个函数创建

字体对象给 ImageDraw 中的 text()函数使用。

```
font1 = ImageFont.truetype("C:\Windows\Fonts\simsun.ttc",36)
draw.text((0,0),"Hello", fill = (255,0,0) ,font = font1)    ＃在图像的(0,0)位置绘制出字
                                                            ＃符串"Hello"
```

下面是一个综合使用例子，实现在已有的 test.jpg 图片上添加线条和文字"你好"。

```
from PIL import Image, ImageDraw,ImageFont
img = Image.open('D:\\test.jpg')
a = ImageDraw.Draw(img)                 ＃从现有 test.jpg 图片创建一个绘图对象
a.line(((0,0),(508,493)),fill = (255,0,0))
a.line(((0,493),(508,0)),fill = (0,255,0))
a.arc((10,10,100,100),0,360,fill = 255)
font1 = ImageFont.truetype ("C:\Windows\Fonts\simfang.ttf",36)    ＃可以更改默认字体
a.text((10,10),"你好",fill = (255,0,0),font = font1)
img.save("D:\\img1.png")
```

运行效果如图 8-4 所示。

图 8-4　添加线条和文字"你好"后的 test.jpg 图片

说明：

（1）画图需要导入 ImageDraw 库。

（2）a＝ImageDraw.Draw(img)，获取对 img 图像进行绘图操作的对象 a。

（3）a.line，绘制直线。((0,0),(508,493))为直线左、右起点的坐标。fill＝(255,0,0)为直线填充的颜色。

（4）a.arc，绘制弧线。(10,20,100,300)为弧线最左侧距离左边、弧线最上面距离上面、弧线最右边距离左边、弧线最下面距离左边的距离。fill＝255 为填充的颜色，也可以写成(255,0,0,0)的格式。

8.5.3　ImageFilter 类

ImageFilter 模块提供了滤波器的相关定义，这些滤波器主要用于 Image 类的 filter()方法。

1. BLUR

ImageFilter.BLUR 为模糊滤波,处理之后的图像会整体变得模糊。例如:

```
from PIL import ImageFilter
from PIL import Image
im02 = Image.open("D:\\test.jpg")
im = im02.filter(ImageFilter.BLUR)
im.save("D:\\test2.jpg")
```

运行效果如图 8-5 所示。

(a) 原图　　　　　　　　　　　(b) 模糊后的图

图 8-5　test.jpg 原图与模糊后的图

2. CONTOUR

ImageFilter.CONTOUR 为轮廓滤波,将图像中的轮廓信息全部提取出来。例如:

```
im = im02.filter(ImageFilter.CONTOUR)
im.save("D:\\test3.jpg")
```

运行效果如图 8-6 所示。

3. DETAIL

ImageFilter.DETAIL 为细节增强滤波,会使得图像中的细节更加明显。

4. EDGE_ENHANCE

ImageFilter.EDGE_ENHANCE 为边缘增强滤波,突出、加强和改善图像中不同灰度区域之间的边界和轮廓的图像,经处理使边界和边缘在图像上表现为图像灰度的突变,用于提高人眼识别能力。

图 8-6　test.jpg 图像的轮廓图

5. EDGE_ENHANCE_MORE

ImageFilter.EDGE_ENHANCE_MORE 为深度边缘增强滤波,会使图像中的边缘部分更加明显。

6. EMBOSS

ImageFilter.EMBOSS 为浮雕滤波，会使图像呈现出浮雕效果。

7. FIND_EDGES

ImageFilter.FIND_EDGES 为寻找边缘信息的滤波，会找出图像中的边缘信息。

8. SMOOTH

ImageFilter.SMOOTH 为平滑滤波，突出图像的宽大区域、低频成分、主干部分或抑制图像噪声和干扰高频成分，使图像的亮度平缓渐变，减小突变梯度，改善图像的质量。

9. SMOOTH_MORE

ImageFilter.SMOOTH_MORE 为深度平滑滤波，会使图像变得更加平滑。

10. SHARPEN

ImageFilter.SHARPEN 为锐化滤波，补偿图像的轮廓，增强图像的边缘及灰度跳变的部分，使图像变得清晰。

8.5.4 ImageEnhance 类

在 PIL 模块中有一个 ImageEnhance 类，该类专门用于图像的增强处理，不仅可以增强（或减弱）图像的亮度、对比度、色度，还可以增强图像的锐度。具体见下面的例子：

```
from PIL import Image
from PIL import ImageEnhance
#原始图像
image = Image.open('test.jpg')
image.show()
enh_bri = ImageEnhance.Brightness(image)          #亮度增强
brightness = 1.5
image_brightened = enh_bri.enhance(brightness)
image_brightened.show()
enh_col = ImageEnhance.Color(image)               #色度增强
color = 1.5
image_colored = enh_col.enhance(color)
image_colored.show()
enh_con = ImageEnhance.Contrast(image)            #对比度增强
contrast = 1.5
image_contrasted = enh_con.enhance(contrast)
image_contrasted.show()
enh_sha = ImageEnhance.Sharpness(image)           #锐度增强
sharpness = 3.0
image_sharped = enh_sha.enhance(sharpness)
image_sharped.show()
```

8.5.5 用Python生成验证码图片

基本上大家使用每一种网络服务都会遇到验证码,验证码一般是网站为了防止恶意注册、发帖而设置的验证手段。其生成原理是将一串随机产生的数字或符号生成一幅图片,图片中加上一些干扰像素。下面详细讲解如何生成验证码。

除了配置好的Python环境外,还需要配有Python中的PIL,这是Python中专门用来处理图片的库。

要生成验证码图片,首先要生成一个随机字符串,包含26个字母和10个数字。

```
#用来随机生成一个字符串
def gene_text():
    # source = list(string.letters)                    #效果同上面的注释
    # source = [ 'a', 'b', 'c', 'd', 'e', 'f', 'g', 'h', 'i', 'j', 'k', 'l', 'm', 'n', 'o', 'p', 'q',
'r', 's', 't', 'u', 'v', 'w', 'x', 'y', 'z']
    source = list(string.ascii_letters)
    for index in range(0,10):
        source.append(str(index))                      #追加0~9数字到列表
    return ''.join(random.sample(source,number))       #number是生成验证码的位数
```

然后创建一个图片,写入字符串。需要说明的是,这里面的字体由不同系统而定,如果没有找到系统字体的路径,也可以不设置。接下来在图片上绘制几条干扰线。

最后创建扭曲,加上滤镜,用来增强验证码的效果。下面是用程序生成的一个验证码。

完整的代码如下:

```
# coding = utf-8
import random, string, sys, math
from PIL import Image, ImageDraw, ImageFont, ImageFilter
font_path = 'C:\Windows\Fonts\simfang.ttf'             #字体的位置
number = 4                                              #生成几位数的验证码
size = (80,30)                                          #验证码图片的高度和宽度
bgcolor = (255,255,255)                                 #背景颜色,默认为白色
fontcolor = (0,0,255)                                   #字体颜色,默认为蓝色
linecolor = (255,0,0)                                   #干扰线颜色,默认为红色
draw_line = True                                        #是否要加入干扰线
line_number = (1,5)                                     #加入干扰线的条数的上、下限
#用来随机生成一个字符串
def gene_text():
    # source = list(string.letters)
    # source = [ 'a', 'b', 'c', 'd', 'e', 'f', 'g', 'h', 'i', 'j', 'k', 'l', 'm', 'n', 'o', 'p', 'q',
'r', 's', 't', 'u', 'v', 'w', 'x', 'y', 'z']
    source = list(string.ascii_letters)
    for index in range(0,10):
        source.append(str(index))
```

```
        return ''.join(random.sample(source,number))          # number 是生成的验证码的位数
# 用来绘制干扰线
def gene_line(draw,width,height):
    begin = (random.randint(0, width), random.randint(0, height))
    end = (random.randint(0, width), random.randint(0, height))
    draw.line([begin, end], fill = linecolor)
# 生成验证码
def gene_code():
    width, height = size                                      # 宽和高
    image = Image.new('RGBA',(width,height),bgcolor)          # 创建图片
    font = ImageFont.truetype(font_path,25)                   # 验证码的字体
    draw = ImageDraw.Draw(image)                              # 创建画笔
    text = gene_text()                                        # 生成字符串
    font_width, font_height = font.getsize(text)
    draw.text(((width - font_width) / number, (height - font_height) / number),text,
              font = font,fill = fontcolor)                   # 填充字符串
    if draw_line:
        gene_line(draw,width,height)
    image = image.transform((width + 20, height + 10), Image.AFFINE,
        (1, - 0.3,0, - 0.1,1,0), Image.BILINEAR)              # 创建扭曲
    image = image.filter(ImageFilter.EDGE_ENHANCE_MORE)       # 滤镜,边界加强
    image.save('idencode.png')                                # 保存验证码图片
if __name__ == "__main__":
    gene_code()
```

思考与练习

1. 使用 PIL 的滤镜实现图像轮廓信息显示。
2. 选择一张彩色照片处理成黑白照片。
3. 实现 5 行 5 列人物拼图游戏。
4. 实现 n 行 n 列人物拼图游戏。

第9章

可视化应用——学生成绩分布柱状图展示

9.1 程序功能介绍

学生成绩存储在 Excel 文件(见表 9-1)中,本程序从 Excel 文件中读取学生成绩,统计各个分数段(90 分以上,80~89 分,70~79 分,60~69 分,60 分以下)学生人数,并用柱状图(如图 9-1 所示)展示学生成绩分布,同时计算出最高分、最低分、平均成绩等分析指标。

表 9-1 Mark.xlsx 文件

xuehao	name	physics	python	math	english
199901	张海	100	100	95	72
199902	赵大强	95	94	94	88
199903	李志宽	94	76	93	91
199904	吉建军	89	78	96	100
…					

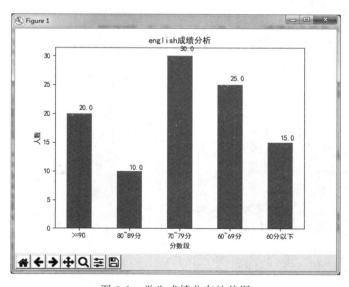

图 9-1 学生成绩分布柱状图

9.2 程序设计的思路

本程序涉及从 Excel 文件读取学生成绩，这里使用第三方的 xlrd 和 xlwt 两个模块用来读和写 Excel，学生成绩获取后存储到二维列表这样的数据结构中。学生成绩分布柱状图展示可采用 Python 最出色的绘图库 Matplotlib，它可以轻松实现柱状图、饼图等可视化图形。

9.3 关键技术

9.3.1 Python 的第三方库 Matplotlib

视频讲解

Python 语言有标准库和第三方库两类库，标准库随 Python 安装包一起发布，用户可以随时使用，第三方库需要安装后才能使用。

Matplotlib 是 Python 下最出色的绘图库，功能很完善，同时也继承了 Python 的简单明了的风格，其可以很方便地设计和输出二维以及三维的数据，其提供了常规的笛卡儿坐标、极坐标、球坐标、三维坐标等。其输出的图片质量也达到了科技论文中的印刷质量，日常的基本绘图更不在话下。

安装 Matplotlib 之前先要安装 Numpy。

首先安装 Numpy：

```
pip3 install numpy
```

再安装 Matplotlib：

```
pip3 install matplotlib
```

Matplotlib 是开源工具，可以从 http://matplotlib.sourceforge.net 获取使用说明和教程。

9.3.2 Matplotlib.pyplot 模块——快速绘图

Matplotlib 的 pyplot 子库提供了和 MATLAB 类似的绘图 API，方便用户快速绘制 2D 图表。Matplotlib 还提供了一个名为 pylab 的模块，其中包括了许多 NumPy 和 pyplot 模块中常用的函数，方便用户快速进行计算和绘图，十分适合在 IPython 交互式环境中使用。

先举一个简单的绘制正弦三角函数 y=sin(x)的例子。

```
# plot a sine wave from 0 to 4pi
import matplotlib.pyplot as plt
from numpy import *                                    # 也可以使用 from pylab import *
plt.figure(figsize = (8,4))                            # 创建一个绘图对象，大小为 800×400
x_values = arange(0.0, math.pi * 4, 0.01)              # 步长 0.01,初始值 0.0,终值 4π
y_values = sin(x_values)
plt.plot(x_values, y_values, 'b--', label = '$ sin(x) $'), linewidth = 1.0      # 进行绘图
```

```
plt.xlabel('x ')                # 设置 x 轴的文字
plt.ylabel('sin(x)')            # 设置 y 轴的文字
plt.ylim(-1, 1)                 # 设置 y 轴的范围
plt.title('Simple plot')        # 设置图表的标题
plt.legend()                    # 显示图例(legend)
plt.grid(True)                  # 显示网格
plt.savefig("sin.png")          # 保存曲线图片
plt.show()                      # 显示图形
```

效果如图 9-2 所示。

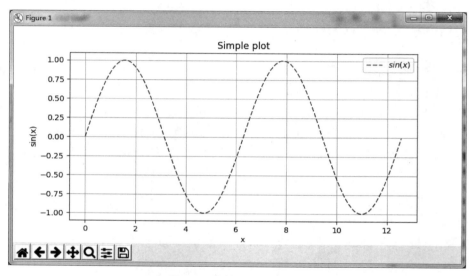

图 9-2　绘制正弦三角函数

1. 调用 figure 创建一个绘图对象

```
plt.figure(figsize=(8,4))
```

调用 figure 创建一个绘图对象，也可以不创建绘图对象直接调用 plot 函数绘图，Matplotlib 会自动创建一个绘图对象。

如果需要同时绘制多幅图表，可以给 figure 传递一个整数参数指定图表的序号；如果所指定序号的绘图对象已经存在，将不创建新的对象，而只是让它成为当前绘图对象。

figsize 参数：指定绘图对象的宽度和高度，单位为英寸；dpi 参数指定绘图对象的分辨率，即每英寸多少个像素，默认值为 100。因此本例中所创建的图表窗口的宽度为 8×100＝800 像素，高度为 4×100＝400 像素。

用 show() 显示出来的工具栏中的保存按钮保存下来的 png 图像的大小是 800×400 像素。这个 dpi 参数可以通过如下语句进行查看：

```
>>> import matplotlib
>>> matplotlib.rcParams["figure.dpi"]    # 每英寸多少个像素
100
```

2. 通过调用 plot 函数在当前的绘图对象中进行绘图

创建 Figure 对象之后,接下来调用 plot()函数在当前的 Figure 对象中绘图。实际上 plot()函数是在 Axes(子图)对象上绘图,如果当前的 Figure 对象中没有 Axes 对象,将会为之创建一个几乎充满整个图表的 Axes 对象,并且使此 Axes 对象成为当前的 Axes 对象。

```
x_values = arange(0.0, math.pi * 4, 0.01)
y_values = sin(x_values)
plt.plot(x_values, y_values, 'b--', linewidth = 1.0, label = "sin(x)")
```

(1) 第 3 句将 x,y 数组传递给 plot。
(2) 通过第三个参数"b--"指定曲线的颜色和线型,这个参数称为格式化参数,它能够通过一些易记的符号快速指定曲线的样式。其中 b 表示蓝色,"--"表示线型为虚线。常用作图参数如下。

颜色 color(简写为 c):

```
蓝色: 'b'(blue)
绿色: 'g'(green)
红色: 'r'(red)
蓝绿色(墨绿色): 'c'(cyan)
红紫色(洋红): 'm'(magenta)
黄色: 'y'(yellow)
黑色: 'k'(black)
白色: 'w'(white)
灰度表示: e.g. 0.75 ([0,1]内任意浮点数)
RGB 表示法: e.g. '#2F4F4F' 或 (0.18, 0.31, 0.31)
```

线型 linestyles(简写为 ls):

```
实线: '-'
虚线: '--'
虚点线: '-.'
点线: ':'
点: '.'
星形: '*'
```

线宽 linewidth:浮点数(float)。
pyplot 的 plot 函数与 MATLAB 很相似,也可以在后面增加属性值,可以用 help 查看说明:

```
>>> import matplotlib.pyplot as plt
>>> help(plt.plot)
```

例如,用'r*',即用红色、星形来画图:

```
import math
import matplotlib.pyplot as plt
y_values = []
```

```
x_values = []
num = 0.0
# collect both num and the sine of num in a list
while num < math.pi * 4:
    y_values.append(math.sin(num))
    x_values.append(num)
    num += 0.1
plt.plot(x_values,y_values,'r*')
plt.show()
```

效果如图9-3所示。

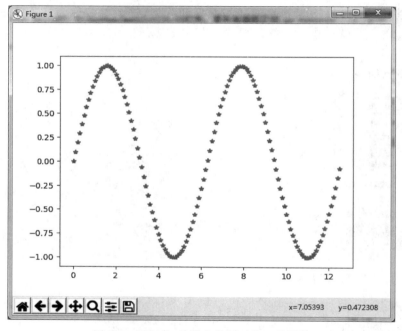

图9-3 用红色、星形来绘制正弦三角函数

(3) 用关键字参数指定各种属性。label：给所绘制的曲线起一个名字，此名字在图例(legend)中显示。只要在字符串前后添加"＄"符号，Matplotlib就会使用其内嵌的latex引擎绘制的数学公式。color：指定曲线的颜色，linewidth：指定曲线的宽度。

例如：plt.plot(x_values, y_values, color='r*', linewidth=1.0) #红色,线条宽度为1。

3. 设置绘图对象的各个属性

- xlabel、ylabel：分别设置x、y轴的标题文字。
- title：设置图的标题。
- xlim、ylim：分别设置x、y轴的显示范围。
- legend()：显示图例，即图中表示每条曲线的标签(label)和样式的矩形区域。

例如：

```
plt.xlabel('x')                    # 设置 x 轴的文字
plt.ylabel('sin(x)')               # 设置 y 轴的文字
plt.ylim(-1, 1)                    # 设置 y 轴的范围
plt.title('Simple plot')           # 设置图表的标题
plt.legend()                       # 显示图例(legend)
```

pyplot 模块提供了一组读取和显示相关的函数,用于在绘图区域中增加显示内容及读入数据,如表 9-2 所示,这些函数需要与其他函数搭配使用,此处读者有所了解即可。

表 9-2 plt 库的读取和显示函数

函数	功能
plt.legend()	在绘图区域中放置绘图标签(也称图注或者图例)
plt.show()	显示创建的绘图对象
plt.matshow()	在窗口显示数组矩阵
plt.imshow()	在 axes 上显示图像
plt.imsave()	保存数组为图像文件
plt.imread()	从图像文件中读取数组

4. 清空 plt 绘制的内容

```
plt.cla()              # 清空 plt 绘制的内容
plt.close(0)           # 关闭 0 号图
plt.close('all')       # 关闭所有图
```

5. 图形保存和输出设置

可以调用 plt.savefig()函数将当前的 Figure 对象保存成图像文件,图像格式由图像文件的扩展名决定。下面的程序将当前的图表保存为 test.png,并且通过 dpi 参数指定图像的分辨率为 120,因此输出图像的宽度为 8×120=960 像素。

```
plt.savefig("test.png",dpi = 120)
```

Matplotlib 中绘制完成图形之后通过 show()展示出来,还可以通过图形界面中的工具栏对其进行设置和保存。图形界面下方工具栏中按钮(config subplot)还可以设置图形上下左右的边距。

6. 在图表中显示中文

Matplotlib 的默认配置文件中所使用的字体无法正确显示中文。为了让图表能正确显示中文,在.py 文件头部加上如下内容:

```
plt.rcParams['font.sans-serif'] = ['SimHei']        # 指定默认字体
plt.rcParams['axes.unicode_minus'] = False          # 解决保存图像是负号'-'显示为方块的问题
```

其中，'SimHei'表示黑体字。常用中文字体及其英文表示如下：

宋体 SimSun　黑体 SimHei　楷体 KaiTi　微软雅黑 Microsoft YaHei　隶书 LiSu　仿宋 FangSong　幼圆 YouYuan　华文宋体 STSong　华文黑体 STHeiti　苹果丽中黑 Apple LiGothic Medium

9.3.3 绘制条形图、饼图、散点图

Matplotlib 是一个 Python 的绘图库，使用其绘制出来的图形效果和 MATLAB 下绘制的图形类似。pyplot 模块提供了 14 个用于绘制"基础图表"的常用函数，如表 9-3 所示。

表 9-3　plt 库中绘制基础图表函数

函　　数	功　　能
plt.plot(x, y, label, color, width)	根据 x、y 数组绘制点、直线或曲线
plt.boxplot(data, notch, position)	绘制一个箱型图(Box-plot)
plt.bar(left, height, width, bottom)	绘制一个条形图
plt.barh(bottom, width, height, left)	绘制一个横向条形图
plt.polar(theta, r)	绘制极坐标图
plt.pie(data, explode)	绘制饼图
plt.psd(x, NFFT=256, pad_to, Fs)	绘制功率谱密度图
plt.specgram(x, NFFT=256, pad_to, F)	绘制谱图
plt.cohere(x, y, NFFT=256, Fs)	绘制 x-y 的相关性函数
plt.scatter()	绘制散点图(x、y 是长度相同的序列)
plt.step(x, y, where)	绘制步阶图
plt.hist(x, bins, normed),	绘制直方图
plt.contour(X, Y, Z, N)	绘制等值线
pit.vlines()	绘制垂直线
plt.stem(x, y, linefmt, markerfmt, basefmt)	绘制曲线每个点到水平轴线的垂线
plt.plot_date()	绘制数据日期
plt.plothle()	绘制数据后写入文件

plt 库提供了三个区域填充函数，对绘图区域填充颜色，如表 9-4 所示。

表 9-4　plt 库的区域填充函数

函　　数	功　　能
fill(x,y,c,color)	填充多边形
fill_between(x,y1,y2,where,color)	填充两条曲线围成的多边形
fill_betweenx(y,x1,x2,where,hold)	填充两条水平线之间的区域

下面通过一些简单的代码介绍如何使用 Python 绘图。

1. 直方图

直方图又称质量分布图，是一种统计报告图，由一系列高度不等的纵向条纹或线段表示数据分布的情况。一般用横轴表示数据类型，纵轴表示分布情况。直方图的绘制通过 pyplot 中的 hist()来实现。

```
pyplot.hist(x, bins = 10, color = None, range = None, rwidth = None, normed = False, orientation = u'vertical', ** kwargs)
```

hist 的主要参数如下。

- x：这个参数是 arrays，指定每个 bin（箱子）分布在 X 轴的位置。
- bins：这个参数指定 bin（箱子）的个数，也就是总共有几条条形图。
- normed：是否对 Y 轴数据进行标准化（如果为 True，则是在本区间的点在所有的点中所占的概率）。normed 参数已经不用了，替换成 density，density＝True 表示概率分布。
- color：这个参数指定条状图（箱子）的颜色。

下例中 Python 产生 20000 个正态分布随机数，用概率分布直方图显示。运行效果如图 9-4 所示。

```
# 概率分布直方图,本例是标准正态分布
import matplotlib.pyplot as plt
import numpy as np
mu = 100                              # 设置均值,中心所在点
sigma = 20                            # 用于将每个点都扩大响应的倍数
# x 中的点分布在 mu 旁边,以 mu 为中点
x = mu + sigma * np.random.randn(20000)    # 随机样本数量 20000
# bins 设置分组的个数 100(显示有 100 个直方)
# plt.hist(x, bins = 100, color = 'green', normed = True)      # 旧版本语法
plt.hist(x, bins = 100, color = 'green', density = True, stacked = True)
plt.show()
```

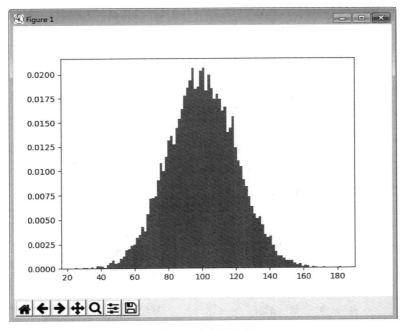

图 9-4 直方图实例

2. 柱状图

柱状图（条形图）是用一个单位长度表示一定的数量，根据数量的多少画成长短不同的直条，然后把这些直条按一定的顺序排列起来。从条形图中很容易看出各种数量的多少。柱状图的绘制通过 pyplot 中的 bar() 或者是 barh() 来实现。bar 默认是绘制竖直方向的柱状图，也可以通过设置 orientation＝"horizontal" 参数来绘制水平方向的。barh() 就是绘制水平方向的柱状图。

```
import matplotlib.pyplot as plt
import numpy as np
y = [20,10,30,25,15,34,22,11]
x = np.arange(8)      #0 --- 7
plt.bar(x = x, height = y, color = 'green', width = 0.5)     #通过设置 x 来设置并列显示
plt.show()
```

运行效果如图 9-5 所示。也可以绘制层叠的条形图，效果如图 9-6 所示。

```
import numpy as np
import matplotlib.pyplot as plt
x = np.random.randint(10, 50, 20)
y1 = np.random.randint(10, 50, 20)
y2 = np.random.randint(10, 50, 20)
plt.ylim(0, 100)                         #设置 y 轴的显示范围
plt.bar(x = x, height = y1, width = 0.5, color = "red", label = "$ y1 $")
#设置一个底部，底部就是 y1 的显示结果, y2 在上面继续累加即可.
plt.bar(x = x, height = y2, bottom = y1, width = 0.5, color = "blue", label = "$ y2 $")
plt.legend()
plt.show()
```

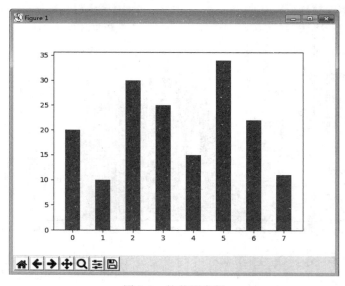

图 9-5 柱状图实例

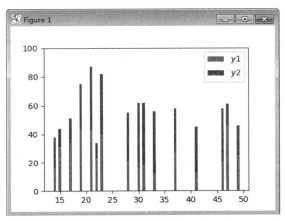

图 9-6 层叠的柱状图实例

3. 散点图

散点图,在回归分析中是数据点在直角坐标系平面上的分布图。一般用两组数据构成多个坐标点,观察坐标点的分布,判断两变量之间是否存在某种关联或总结坐标点的分布模式。使用 pyplot 中的 scatter()绘制散点图。

```
import matplotlib.pyplot as plt
import numpy as np
# 产生 100~200 的 10 个随机整数
x = np.random.randint(100, 200, 10)
y = np.random.randint(100, 130, 10)
# x 指 x 轴 ,y 指 y 轴
# s 设置数据点显示的大小(面积),c 设置显示的颜色
# marker 设置显示的形状, "o"是圆,"∨"向下三角形,"∧"向上三角形,所有的类型见网址:
# http://matplotlib.org/api/markers_api.html?highlight=marker#module-matplotlib.markers
# alpha 设置点的透明度
plt.scatter(x, y, s = 100, c = "r", marker = "v", alpha = 0.5)    # 绘制图形
plt.show()                                                         # 显示图形
```

散点图实例效果如图 9-7 所示。

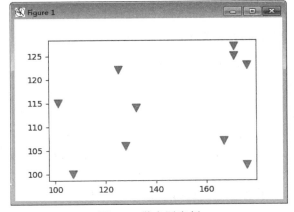

图 9-7 散点图实例

4. 饼图

饼图显示一个数据系列中各项的大小与各项总和的比例,饼图中的数据点显示为整个饼图的百分比。使用 pyplot 中的 pie()绘制饼图。

```
import numpy as np
import matplotlib.pyplot as plt
labels = ["一季度", "二季度", "三季度", "四季度"]
facts = [25, 40, 20, 15]
explode = [0, 0.03, 0, 0.03]
#设置显示的是一个正圆,长宽比为 1∶1
plt.axes(aspect = 1)
#x 为数据,根据数据在所有数据中所占的比例显示结果
# labels 设置每个数据的标签
#autoper 设置每一块所占的百分比
#explode 设置某一块或者很多块突出显示出来,由上面定义的 explode 数组决定
#shadow 设置阴影,这样显示的效果更好
plt.pie(x = facts, labels = labels, autopct = " %.0f % % ", explode = explode, shadow = True)
plt.show()
```

饼图实例效果如图 9-8 所示。

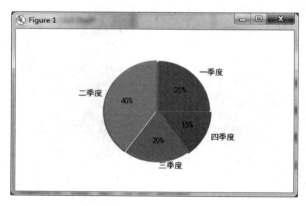

图 9-8 饼图实例

9.3.4 Python 操作 Excel 文档

第三方的 xlrd 和 xlwt 两个模块分别用来读和写 Excel,支持.xls 和.xlsx 格式,Python 默认不包含这两个模块。这两个模块之间相互独立,没有依赖关系,也就是说可以根据需要只安装其中一个。xlrd 和 xlwt 模块安装可以使用 pip install <模块名>:

```
pip install xlrd
pip install xlwt
```

当看到类似 Successfully 的字样时,表明已经安装成功了。

1. 使用 xlrd 模块读取 Excel

xlrd 提供的接口比较多，常用的如下。
open_workbook()打开指定的 Excel 文件，返回一个 Book 工作簿对象。

```
data = xlrd.open_workbook('excelFile.xls')        #打开 Excel 文件
```

1) Book 工作簿对象

通过 Book 工作簿对象可以得到各个 Sheet 工作表对象（一个 Excel 文件可以有多个 Sheet，每个 Sheet 就是一张表格）。Book 工作簿对象属性和方法：
- Book.nsheets 返回 Sheet 的数目。
- Book.sheets()返回所有 Sheet 对象的 list。
- Book.sheet_by_index(index)返回指定索引处的 Sheet。相当于 Book.sheets()[index]。
- Book.sheet_names()返回所有 Sheet 对象名字的 list。
- Book.sheet_by_name(name)根据指定 Sheet 对象名字返回 Sheet。

例如：

```
table = data.sheets()[0]                    #通过索引顺序获取 Sheet
table = data.sheet_by_index(0)              #通过索引顺序获取 Sheet
table = data.sheet_by_name('Sheet1')        #通过名称获取 Sheet
```

2) Sheet 工作表对象

通过 Sheet 对象可以获取各个单元格，每个单元格是一个 Cell 对象。Sheet 对象属性和方法：
- Sheet.name 返回表格的名称。
- Sheet.nrows 返回表格的行数。
- Sheet.ncols 返回表格的列数。
- Sheet.row(r)获取指定行，返回 Cell 对象的 list。
- Sheet.row_values(r)获取指定行的值，返回 list。
- Sheet.col(c)获取指定列，返回 Cell 对象的 list。
- Sheet.col_values(c)获取指定列的值，返回 list。
- Sheet.cell(r,c)根据位置获取 Cell 对象。
- Sheet.cell_value(r,c)根据位置获取 Cell 对象的值。例如：

```
cell_A1 = table.cell(0,0).value             #获取 A1 单元格的值
cell_C4 = table.cell(2,3).value             #获取 C4 单元格的值
```

例如循环输出表数据：

```
nrows = table.nrows                         #表格的行数
ncols = table.ncols                         #表格的列数
for i in range(nrows):
    print(table.row_values(i))
```

3）Cell 对象

Cell 对象的 Cell.value 返回单元格的值。

下面是一段读取图 9-9 所示的 Excel 文件 test.xls 的示例代码：

```
import xlrd
wb = xlrd.open_workbook('test.xls')            #打开文件
sheetNames = wb.sheet_names()                  #查看包含的工作表
print(sheetNames)                              #输出所有工作表的名称,['sheet_test']
#获得工作表的两种方法
sh = wb.sheet_by_index(0)
sh = wb.sheet_by_name('sheet_test')            #通过名称'sheet_test'获取对应的Sheet
#单元格的值
cellA1 = sh.cell(0,0)
cellA1Value = cellA1.value
print(cellA1Value)                             #王海
#第一列的值
columnValueList = sh.col_values(0)
print(columnValueList)                         #['王海', '程海鹏']
```

程序运行结果如下：

```
['sheet_test']
王海
['王海', '程海鹏']
```

2. 使用 xlwt 模块写入 Excel

相对来说，xlwt 提供的接口就没有 xlrd 那么多了，主要如下。
- Workbook() 是构造函数，返回一个工作簿的对象。
- Workbook.add_sheet(name) 添加了一个名为 name 的表，类型为 Worksheet。
- Workbook.get_sheet(index) 可以根据索引返回 Worksheet。
- Worksheet.write(r, c, value) 将 value 填充到指定位置。
- Worksheet.row(n) 返回指定的行。
- Row.write(c, value) 在某一行的指定列写入 value。
- Worksheet.col(n) 返回指定的列。

通过对 Row.height 或 Column.width 赋值可以改变行或列默认的高度或宽度。（单位：0.05 pt，即 1/20 pt）
- Workbook.save(filename) 用来保存文件。

表的单元格默认是不可重复写的，如果有需要，在调用 add_sheet() 的时候指定参数 cell_overwrite_ok=True 即可。

下面是一段写入 Excel 的示例代码：

```
import xlwt
book = xlwt.Workbook(encoding = 'utf-8')
sheet = book.add_sheet('sheet_test', cell_overwrite_ok = True)    #单元格可重复写
```

第9章 可视化应用——学生成绩分布柱状图展示

```
sheet.write(0, 0, '王海')
sheet.row(0).write(1, '男')
sheet.write(0, 2, 23)
sheet.write(1, 0, '程海鹏')
sheet.row(1).write(1, '男')
sheet.write(1, 2, 41)
sheet.col(2).width = 4000         # 单位 1/20 pt
book.save('test.xls')
```

程序运行生成如图 9-9 所示的 test.xls 文件。

	A	B	C
1	王海	男	23
2	程海鹏	男	41
3			
4			

图 9-9 test.xls 文件

9.4 程序设计的步骤

1. 读取学生成绩的 Excel 文件

```
import xlrd
wb = xlrd.open_workbook('marks.xlsx')        # 打开文件
sheetNames = wb.sheet_names()                # 查看包含的工作表
# 获得工作表的两种方法
sh = wb.sheet_by_index(0)
sh = wb.sheet_by_name('Sheet1')              # 通过名称'sheet1'获取对应的 Sheet
# 第一行的值,课程名
courseList = sh.row_values(0)
print(courseList[2:])                        # 打印出所有课程名
course = input("请输入需要展示的课程名:")
m = courseList.index(course)
# 第 m 列的值
columnValueList = sh.col_values(m)           # ['math', 95.0, 94.0, 93.0, 96.0]
print(columnValueList)                       # 展示的指定课程的分数
scoreList = columnValueList[1:]
print('最高分:',max(scoreList))
print('最低分:',min(scoreList))
print('平均分:',sum(scoreList)/len(scoreList))
```

程序运行结果如下:

```
请输入需要展示的课程名:english
['english', 72.0, 88.0, 91.0, 100.0, 56.0, 75.0, 23.0, 72.0, 88.0, 56.0, 88.0, 78.0, 88.0, 99.0, 88.0, 88.0, 88.0, 66.0, 88.0, 78.0, 88.0, 77.0, 77.0, 77.0, 88.0, 77.0, 77.0]
最高分: 100.0
最低分: 23.0
平均分: 78.92592592592592
```

2. 柱状图展示学生成绩分布

```python
import matplotlib.pyplot as plt
import numpy as np
y = [0,0,0,0,0]                                              #存放各分数段人数
for score in scoreList:
    if score >= 90:
        y[0] += 1
    elif score >= 80:
        y[1] += 1
    elif score >= 70:
        y[2] += 1
    elif score >= 60:
        y[3] += 1
    else:
        y[4] += 1
x1 = ['>=90','80~89分','70~79分','60~69分','60分以下']
x = [1,2,3,4,5]
plt.xlabel("分数段")
plt.ylabel("人数")
plt.rcParams['font.sans-serif'] = ['SimHei']                 #指定默认字体
plt.xticks(x,x1)                                             #设置x坐标
rects = plt.bar(left = x,height = y,color = 'green',width = 0.5)  #绘制柱状图
plt.title(course + "成绩分析")                                #设置图表标题
for rect in rects:                                           #显示每个柱状图对应的数字
    height = rect.get_height()
    plt.text(rect.get_x() + rect.get_width()/2.0, 1.03 * height, "%s" % float(height))
plt.show()
```

运行效果如图 9-10 所示。

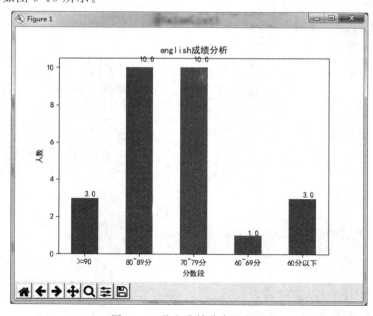

图 9-10　学生成绩分布柱状图

思考与练习

1. 编写绘制余弦三角函数 y=cos2x 的程序。
2. 编写绘制笛卡儿心形线的程序。
3. 使用 Matplotlib 实现学生成绩分布饼图。

爬虫技术
开发篇

第10章　调用百度API应用——小小翻译器

第11章　爬虫应用——校园网搜索引擎

第12章　爬虫应用——爬取百度图片

第13章　selenium操作浏览器应用——模拟登录

第10章

调用百度API应用——小小翻译器

10.1 小小翻译器功能介绍

视频讲解

小小翻译器使用百度翻译开放平台提供的 API，实现简单的翻译功能，用户输入自己需要翻译的单词或者句子，即可得到翻译的结果，运行界面如图 10-1 所示。该翻译器不仅能够将英文翻译成中文，也可以将中文翻译成英文，或者是其他语言。

图 10-1 小小翻译器的运行界面

10.2 程序设计的思路

百度翻译开放平台提供的 API，可以为用户提供高质量的翻译服务。通过调用百度翻译 API 编写在线翻译程序。

百度翻译开放平台每月提供 200 万字符的免费翻译服务，只要拥有百度账号并申请成为开发者就可以获得所需要的账号和密码。下面是开发者申请链接：

http://api.fanyi.baidu.com/api/trans/product/index

为方便使用，百度翻译开放平台提供了详细的接入文档，链接如下：

http://api.fanyi.baidu.com/api/trans/product/apidoc

在相应文档中列出了详细的使用方法。

按照百度翻译开放平台文档中的要求，生成 URL 请求网页，提交后可返回 JSON 数据格式的翻译结果，再将得到的 JSON 格式的翻译结果解析出来。

10.3 关键技术

10.3.1 urllib库简介

urllib是Python标准库中最常用的Python网页访问的模块,它可以让用户像访问本地文本文件一样读取网页的内容。Python 2 系列使用的是urllib2,Python 3 以后将其全部整合为urllib;在Python 3.x中,用户可以使用urllib这个库抓取网页。

urllib库提供了一个网页访问的简单易懂的API接口,还包括一些函数方法,用于进行参数编码、下载网页等操作。这个模块的使用门槛非常低,初学者也可以尝试去抓取和读取或者保存网页。urllib是一个URL处理包,在这个包中集合了一些处理URL的模块。

(1) urllib.request模块:用来打开和读取URL。

(2) urllib.error模块:包含一些由urllib.request产生的错误,可以使用try进行捕捉处理。

(3) urllib.parse模块:包含一些解析URL的方法。

(4) urllib.robotparser模块:用来解析robots.txt文本文件。它提供了一个单独的RobotFileParser类,通过该类提供的can_fetch()方法测试爬虫是否可以下载一个页面。

10.3.2 urllib库的基本使用

下面结合使用urllib.request和urllib.parse两个模块说明urllib库的使用方法。

1. 获取网页信息

使用urllib.request.urlopen()函数可以很轻松地打开一个网站,读取并打印网页信息。urlopen()函数的语法格式如下:

```
urlopen(url[, data[, proxies]])
```

urlopen()返回一个Response对象,然后像本地文件一样操作这个Response对象来获取远程数据。其中,参数url表示远程数据的路径,一般是网址;参数data表示以post方式提交到URL的数据(提交数据有两种方式——post与get,一般情况下很少用到这个参数);参数proxies用于设置代理。urlopen()还有一些可选参数,对于具体信息,读者可以查阅Python自带的文档。

urlopen()返回的Response对象提供了如下方法。

- read()、readline()、readlines()、fileno()、close():这些方法的使用方式和文件对象完全一样。
- info():返回一个httplib.HTTPMessage对象,表示远程服务器返回的头信息。
- getcode():返回HTTP状态码。如果是HTTP请求,200表示请求成功完成,404表示网址未找到。
- geturl():返回请求的URL。

了解了这些,读者就可以编写一个最简单的爬取网页的程序。

```
#urllib_test01.py
from urllib import request
if __name__ == "__main__":
    response = request.urlopen("http://fanyi.baidu.com")
    html = response.read()
    html = html.decode("utf-8")        #decode()将网页的信息进行解码,否则会产生乱码
    print(html)
```

urllib 使用 request.urlopen()打开和读取 URL 信息,返回的对象 Response 如同一个文本对象,用户可以调用 read()进行读取,再通过 print()将读到的信息打印出来。

运行 py 程序文件,输出信息如图 10-2 所示。

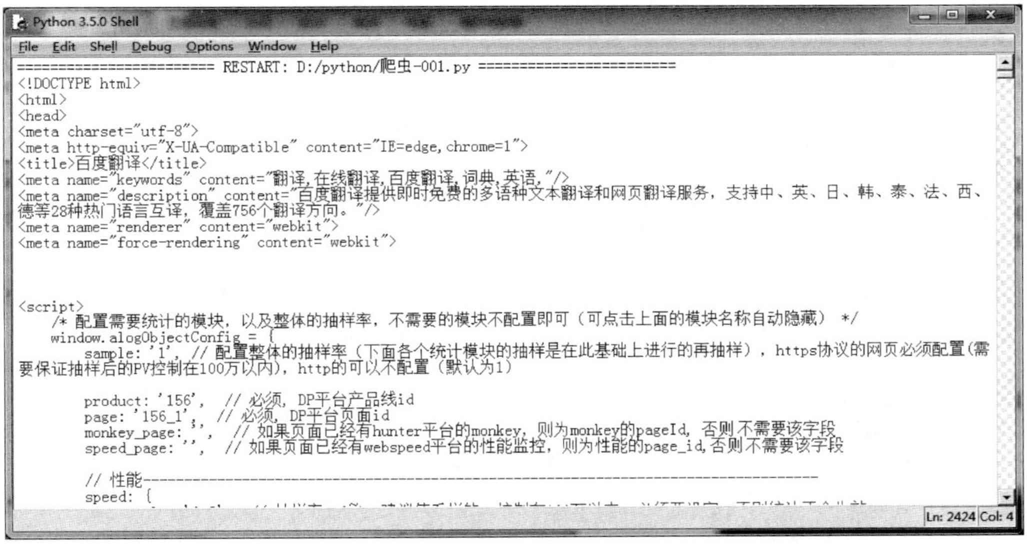

图 10-2　读取的百度翻译网页源码

其实,这就是浏览器接收到的信息,只不过用户在使用浏览器的时候,浏览器已经将这些信息转化成了界面信息供用户浏览。浏览器就是作为客户端从服务器端获取信息,然后将信息解析,再展示给用户的。

这里通过 decode()命令将网页的信息进行解码:

```
html = html.decode("utf-8")
```

当然,这个前提是用户已经知道了这个网页是使用 UTF-8 编码的,那么怎么查看网页的编码方式呢?非常简单的方法是使用浏览器查看网页源码,只需要找到 head 标签开始位置的 chareset,就能知道网页是采用何种编码了。

需要说明的是,urlopen()函数中的 url 参数不仅可以是一个字符串,例如 http://www.baidu.com,还可以是一个 Request 对象,这就需要先定义一个 Request 对象,然后将这个 Request 对象作为 urlopen()的参数使用,方法如下:

```
req = request.Request("http://fanyi.baidu.com/")        #Request 对象
response = request.urlopen(req)
html = response.read()
html = html.decode("utf-8")
print(html)
```

注意：如果要把对应文件下载到本地，可以使用 urlretrieve() 函数。

```
from urllib import request
request.urlretrieve("http://www.zzti.edu.cn/_mediafile/index/2017/06/24/1qjdyc7vq5.jpg",
"aaa.jpg")
```

这样就可以把网络上中原工学院的图片资源 1qjdyc7vq5.jpg 下载到本地，生成 aaa.jpg 图片文件。

2. 获取服务器响应信息

和浏览器的交互过程一样，request.urlopen() 代表请求过程，它返回的 HTTPResponse 对象代表响应。返回内容作为一个对象更便于操作，HTTPResponse 对象的 status 属性返回请求 HTTP 后的状态，在处理数据之前要先判断状态情况。如果请求未被响应，需要终止内容处理。reason 属性非常重要，可以得到未被响应的原因，url 属性用于返回页面 URL。HTTPResponse.read() 用于获取请求的页面内容的二进制形式。

用户也可以使用 getheaders() 返回 HTTP 响应的头信息，例如：

```
from urllib import request
f = request.urlopen('http://fanyi.baidu.com')
data = f.read()
print('Status:', f.status, f.reason)
for k, v in f.getheaders():
    print('%s: %s' % (k, v))
```

可以看到 HTTP 响应的头信息。

```
Status: 200 OK
Content-Type: text/html
Date: Sat, 15 Jul 2017 02:18:26 GMT
P3p: CP = " OTI DSP COR IVA OUR IND COM "
Server: Apache
Set-Cookie: locale = zh; expires = Fri, 11-May-2018 02:18:26 GMT; path = /; domain = .baidu.com
Set-Cookie: BAIDUID = 2335F4F896262887F5B2BCEAD460F5E9:FG = 1; expires = Sun, 15-Jul-18 02:18:26 GMT; max-age = 31536000; path = /; domain = .baidu.com; version = 1
Vary: Accept-Encoding
Connection: close
Transfer-Encoding: chunked
```

同样，可以使用 Response 对象的 geturl() 方法、info() 方法、getcode() 方法获取相关的

URL、响应信息和响应 HTTP 状态码。

```
# -*- coding: UTF-8 -*-
from urllib import request
if __name__ == "__main__":
    req = request.Request("http://fanyi.baidu.com/")
    response = request.urlopen(req)
    print("geturl 打印信息: %s" % (response.geturl()))
    print('**********************************************')
    print("info 打印信息: %s" % (response.info()))
    print('**********************************************')
    print("getcode 打印信息: %s" % (response.getcode()))
```

可以得到如下运行结果:

```
geturl 打印信息: http://fanyi.baidu.com/
**********************************************
info 打印信息: Content-Type: text/html
Date: Sat, 15 Jul 2017 02:42:32 GMT
P3p: CP=" OTI DSP COR IVA OUR IND COM "
Server: Apache
Set-Cookie: locale=zh; expires=Fri, 11-May-2018 02:42:32 GMT; path=/; domain=.baidu.com
Set-Cookie: BAIDUID=976A41D6B0C3FD6CA816A09BEAC3A89A:FG=1; expires=Sun, 15-Jul-18 02:42:32 GMT; max-age=31536000; path=/; domain=.baidu.com; version=1
Vary: Accept-Encoding
Connection: close
Transfer-Encoding: chunked

**********************************************
getcode 打印信息: 200
```

现在读者已经学会了使用简单的语句对网页进行抓取,接下来学习如何向服务器发送数据。

3. 向服务器发送数据

用户可以使用 urlopen() 函数中的 data 参数向服务器发送数据。根据 HTTP 规范,get 用于信息获取,post 是向服务器提交数据的一种请求。换句话说,从客户端向服务器提交数据使用 post,从服务器获得数据到客户端使用 get。get 也可以提交,与 post 的区别如下:

(1) get 方式可以通过 URL 提交数据,待提交数据是 URL 的一部分;采用 post 方式,待提交数据放置在 HTML header 内。

(2) get 方式提交的数据最多不超过 1024B,post 没有对提交内容的长度做限制。

如果没有设置 urlopen() 函数的 data 参数,HTTP 请求采用 get 方式,也就是从服务器获取信息;如果设置 data 参数,HTTP 请求采用 post 方式,也就是向服务器传递数据。

data 参数有自己的格式,它是一个基于 application/x-www.form-urlencoded 的格式,对于其具体格式,读者不用了解,因为可以使用 urllib.parse.urlencode() 函数将字符串自动转换成上面所说的格式。

4. 使用 User Agent 隐藏身份

1) 为何要设置 User Agent

有些网站不喜欢被爬虫程序访问,所以会检测连接对象,如果是爬虫程序,也就是非人单击访问,它就会不让继续访问,所以为了让程序可以正常运行,需要隐藏自己的爬虫程序的身份。此时可以通过设置 User Agent 来达到隐藏身份的目的,User Agent 的中文名为用户代理,简称 UA。

User Agent 存放于 headers 中,服务器就是通过查看 headers 中的 User Agent 来判断是谁在访问。在 Python 中,如果不设置 User Agent,程序将使用默认的参数,那么这个 User Agent 就会有 Python 的字样,如果服务器检查 User Agent,那么没有设置 User Agent 的 Python 程序将无法正常访问网站。

Python 允许用户修改这个 User Agent 来模拟浏览器访问,它的强大毋庸置疑。

2) 常见的 User Agent

(1) Android:

- Mozilla/5.0 (Linux; Android 4.1.1; Nexus 7 Build/JRO03D) AppleWebKit/535.19 (KHTML, like Gecko) Chrome/18.0.1025.166 Safari/535.19
- Mozilla/5.0 (Linux; U; Android 4.0.4; en-gb; GT-I9300 Build/IMM76D) AppleWebKit/534.30 (KHTML, like Gecko) Version/4.0 Mobile Safari/534.30
- Mozilla/5.0 (Linux; U; Android 2.2; en-gb; GT-P1000 Build/FROYO) AppleWebKit/533.1 (KHTML, like Gecko) Version/4.0 Mobile Safari/533.1

(2) Firefox:

- Mozilla/5.0 (Windows NT 6.2; WOW64; rv:21.0) Gecko/20100101 Firefox/21.0
- Mozilla/5.0 (Android; Mobile; rv:14.0) Gecko/14.0 Firefox/14.0

(3) Google Chrome:

- Mozilla/5.0 (Windows NT 6.2; WOW64) AppleWebKit/537.36 (KHTML, like Gecko) Chrome/27.0.1453.94 Safari/537.36
- Mozilla/5.0 (Linux; Android 4.0.4; Galaxy Nexus Build/IMM76B) AppleWebKit/ 535.19 (KHTML, like Gecko) Chrome/18.0.1025.133 Mobile Safari/535.19

(4) iOS:

- Mozilla/5.0 (iPad; CPU OS 5_0 like Mac OS X) AppleWebKit/534.46 (KHTML, like Gecko) Version/5.1 Mobile/9A334 Safari/7534.48.3
- Mozilla/5.0 (iPod; U; CPU like Mac OS X; en) AppleWebKit/420.1 (KHTML, like Gecko) Version/3.0 Mobile/3A101a Safari/419.3

上面列举了 Android、Firefox、Google Chrome、iOS 的一些 User Agent。

3) 设置 User Agent 的方法

设置 User Agent 有以下两种方法。

(1) 在创建 Request 对象时填入 headers 参数(包含 User Agent 信息),这个 headers 参数要求为字典。

(2) 在创建 Request 对象时不添加 headers 参数,在创建完成之后使用 add_header() 方法添加 headers。

方法一:

使用上面提到的 Android 的第 1 个 User Agent,在创建 Request 对象时传入 headers 参数,编写代码如下:

```python
#-*- coding: UTF-8 -*-
from urllib import request
if __name__ == "__main__":
    # 以 CSDN 为例,CSDN 不更改 User Agent 是无法访问的
    url = 'http://www.csdn.net/'
    head = {}
    # 写入 User Agent 信息
    head['User-Agent'] = 'Mozilla/5.0 (Linux; Android 4.1.1; Nexus 7 Build/ JRO03D) AppleWebKit/535.19 (KHTML, like Gecko) Chrome/18.0.1025.166 Safari/535.19'
    req = request.Request(url, headers = head)   # 创建 Request 对象
    response = request.urlopen(req)              # 传入创建好的 Request 对象
    html = response.read().decode('utf-8')       # 读取响应信息并解码
    print(html)                                  # 打印信息
```

方法二:

使用上面提到的 Android 的第 1 个 User Agent,在创建 Request 对象时不传入 headers 参数,在创建之后使用 add_header() 方法添加 headers,编写代码如下:

```python
#-*- coding: UTF-8 -*-
from urllib import request
if __name__ == "__main__":
    # 以 CSDN 为例,CSDN 不更改 User Agent 是无法访问的
    url = 'http://www.csdn.net/'
    req = request.Request(url)                   # 创建 Request 对象
    req.add_header('User-Agent', 'Mozilla/5.0 (Linux; Android 4.1.1; Nexus 7 Build/JRO03D) AppleWebKit/535.19 (KHTML, like Gecko) Chrome/ 18.0.1025.166 Safari/535.19')
                                                 # 传入 headers
    response = request.urlopen(req)              # 传入创建好的 Request 对象
    html = response.read().decode('utf-8')       # 读取响应信息并解码
    print(html)                                  # 打印信息
```

10.3.3 JSON 使用

JSON(JavaScript Object Notation)是一种轻量级的数据交换格式,比 XML 更小、更快、更易解析,易于读写且占用带宽小,网络传输速度快的特性,适用于数据量大,不要求保留原有类型的情况。它是 JavaScript 的子集,易于人阅读和编写。

前端和后端进行数据交互,其实往往就是通过 JSON 进行。因为 JSON 易于被识别的

特性,常被作为网络请求的返回数据格式。在爬取动态网页时,会经常遇到JSON格式的数据,Python中可以使用json模块来对JSON数据进行解析。

1. JSON的结构

常见形式为"名称/值"对的集合。
例如:

```
{"firstName": "Brett", "lastName": "McLaughlin"}
```

JSON允许使用数组,采用方括号[]实现。
例如:

```
{
    "people":[
        {"firstName": "Brett",
         "lastName":"McLaughlin"
        },
        {"firstName":"Jason",
         "lastName":"Hunter"
        }
    ]
}
```

在这个示例中,只有一个名为"people"的名称,值是包含两个元素的数组,每个元素是一个人的信息,其中包含名和姓。

JSON和XML的可读性可谓不相上下,一边是简易的语法,一边是规范的标签形式,很难分出胜负。XML和JSON都使用结构化方法来标记数据,下面来做一个简单的比较。

用XML表示中国部分省市数据如下:

```
<?xml version = "1.0" encoding = "utf-8"?>
<country>
    <name>中国</name>
    <province>
        <name>黑龙江</name>
        <cities>
            <city>哈尔滨</city>
            <city>大庆</city>
        </cities>
    </province>
    <province>
        <name>广东</name>
        <cities>
            <city>广州</city>
            <city>深圳</city>
            <city>珠海</city>
        </cities>
```

```
        </province>
        <province>
            <name>新疆</name>
            <cities>
                <city>乌鲁木齐</city>
            </cities>
        </province>
</country>
```

用JSON表示中国部分省市数据,其中省份采用的是数组。

```
{
    "name":"中国",
    "province":[{
        "name":"黑龙江",
        "cities":{
            "city":["哈尔滨","大庆"]
        }
    },{
        "name":"广东",
        "cities":{
            "city":["广州","深圳","珠海"]
        }
    },{
        "name":"新疆",
        "cities":{
            "city":["乌鲁木齐"]
        }
    }]
}
```

从上例可以看到,JSON简单的语法格式和清晰的层次结构明显要比XML容易阅读,并且在数据交换方面,由于JSON所使用的字符要比XML少得多,可以节约传输数据所占用的带宽。

JSON中的数据类型和Python中的数据类型转换关系如表10-1所示。

表10-1 JSON中的数据类型和Python中的数据类型转换关系

JSON 的数据类型	Python 的数据类型	JSON 的数据类型	Python 的数据类型
object	dict	number（real）	float
array	list	true、false	True、False
string	str	null	None
number（int）	int		

2. JSON模块中常用的方法

在使用JSON这个模块前,首先要导入json库：import json。

它主要提供了四个方法：dumps、dump、loads、load，如表 10-2 所示。

表 10-2　JSON 模块中常用的方法

方　　法	功　能　描　述
json.dumps()	将 Python 对象转换成 JSON 字符串
json.loads()	将 JSON 字符串转换成 Python 对象
json.dump()	将 Python 类型数据序列转换为 JSON 对象后写入文件
json.load()	读取文件中 JSON 形式的字符串并转换为 Python 类型数据

下面通过例子说明四个方法的使用。

（1）json.dumps()：其作用是将 Python 对象转换成 JSON 字符串。

```
import json
data = {'name':'nanbei','age':18}
s = json.dumps(data)              ＃将 Python 对象编码成 JSON 字符串
print(s)
```

运行结果如下：

```
{"name": "nanbei", "age": 18}
```

JSON 注意事项：
- 名称必须用双引号（即"name"）来包括。
- 值可以是字符串、数字、true、false、null、JavaScript 数组或子对象。

从运行结果可见，原先的'name'和'age'单引号已经变成双引号"name"和"age"。

（2）json.loads()：其作用是将 JSON 字符串转换成 Python 对象。

```
import json
data = {'name':'nanbei','age':18}
a = json.dumps(data)
print(json.loads(a))              ＃将 JSON 字符串编码成 Python 对象——dict 字典
```

运行结果如下：

```
{'name': 'nanbei', 'age': 18}
```

如果是一个 JSON 文件则要先读文件，然后才能转换成 Python 对象。

```
import json
f = open('stus.json',encoding = 'utf-8')    ＃'stus.json'是一个 JSON 文件
content = f.read()                          ＃使用 loads()方法,需要先读文件成字符串
user_dic = json.loads(content)              ＃转换成 Python 的字典对象
print(user_dic)
```

（3）json.load()方法：其作用是读取文件中 JSON 形式的字符串并转换为 Python 类型数据。

```
import json
f = open('stus.json',encoding = 'utf-8')
user_dic = json.load(f)                    #f 是文件对象
print(user_dic)
```

可见 loads()传入的是字符串,而 load()传入的是文件对象。使用 loads()时需要先读文件成字符串再使用,load()则不用先读文件成字符串而是直接传入文件对象。

(4) json.dump():其作用是将 Python 类型数据序列转换为 JSON 对象后写入文件。

```
stus = {'xiaojun':88,   'xiaohei':90,   'lrx':100}
f = open('stus2.json','w',encoding = 'utf-8')      #以写方式打开 stus2.json 文件
json.dump(stus,f)                                  #写入 stus2.json 文件
f.close()                                          #文件关闭
```

10.4 程序设计的步骤

10.4.1 设计界面

采用 Tkinter 的 place 几何布局管理器设计 GUI 图形界面,运行效果如图 10-3 所示。

图 10-3 place 几何布局管理器

新建文件 translate_test.py,编写如下代码:

```
from tkinter import *
if __name__ == "__main__":
    root = Tk()
    root.title("单词翻译器")
    root['width'] = 250;root['height'] = 130
    Label(root,text = '输入要翻译的内容:',width = 15).place(x = 1,y = 1)    #绝对坐标(1, 1)
    Entry1 = Entry(root,width = 20)
    Entry1.place(x = 110,y = 1)                                            #绝对坐标(110, 1)
    Label(root,text = '翻译的结果:',width = 18).place(x = 1,y = 20)  #绝对坐标(1, 20)
    s = StringVar()                                                        #一个 StringVar()对象
    s.set("大家好,这是测试")
    Entry2 = Entry(root,width = 20,textvariable = s)
    Entry2.place(x = 110,y = 20)                                           #绝对坐标(110, 20)
    Button1 = Button(root,text = '翻译',width = 8)
    Button1.place(x = 40,y = 80)                                           #绝对坐标(40, 80)
```

```
Button2 = Button(root,text = '清空',width = 8)
Button2.place(x = 110,y = 80)                       # 绝对坐标(110, 80)
# 给 Button 绑定鼠标监听事件
Button1.bind("< Button - 1 >",leftClick)            # "翻译"按钮
Button2.bind("< Button - 1 >",leftClick2)           # "清空"按钮
root.mainloop()
```

10.4.2 使用百度翻译开放平台 API

使用百度翻译需要向"http://api.fanyi.baidu.com/api/trans/vip/translate"地址通过 post 或 get 方法发送表 10-3 中的请求参数来访问服务。

表 10-3 请求参数

参 数 名	类 型	必填参数	描 述	备 注
q	TEXT	Y	请求翻译 query	UTF-8 编码
from	TEXT	Y	翻译源语言	语言列表(可设置为 auto)
to	TEXT	Y	译文语言	语言列表(不可设置为 auto)
appid	INT	Y	App ID	可在管理控制台查看
salt	INT	Y	随机数	
sign	TEXT	Y	签名	appid＋q＋salt＋密钥的 md5 值

sign 签名是为了保证调用安全,使用 md5 算法生成的一段字符串,生成的签名长度为 32 位,签名中的英文字符均为小写格式。为保证翻译质量,请将单次请求长度控制在 6000 字节以内(汉字约为 2000 个)。

签名的生成方法如下。

(1) 将请求参数中的 appid、query(q,注意为 UTF-8 编码)、随机数 salt 以及平台分配的密钥(可在管理控制台查看)按照 appid＋q＋salt＋密钥的顺序拼接得到字符串 1。

(2) 对字符串 1 做 md5,得到 32 位小写的 sign。

注意:

(1) 先将需要翻译的文本转换为 UTF-8 编码。

(2) 在发送 HTTP 请求之前需要对各字段做 URL encode。

(3) 在生成签名拼接字符串时,q 不需要做 URL encode,在生成签名之后发送 HTTP 请求之前才需要对要发送的待翻译文本字段 q 做 URL encode。

例如,将 apple 从英文翻译成中文。

请求参数:

```
q = apple
from = en
to = zh
appid = 2015063000000001
salt = 1435660288
平台分配的密钥:12345678
```

第10章 调用百度API应用——小小翻译器

生成签名参数 sign：

（1）拼接字符串 1。

拼接 appid = 2015063000000001 + q = apple + salt = 1435660288 + 密钥 = 12345678
得到字符串 1 = 2015063000000001apple143566028812345678

（2）计算签名 sign（对字符串 1 做 md5 加密，注意在计算 md5 之前，字符串 1 必须为 UTF-8 编码）。

sign = md5(2015063000000001apple143566028812345678)
sign = f89f9594663708c1605f3d736d01d2d4

通过 Python 提供的 hashlib 模块中的 hashlib.md5() 可以实现签名计算。例如：

```
import hashlib
m = '2015063000000001apple143566028812345678'
m_MD5 = hashlib.md5(m)
sign = m_MD5.hexdigest()
print('m = ',m)
print('sign = ',sign)
```

在得到签名之后，按照百度文档中的要求生成 URL 请求，提交后可返回翻译结果。其完整请求如下：

http://api.fanyi.baidu.com/api/trans/vip/translate?q=apple&from=en&to=zh&appid=2015063000000001&salt=1435660288&sign=f89f9594663708c1605f3d736d01d2d4

用户也可以使用 post 方法传送需要的参数。

本例采用 urllib.request.urlopen() 函数中的 data 参数向服务器发送数据。

下面是发送 data 的实例，向"百度翻译"发送要翻译数据 data，得到翻译结果。

```
#-*- coding: UTF-8 -*-
from tkinter import *
from urllib import request
from urllib import parse
import json
import hashlib
def translate_Word(en_str):
    # simulation browse load host url,get Cookie
    URL = 'http://api.fanyi.baidu.com/api/trans/vip/translate'
    # en_str = input("请输入要翻译的内容:")
    # 创建 Form_Data 字典,存储向服务器发送的 data
    # Form_Data = {'from':'en','to':'zh','q':en_str,"appid":
2015063000000001','salt':'1435660288'}
    Form_Data = {}
    Form_Data['from'] = 'en'
    Form_Data['to'] = 'zh'
    Form_Data['q'] = en_str                    # 要翻译数据
```

```python
        Form_Data['appid'] = '20150630000000001'          # 申请的 App ID
        Form_Data['salt'] = '1435660288'
        Key = "12345678"                                   # 平台分配的密钥
        m = Form_Data['appid'] + en_str + Form_Data['salt'] + Key
        m_MD5 = hashlib.md5(m.encode('utf-8'))
        Form_Data['sign'] = m_MD5.hexdigest()

        data = parse.urlencode(Form_Data).encode('utf-8')  # 使用 urlencode()方法转换标准格式
        response = request.urlopen(URL,data)               # 传递 Request 对象和转换完格式的数据
        html = response.read().decode('utf-8')             # 读取信息并解码
        translate_results = json.loads(html)               # 使用 JSON
        print(translate_results)                           # 打印出 JSON 数据
        translate_results = translate_results['trans_result'][0]['dst']   # 找到翻译结果
        print("翻译的结果是: %s" % translate_results)       # 打印翻译信息
        return translate_results
def leftClick(event):                                      # "翻译"按钮事件函数
    en_str = Entry1.get()                                  # 获取要翻译的内容
    print(en_str)
    vText = translate_Word(en_str)
    Entry2.config(Entry2,text = vText)                     # 修改翻译结果框文字
    s.set("")
    Entry2.insert(0,vText)
def leftClick2(event):                                     # "清空"按钮事件函数
    s.set("")
    Entry2.insert(0,"")
```

这样就可以查看翻译的结果了,如下:

```
输入要翻译的内容: I am a teacher
翻译的结果是: 我是个教师。
```

此时得到的 JSON 数据如下:

```
{'from': 'en', 'to': 'zh', 'trans_result':[{'dst': '我是个教师.', 'src': 'I am a teacher'}]}
```

其返回结果是 JSON 格式,包含表 10-4 中的字段。

表 10-4 翻译结果的 JSON 字段

字 段 名	类 型	描 述
from	TEXT	翻译源语言
to	TEXT	译文语言
trans_result	MIXED LIST	翻译结果
src	TEXT	原文
dst	TEXT	译文

trans_result 中包含了 src 和 dst 字段。

JSON 是一种轻量级的数据交换格式,其中保存了用户想要的翻译结果,需要从爬取到

的内容中找到 JSON 格式的数据,再将得到的 JSON 格式的翻译结果解析出来。

这里向服务器发送数据 Form_Data,也可以直接写:

```
Form_Data = {'from':'en',   'to':'zh',   'q':en_str,"appid": '2015063000000001', 'salt': '1435660288'}
```

现在只是将英文翻译成中文,稍微改一下就可以将中文翻译成英文了:

```
Form_Data = {'from':'zh',   'to':'en', 'q':en_str,"appid": '2015063000000001', 'salt': '1435660288'}
```

这一行中的 from 和 to 的取值应该可以用于其他语言之间的翻译。如果源语言语种不确定可设置为 auto,注意目标语言语种不可设置为 auto。百度翻译支持的语言简写如表 10-5 所示。

表 10-5 百度翻译支持的语言简写

语言简写	名称	语言简写	名称
auto	自动检测	bul	保加利亚语
zh	中文	est	爱沙尼亚语
en	英语	dan	丹麦语
yue	粤语	fin	芬兰语
wyw	文言文	cs	捷克语
jp	日语	rom	罗马尼亚语
kor	韩语	slo	斯洛文尼亚语
fra	法语	swe	瑞典语
spa	西班牙语	hu	匈牙利语
th	泰语	cht	繁体中文
ara	阿拉伯语	vie	越南语
ru	俄语	el	希腊语
pt	葡萄牙语	nl	荷兰语
de	德语	pl	波兰语

请读者查阅资料编程,向有道翻译(http://fanyi.youdao.com/translate?smartresult=dict)发送要翻译的数据 data,得到翻译结果。

10.5 API 调用拓展——爬取天气预报信息

目前绝大多数网站以动态网页的形式发布信息,所谓动态网页,就是用相同的格式呈现不同的内容。例如,每天访问中国天气网,看到的信息呈现格式是不变的,但天气信息数据是变化的。如果网站没有提供 API 调用的功能,则可以先获取网页数据,然后将网页数据转换为字符串后利用正则表达式提取所需的内容,即所谓的爬虫方式。利用爬虫经常获取的是网页中动态变化的数据,因此,爬虫程序是自动获取网页中动态变化数据的工具。

中国天气网(http://www.weather.com.cn)向用户提供国内各城市天气信息,并提供 API 供程序获取所需的天气数据,返回数据格式为 JSON。

中国天气网提供 API 网址类似 http://t.weather.itboy.net/api/weather/city/101180101,

其中,101180101 为郑州城市编码。各城市编码可通过网络搜索取得。

例如:荥阳 101180103 新郑 101180106 新密 101180105 登封 101180104 中牟 101180107 巩义 101180102 上街 101180108 郑州 101180101 卢氏 101181704 灵宝 101181702 三门峡 101181701 义马 101181705 渑池 101181703 陕县 101181706 南阳 101180701 新野 101180709 邓州 101180711 南召 101180702 方城 101180703

下面代码为调用 API 在中国天气网获取郑州市当天天气预报数据的实例。

```python
import urllib.request          # 引入 urllib 包中的模块 request
import json                    # 引入 JSON 模块
code = '101180101'             # 郑州市城市编码
# 用字符串变量 url 保存合成的网址
# url = 'http://www.weather.com.cn/data/cityinfo/%s.html'% code
url = 'http://t.weather.itboy.net/api/weather/city/%s'% code
print('url = ',url)
obj = urllib.request.urlopen(url)   # 调用函数 urlopen()打开给定的网址,结果返回到对象 obj 中
print('type(obj) = ',type(obj))     # 输出 obj 的类型
data_b = obj.read()                 # read()从对象 obj 中读取内容,内容为 bytes 字节流数据
# print('字节流数据 = ',data_b)
data_s = data_b.decode('utf-8')     # bytes 字节流数据转换为字符串类型
# print('字符串数据 = ',data_s)
# 调用 JSON 的函数 loads()将 data_s 中保存的字符串数据转换为字典型数据
data_dict = json.loads(data_s)
print('data_dict = ',data_dict)     # 输出字典 data_dict 的内容
rt = data_dict['data']              # 取得键为"data"的内容
twoweekday = rt['forecast']         # 获取 2 周天气
today = twoweekday[0]               # twoweekday[0]是今天
print('today = ',today)             # twoweekday[0]仍然为字典型变量
# 获取城市名称、日期、天气状况、最高温和最低温
my_rt = ('%s,%s,%s,%s~%s')%(data_dict['cityInfo']['city'],data_dict['date'], today['type'],today['high'],today['low'])
print(my_rt)
```

代码中,用字符串变量 url 保存合成的网址,该网址为给定编码城市的当天天气预报。调用函数 urlopen()打开给定的网址,结果返回到对象 obj 中。调用函数 read()从对象 obj 中读取天气预报内容,最后调用 JSON 的函数 loads()将天气预报内容转换为字典型数据,保存到字典型变量 data_dict 中。从字典型变量 data_dict 中取得键为"data"的内容,保存到变量 rt 中,rt 仍然为字典型变量,rt['forecast']存储两周天气。

城市名称、天气状况、最高温度和最低温度,这些内容均从字典型变量 today 中取得,键分别为"type""high""low"。代码运行结果如下:

```
url= http://t.weather.itboy.net/api/weather/city/101180101
type(obj) = <class 'http.client.HTTPResponse'>
data_dict = {'message': 'success 感谢又拍云(upyun.com)提供 CDN 赞助', 'status': 200, 'date': '20231220', 'time': '2023 - 12 - 20 20:40:28', 'cityInfo': {'city': '郑州市', 'citykey': '101180101', 'parent': '河南', 'updateTime': '19:31'}, 'data': {'shidu': '46%', 'pm25': 42.0, 'pm10': 58.0, 'quality': '良', 'wendu': '-7', 'ganmao': '极少数敏感人群应减少户外活动', 'forecast': [{'date': '20',
```

```
'high': '高温 0℃', 'low': '低温 -7℃', 'ymd': '2023-12-20', 'week': '星期三', 'sunrise': '07:28',
'sunset': '17:17', 'aqi': 62, 'fx': '东北风', 'fl': '2级', 'type': '晴', 'notice': '愿你拥有比阳
光明媚的心情'}, {'date': '21', 'high': '高温 -3℃', 'low': '低温 -10℃', 'ymd': '2023-12-21',
'week': '星期四', 'sunrise': '07:29', 'sunset': '17:18', 'aqi': 78, 'fx': '西北风', 'fl': '3级',
'type': '晴', 'notice': '愿你拥有比阳光明媚的心情'}, ……}
today = {'date': '20', 'high': '高温 0℃', 'low': '低温 -7℃', 'ymd': '2023-12-20', 'week': '星期
三', 'sunrise': '07:28', 'sunset': '17:17', 'aqi': 62, 'fx': '东北风', 'fl': '2级', 'type': '晴',
'notice': '愿你拥有比阳光明媚的心情'}
郑州市,20231220,晴,高温 0℃ ～低温 -7℃
```

从结果可知,函数 urlopen()的返回值为来自服务器的回应对象,调用其 read()函数可得 bytes 字节流类型的数据,将 bytes 字节流类型的数据转换为字符串类型,即为 JSON 数据。调用 JSON 函数 loads()可将 JSON 数据转换为字典型数据,而中国天气网返回的数据为嵌套的字典型数据,因此,首先通过 rt=data_dict['data']取得城市今天天气预报信息 today,再通过 today['type']、today['high']和 today['low']取得具体的数据。

第11章

视频讲解

爬虫应用——校园网搜索引擎

视频讲解

11.1 校园网搜索引擎功能分析

随着校园网建设的迅速发展,校园网内的信息内容正在以惊人的速度增加。如何更全面、更准确地获取最新、最有效的信息已经成为人们把握机遇、迎接挑战和获取成功的重要条件。目前虽然已经有了像 Google、百度这样优秀的通用搜索引擎,但是它们并不能适用于所有的情况和需要。对学术搜索、校园网的搜索来说,一个合理的排序结果是非常重要的。另外,互联网上的信息量巨大,远远超出哪怕是最大的一个搜索引擎可以完全收集的能力范围。本章旨在使用 Python 建立一个适合校园网使用的 Web 搜索引擎系统,它能在较短的时间内爬取页面信息,具有有效、准确的中文分词功能,能实现对校园网上新闻信息的快速检索展示。

11.2 校园网搜索引擎系统设计

校园网搜索引擎一般需要以下几个步骤。

(1) 网络爬虫爬取这个网站,得到所有网页链接。

网络爬虫就是一只会嗅着 URL(链接)爬过成千上万个网页,并把网页内容搬到用户计算机上供用户使用的苦力虫子。如图 11-1 所示,给定爬虫的出发页面 A 的 URL,它就从起始页 A 出发,读取 A 的所有内容,并从中找到 5 个 URL,分别指向页面 B、C、D、E 和 F,然后它顺着链接依次抓取 B、C、D、E 和 F 页面的内容,并从中发现新的链接,再沿着链接爬到新的页面,对爬虫带回来的网页内容分析链接,继续爬到新的页面,以此类推,直到找不到新的链接或者满足了人为设定的停止条件为止。

至于这只虫子前进的方式,则分为广度优先搜索(BFS)

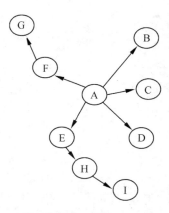

图 11-1 网站链接示意图

和深度优先搜索(DFS)。在这张图中 BFS 的搜索顺序是 A-B-C-D-E-F-G-H-I,而深度优先搜索的顺序是遍历的路径,即 A-F-G　E-H-I　B C D。

(2) 得到网页的源代码,解析剥离出想要的新闻内容、标题、作者等信息。

(3) 把所有网页的新闻内容做成词条索引,一般采用倒排表索引。

索引一般有正排索引(正向索引)和倒排索引(反向索引)两种类型。

① 正排索引(正向索引,forward index):正排表是以文档的 ID 为关键字,表中记录文档(即网页)中每个字或词的位置信息,查找时扫描表中每个文档中字或词的信息直到找出所有包含查询关键字的文档。

正排表的结构如图 11-2 所示,这种组织方法在建立索引的时候结构比较简单,建立比较方便且易于维护;因为索引是基于文档建立的,若是有新的文档加入,直接为该文档建立一个新的索引块,挂接在原来索引文件的后面。若是有文档删除,则直接找到该文档号文档对应的索引信息,将其直接删除。但是在查询的时候需要对所有的文档进行扫描以确保没有遗漏,这样就使得检索时间大大延长,检索效率低下。

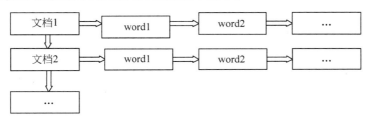

图 11-2　正排表结构示意图

尽管正排表的工作原理非常简单,但是由于其检索效率太低,除非在特定情况下,否则实用价值不大。

② 倒排索引(反向索引,inverted index):倒排表以字或词为关键字进行索引,表中关键字所对应的记录表项记录了出现这个字或词的所有文档,一个表项就是一个字表段,它记录该文档的 ID 和字符在该文档中出现的位置情况。

由于每个字或词对应的文档数量在动态变化,所以倒排表的建立和维护都较为复杂,但是在查询的时候由于可以一次得到查询关键字所对应的所有文档,所以效率高于正排表。在全文检索中,检索的快速响应是一个最为关键的性能,而索引的建立由于在后台进行,尽管效率相对低一些,但不会影响整个搜索引擎的效率。

倒排表的结构如图 11-3 所示。

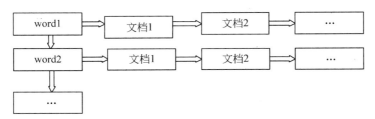

图 11-3　倒排表结构示意图

正排索引是从文档到关键字的映射(已知文档求关键字),倒排索引是从关键字到文档的映射(已知关键字求文档)。

在搜索引擎中每个文件都对应一个文件 ID,文件内容被表示为一系列关键词的集合(实际上,在搜索引擎索引库中关键词已经转换为关键词 ID)。例如"文档 1"经过分词提取了 20 个关键词,每个关键词都会记录它在文档中的出现次数和出现位置,得到正向索引的结构如下:

"文档 1"的 ID > 单词 1: 出现次数,出现位置列表; 单词 2: 出现次数,出现位置列表; …
"文档 2"的 ID > 此文档出现的关键词列表

当用户搜索关键词"华为手机"时,假设只存在正向索引(forward index),那么就需要扫描索引库中的所有文档,找出所有包含关键词"华为手机"的文档,再根据打分模型进行打分,排出名次后呈现给用户。因为互联网上收录在搜索引擎中的文档的数目是个天文数字,这样的索引结构根本无法满足实时返回排名结果的要求。所以搜索引擎会将正向索引重新构建为倒排索引,即把文件 ID 对应到关键词的映射转换为关键词到文件 ID 的映射,每个关键词都对应一系列的文件,这些文件中都出现这个关键词,得到倒排索引的结构如下:

"单词 1":"文档 1"的 ID,"文档 2"的 ID,…
"单词 2":带有此关键词的文档 ID 列表

(4) 搜索时,根据搜索词在词条索引中查询,按顺序返回相关的搜索结果,也可以按网页评价排名顺序返回相关的搜索结果。

当用户输入一串搜索字符串时,程序会先进行分词,然后依照每个词的索引找到相应网页。假如在搜索框中输入"从前有座山山里有座庙小和尚",搜索引擎首先会对字符串进行分词处理"从前/有/座山/山里/有/座庙/小和尚",然后按照一定的规则对词做布尔运算,例如每个词之间做"与"运算,在索引中搜索"同时"包含这些词的页面。

所以本系统主要由以下 4 个模块组成。
- 信息采集模块:主要是利用网络爬虫实现对校园网信息的抓取。
- 索引模块:负责对爬取的新闻网页的标题、内容和作者进行分词并建立倒排词表。
- 网页排名模块:TF/IDF 是一种统计方法,用于评估一字词对于一个文件集或一个语料库中的一份文件的重要程度。
- 用户搜索界面模块:负责用户关键字的输入以及搜索结果信息的返回。

11.3 关键技术

视频讲解

11.3.1 正则表达式

把网页中的超链接提取出来需要使用正则表达式。那么什么是正则表达式?在回答这个问题之前,先来看一看为什么要有正则表达式。

在编程处理文本的过程中,经常需要按照某种规则去查找一些特定的字符串。例如,知道一个网页上的图片都叫"image/8554278135.jpg"之类的名字,只是那串数字不一样;又或者在一堆人员的电子档案中,要把他们的电话号码全部找出来,整理成通讯录。诸如此类工作,可不可以利用这些规律,让程序自动来做这些事情?答案是肯定的。这时候就需要一种描述这些规律的方法,正则表达式就是描述文本规则的代码。

正则表达式是一种用来匹配字符串文本的强有力的武器。它是用一种描述性的语言来给字符串定义一个规则。凡是符合规则的字符串,就认为它"匹配"了,否则该字符串就是不合法的。

1. 正则表达式的语法

正则表达式并不是 Python 中特有的功能,它是一种通用的方法,要使用它必须会用正则表达式来描述文本规则。

正则表达式使用特殊的语法来表示,表 11-1 列出了正则表达式的语法。

表 11-1 正则表达式的语法

模式	描述
^	匹配字符串的开头
$	匹配字符串的末尾
.	匹配任意字符,除了换行符
[...]	用来表示一组字符,例如[amk]匹配'a'、'm'或'k';[0-9]匹配任何数字,类似于[0123456789];[a-z]匹配任何小写字母;[a-zA-Z0-9]匹配任何字母及数字
[^...]	不在[]中的字符,例如[^abc]匹配除了 a、b、c 之外的字符;[^0-9]匹配除了数字之外的字符
*	数量词,匹配 0 个或多个
+	数量词,匹配 1 个或多个
?	数量词,以非贪婪方式匹配 0 个或 1 个
{n,}	重复 n 次或更多次
{n, m}	重复 n~m 次
a|b	匹配 a 或 b
(re)	匹配括号内的表达式,也表示一个组
(?imx)	正则表达式包含三种可选标志,即 i、m、x,只影响括号中的区域
(?-imx)	正则表达式关闭 i、m 或 x 可选标志,只影响括号中的区域
(?: re)	类似(...),但是不表示一个组
(?imx: re)	在括号中使用 i、m 或 x 可选标志
(?-imx: re)	在括号中不使用 i、m 或 x 可选标志
(?=re)	前向肯定界定符,如果所含正则表达式以…表示,在当前位置成功匹配时成功,否则失败。一旦所含表达式已经尝试,匹配引擎根本没有提高,模式的剩余部分还要尝试界定符的右边
(?!re)	前向否定界定符,与前面肯定界定符相反,当所含表达式不能在字符串当前位置匹配时成功
(?> re)	匹配的独立模式,省去回溯
\w	匹配字母、数字及下画线,等价于'[A-Za-z0-9_]'
\W	匹配非字母、数字及下画线,等价于 '[^A-Za-z0-9_]'
\s	匹配任何空白字符,包括空格、制表符、换页符等,等价于[\f\n\r\t\v]
\S	匹配任何非空白字符,等价于[^\f\n\r\t\v]
\d	匹配任意数字,等价于[0-9]
\D	匹配任意非数字,等价于[^0-9]

续表

模式	描述
\A	匹配字符串开始
\Z	匹配字符串结束,如果存在换行,只匹配到换行前的结束字符串
\z	匹配字符串结束
\G	匹配最后匹配完成的位置
\b	匹配一个单词边界,也就是单词和空格间的位置。例如,'er\b'可以匹配"never"中的'er',但不能匹配"verb"中的'er'
\B	匹配非单词边界,例如'er\B'能匹配"verb"中的'er',但不能匹配"never"中的'er'
\n、\t 等	匹配一个换行符、一个制表符等

正则表达式通常用于在文本中查找匹配的字符串。在 Python 中数量词默认是贪婪的,总是尝试匹配尽可能多的字符;非贪婪的则相反,总是尝试匹配尽可能少的字符。例如,正则表达式"ab*"如果用于查找"abbbc",将找到"abbb";如果使用非贪婪的数量词"ab*?",将找到"a"。

在正则表达式中,如果直接给出字符,就是精确匹配。从正则表达式语法中能够了解到用\d 可以匹配一个数字,用\w 可以匹配一个字母或数字,用.可以匹配任意字符,所以模式'00\d'可以匹配'007',但无法匹配'00A';模式'\d\d\d'可以匹配'010';模式'\w\w\d'可以匹配'py3';模式'py.'可以匹配'pyc'、'pyo'、'py!',等等。

如果要匹配变长的字符,在正则表达式模式字符串中用*表示任意个字符(包括0个),用+表示至少一个字符,用?表示0个或1个字符,用{n}表示n个字符,用{n,m}表示n~m个字符。这里看一个复杂的表示电话号码的例子,即\d{3}\s+\d{3,8}。

从左到右解读一下:

\d{3}表示匹配三个数字,例如'010';

\s 可以匹配一个空格(也包括 Tab 等空白符),所以\s+表示至少有一个空格;

\d{3,8}表示 3~8 个数字,例如'67665230'。

综合起来,上面的正则表达式可以匹配以任意个空格隔开的带区号的电话号码。

如果要匹配'010-67665230'这样的号码,怎么办?由于'-'是特殊字符,在正则表达式中要用'\'转义,所以上面的正则表达式是\d{3}\-\d{3,8}。

如果要做更精确的匹配,可以用[]表示范围,例如:

[0-9a-zA-Z_]可以匹配一个数字、字母或者下画线;

[0-9a-zA-Z_]+可以匹配至少由一个数字、字母或者下画线组成的字符串,例如'a100'、'0_Z'、'Py3000'等;

[a-zA-Z_][0-9a-zA-Z_]*可以匹配以字母或下画线开头,后接任意个由一个数字、字母或者下画线组成的字符串,也就是 Python 合法的变量;

[a-zA-Z_][0-9a-zA-Z_]{0,19}更精确地限制了变量的长度是1~20个字符(前面1个字符+后面最多19个字符)。

另外,A|B 可以匹配 A 或 B,所以(P|p)ython 可以匹配'Python'或者'python'。

^表示行的开头,^\d 表示必须以数字开头。

$表示行的结束,\d$表示必须以数字结束。

2. re 模块

Python 提供了 re 模块,包含所有正则表达式的功能。

1) match()方法

re.match()的格式为 re.match(pattern,string,flags)。

其第 1 个参数是正则表达式;第 2 个参数表示要匹配的字符串;第 3 个参数是标志位,用于控制正则表达式的匹配方式,例如是否区分大小写、多行匹配等。

match()方法判断是否匹配,如果匹配成功,返回一个 Match 对象,否则返回 None。常见的判断方法如下:

```
test = '用户输入的字符串'
if re.match(r'正则表达式', test):        #r前缀为原义字符串,它表示对字符串不进行转义
    print('ok')
else:
    print('failed')
```

例如:

```
>>> import re
>>> re.match(r'^\d{3}\-\d{3,8}$', '010-12345')        #返回一个 Match 对象
<_sre.SRE_Match object; span=(0,9), match='010-12345'>
>>> re.match(r'^\d{3}\-\d{3,8}$', '010 12345')        #'010 12345'不匹配规则,返回 None
```

Match 对象是一次匹配的结果,包含了很多关于此次匹配的信息,可以使用 Match 提供的可读属性或方法来获取这些信息。

Match 属性如下。

- string:匹配时使用的文本。
- re:匹配时使用的 Pattern 对象。
- pos:文本中正则表达式开始搜索的索引,值与 Pattern.match()和 Pattern.search()方法的同名参数相同。
- endpos:文本中正则表达式结束搜索的索引,值与 Pattern.match()和 Pattern.search()方法的同名参数相同。
- lastindex:最后一个被捕获的分组在文本中的索引。如果没有被捕获的分组,将为 None。
- lastgroup:最后一个被捕获的分组的别名。如果这个分组没有别名或者没有被捕获的分组,将为 None。

Match 方法如下。

- group([group1,…]):获得一个或多个分组截获的字符串,当指定多个参数时将以元组形式返回。参数 group1 可以使用编号也可以使用别名;编号 0 代表整个匹配的子串;当不填写参数时返回 group(0);没有截获字符串的组返回 None;截获了多次的组返回最后一次截获的子串。
- groups([default]):以元组形式返回全部分组截获的字符串,相当于调用 group(1,

2,…,last)。default 表示没有截获字符串的组以这个值替代，默认为 None。
- groupdict([default])：返回已有别名的组的别名为键、以该组截获的子串为值的字典，没有别名的组不包含在内。default 的含义同上。
- start([group])：返回指定的组截获的子串在 string 中的起始索引（子串第 1 个字符的索引）。group 的默认值为 0。
- end([group])：返回指定的组截获的子串在 string 中的结束索引（子串最后一个字符的索引+1）。group 的默认值为 0。
- span([group])：返回(start(group), end(group))。

Match 对象的相关属性和方法示例如下：

```
import re
t = "19:05:25"
m = re.match(r'^(\d\d)\:(\d\d)\:(\d\d) $ ', t)        #r 原义
print("m.string:", m.string)                          #m.string: 19:05:25
print(m.re)                                           #re.compile('^(\\d\\d)\\:(\\d\\d)\\:((\\d\\d)) $ ')
print("m.pos:", m.pos)                                #m.pos: 0
print("m.endpos:", m.endpos)                          #m.endpos: 8
print("m.lastindex:", m.lastindex)                    #m.lastindex: 3
print("m.lastgroup:", m.lastgroup)                    #m.lastgroup: None
print("m.group(0):", m.group(0))                      #m.group(0): 19:05:25
print("m.group(1,2):", m.group(1, 2))                 #m.group(1,2): ('19', '05')
print("m.groups():", m.groups())                      #m.groups(): ('19', '05', '25')
print("m.groupdict():", m.groupdict())                #m.groupdict(): {}
print("m.start(2):", m.start(2))                      #m.start(2): 3
print("m.end(2):", m.end(2))                          #m.end(2): 5
print("m.span(2):", m.span(2))                        #m.span(2):(3, 5)
```

关于分组的内容见下文。

2）分组

除了简单地判断是否匹配之外，正则表达式还有提取子串的强大功能，用()表示的就是要提取的分组。例如，^(\d{3})-(\d{3,8}) $ 分别定义了两个组，可以直接从匹配的字符串中提取出区号和本地号码：

```
>>> m = re.match(r'^(\d{3}) - (\d{3,8}) $ ', '010 - 12345')
>>> m.group(0)        # '010 - 12345'
>>> m.group(1)        # '010'
>>> m.group(2)        # '12345'
```

如果正则表达式中定义了组，就可以在 Match 对象上用 group()方法提取出子串。注意 group(0)永远是原始字符串，group(1)、group(2)表示第 1、2 个子串。

3）切分字符串

用正则表达式切分字符串比用固定的字符更灵活，请看普通字符串的切分代码：

```
>>> 'a b   c'.split(' ')              #split(' ')表示按空格分隔
['a', 'b', '', '', 'c']
```

其结果是无法识别连续的空格,可以使用 re.split()方法来分隔字符串,例如,re.split(r'\s+', text)将字符串按空格分隔成一个单词列表:

```
>>> re.split(r'\s+', 'a b  c')          #用正则表达式
['a', 'b', 'c']
```

无论多少个空格都可以正常分隔。

再如分隔符既有空格又有逗号、分号的情况:

```
>>> re.split(r'[\s\,]+', 'a,b, c  d')    #可以识别空格、逗号
['a', 'b', 'c', 'd']
>>> re.split(r'[\s\,\;]+', 'a,b;; c  d')  #可以识别空格、逗号、分号
['a', 'b', 'c', 'd']
```

4) search()和findall()方法

re.match()总是从字符串"开头"去匹配,并返回匹配的字符串的Match对象,所以当用re.match()去匹配非"开头"部分的字符串时会返回None。

```
str1 = 'Hello World!'
print(re.match(r'World',str1))           #结果为None
```

如果想在字符串中的任意位置去匹配,使用 re.search()或 re.findall()。

re.search()将对整个字符串进行搜索,并返回第1个匹配的字符串的Match对象。

```
str1 = 'Hello World!'
print(re.search(r'World',str1))
```

输出结果如下:

```
<_sre.SRE_Match object; span = (6,11), match = 'World'>
```

re.findall()函数将返回一个所有匹配的字符串的字符串列表。例如:

```
str1 = 'Hi, I am Shirley Hilton. I am his wife.'
>>> print(re.search(r'hi',str1))
```

以上代码的输出结果如下:

```
<_sre.SRE_Match object; span = (10, 12), match = 'hi'>
```

此时应用 re.findall()函数:

```
>>> re.findall(r'hi',str1)
```

输出结果如下:

```
['hi', 'hi']
```

这两个"hi"分别来自"Shirley"和"his"。默认情况下,正则表达式是严格区分大小写的,所以"Hi"和"Hilton"中的"Hi"被忽略了。

如果只想找到"hi"这个单词,而不把包含它的单词计算在内,那就可以使用"\bhi\b"这个正则表达式。"\b"在正则表达式中表示单词的开头或结尾,空格、标点、换行都算是单词的分隔;而"\b"自身又不会匹配任何字符,它代表的只是一个位置,所以单词前后的空格、标点之类不会出现在结果中。

在前面的例子中,"\bhi\b"匹配不到任何结果,因为没有单词hi("Hi"不是,严格区分大小写)。但如果是"\bhi",就可以匹配到1个"hi",出自"his"。

11.3.2 中文分词

在英文中,单词之间是以空格作为自然分界符的;而中文只是句子和段可以通过明显的分界符来简单划分,唯独词没有一个形式上的分界符,虽然也同样存在短语之间的划分问题,但是在词这一层上,中文要比英文复杂得多。

中文分词就是将连续的字序列按照一定的规范重新组合成词序列的过程。中文分词是网页分析索引的基础。分词的准确性对搜索引擎来说十分重要,如果分词速度太慢,即使再准确,对于搜索引擎来说也是不可用的,因为搜索引擎需要处理很多网页,如果分析消耗的时间过长,会严重影响搜索引擎内容更新的速度。因此,搜索引擎对于分词的准确率和速率都提出了很高的要求。

jieba是一个支持中文分词、高准确率、高效率的Python中文分词组件,它支持繁体分词和自定义词典,并支持三种分词模式。

(1)精确模式:试图将句子最精确地切开,适合文本分析。

(2)全模式:把句子中所有可以成词的词语都扫描出来,速度非常快,但是不能解决歧义的问题。

(3)搜索引擎模式:在精确模式的基础上对长词再次切分,提高召回率,适合用于搜索引擎分词。

11.3.3 安装和使用jieba

在命令行中输入以下代码:

```
pip install  jieba
```

如果出现以下提示则安装成功:

```
Installing collected packages: jieba
  Running setup.py install for jieba … done
Successfully installed jieba-0.38
```

组件提供了jieba.cut()方法用于分词,cut()方法接收两个输入参数:

(1) 第 1 个参数为需要分词的字符串。
(2) cut_all 参数用来控制分词模式。

jieba.cut()方法返回的结构是一个可迭代的生成器(generator)，可以使用 for 循环来获得分词后得到的每个词语，也可以用 list(jieba.cut(…))转换为 list 列表。例如：

```
import jieba
seg_list = jieba.cut("我来到清华大学", cut_all = True)    #全模式
print("Full Mode:", '/'.join(seg_list))
seg_list = jieba.cut("我来到清华大学")                    #默认是精确模式,或者 cut_all = False
print(type(seg_list))                                   #<class 'generator'>
print("Default Mode:", '/'.join(seg_list))
seg_list = jieba.cut_for_search("我来到清华大学")         #搜索引擎模式
print("搜索引擎模式:", '/'.join(seg_list))
seg_list = jieba.cut("我来到清华大学")
for word in seg_list:
    print(word, end = ' ')
```

运行结果如下：

```
Building prefix dict from the default dictionary …
Loading model from cache C:\Users\ADMINI~1\AppData\Local\Temp\jieba.cache
Loading model cost 1.648 seconds.
Prefix dict has been built successully.
Full Mode: 我/来到/清华/清华大学/华大/大学
<class 'generator'>
Default Mode: 我/来到/清华大学
搜索引擎模式: 我/来到/清华/华大/大学/清华大学
我 来到 清华大学
```

jieba.cut_for_search()方法仅有一个参数，为分词的字符串，该方法适用于搜索引擎构造倒排索引的分词，粒度比较细。

11.3.4 为 jieba 添加自定义词典

国家 5A 级景区存在很多与旅游相关的专有名词，举个例子：
[输入文本] 故宫的著名景点包括乾清宫、太和殿和黄琉璃瓦等
[精确模式] 故宫/的/著名景点/包括/乾/清宫/、/太和殿/和/黄/琉璃瓦/等
[全模式]故宫/的/著名/著名景点/景点/包括/乾/清宫/太和/太和殿/和/黄/琉璃/琉璃瓦/等

显然，专有名词乾清宫、太和殿、黄琉璃瓦(假设为一个文物)可能因分词而分开，这也是很多分词工具的一个缺陷。但是 jieba 支持开发者使用自定义的词典，以便包含 jieba 词库中没有的词语。虽然 jieba 有新词识别能力，但自行添加新词可以保证更高的正确率，尤其是专有名词。

其基本用法如下：

```
jieba.load_userdict(file_name)              #file_name 为自定义词典的路径
```

词典格式是一个词占一行；每行分三部分，一部分为词语，另一部分为词频，最后为词性(可省略，jieba 的词性标注方式和 ICTCLAS 的标注方式一样。ns 为地点名词，nz 为其他专用名词，a 是形容词，v 是动词，d 是副词)，三部分用空格隔开。例如以下自定义词典 dict.txt：

```
乾清宫 5 ns
黄琉璃瓦 4
云计算 5
李小福 2 nr
八一双鹿 3 nz
凯特琳 2 nz
```

下面是导入自定义词典后再分词。

```
import jieba
jieba.load_userdict("dict.txt")         #导入自定义词典
text = "故宫的著名景点包括乾清宫、太和殿和黄琉璃瓦等"
seg_list = jieba.cut(text, cut_all = False)      #精确模式
print("[精确模式]: ", "/ ".join(seg_list))
```

输出结果如下，其中专有名词连在一起，即乾清宫和黄琉璃瓦。

```
[精确模式]:故宫/ 的/ 著名景点/ 包括/ 乾清宫/ 、/ 太和殿/ 和/ 黄琉璃瓦/ 等
```

11.3.5　文本分类的关键词提取

当文本分类时，在构建 VSM(向量空间模型)的过程中或者把文本转换成数学形式的计算中，需要运用到关键词提取技术，jieba 可以简便地提取关键词。

其基本用法如下：

```
jieba.analyse.extract_tags(sentence, topK = 20, withWeight = False, allowPOS = ())
```

这里需要先 import jieba.analyse。其中，sentence 为待提取的文本；topK 为返回几个 TF/IDF 权重最大的关键词，默认值为 20；withWeight 为是否一并返回关键词权重值，默认值为 False；allowPOS 指仅包含指定词性的词，默认值为空，即不进行筛选。

```
import jieba,jieba.analyse
jieba.load_userdict("dict.txt")                    #导入自定义词典
text = "故宫的著名景点包括乾清宫、太和殿和午门等.其中乾清宫非常精美,午门是紫禁城的正门,午门居中向阳."
seg_list = jieba.cut(text, cut_all = False)
print("分词结果: ", "/".join(seg_list))             #精确模式
tags = jieba.analyse.extract_tags(text, topK = 5)
print("关键词: ", " ".join(tags))                   #获取关键词
tags = jieba.analyse.extract_tags(text, topK = 5,withWeight = True)
                                                  #返回关键词权重值
print(tags)
```

输出结果如下:

```
分词结果:故宫/的/著名景点/包括/乾清宫/、太和殿/和/午门/等/./其中/乾清宫/非常/精美/,/午门/是/紫禁城/的/正门/,/午门/居中/向阳/.
关键词:午门 乾清宫 著名景点 太和殿 向阳
[('午门', 1.5925323525975001),('乾清宫', 1.4943459378625),('著名景点',    0.86879235325),('太和殿', 0.63518800210625),('向阳', 0.578517922051875)]
```

其中,午门出现3次、乾清宫出现2次、著名景点出现1次。如果topK=5,按照顺序输出提取5个关键词,则输出"午门 乾清宫 著名景点 太和殿 向阳"。

```
jieba.analyse.TFIDF(idf_path = None)          #新建TF/IDF实例,idf_path为IDF频率文件
```

关键词提取所使用的逆向文件频率(IDF)文本语料库可以切换成自定义语料库的路径。

```
jieba.analyse.set_idf_path(file_name)         #file_name为自定义语料库的路径
```

关键词提取所使用的停止词(Stop Words)文本语料库可以切换成自定义语料库的路径。

说明:TF/IDF是一种统计方法,用于评估一字词对于一个文件集或一个语料库中的一份文件的重要程度。字词的重要性随着它在文件中出现的次数成正比增加,但同时会随着它在语料库中出现的频率成反比下降。TF/IDF的主要思想是:如果某个词或短语在一篇文章中出现的频率TF高,并且在其他文章中很少出现,则认为此词或者短语具有很好的类别区分能力,适合用来分类。

11.3.6 deque

deque(double-ended queue 的缩写)双向队列类似于list列表,位于Python标准库collections中。它提供了两端都可以操作的序列,这意味着在序列的前后都可以执行添加或删除操作。

1. 创建双向队列deque

```
from collections import deque
d = deque()
```

2. 添加元素

```
d = deque()
d.append(3)
d.append(8)
d.append(1)
```

此时,d=deque([3,8,1])、len(d)=3、d[0]=3、d[-1]=1。

deque 支持从任意一端添加元素。append()用于从右端添加一个元素，appendleft()用于从左端添加一个元素。

3．两端都使用 pop

```
d = deque(['1', '2', '3', '4', '5'])
```

d.pop()抛出的是'5'，d.popleft()抛出的是'1'，可见默认 pop()抛出的是最后一个元素。

4．限制 deque 的长度

```
d = deque(maxlen = 20)
for i in range(30):
    d.append(str(i))
```

此时，d 的值为 d＝deque(['10', '11', '12', '13', '14', '15', '16', '17', '18', '19', '20', '21', '22', '23', '24', '25', '26', '27', '28', '29']，maxlen＝20)，可见当限制长度的 deque 增加超过限制数的项时，另一边的项会自动删除。

5．添加 list 的各项到 deque 中

```
d = deque([1,2,3,4,5])
d.extend([0])
```

此时，d＝deque([1,2,3,4,5,0])。

```
d.extendleft([6,7,8])
```

此时，d＝deque([8,7,6,1,2,3,4,5,0])。

11.4 程序设计的步骤

11.4.1 信息采集模块——网络爬虫的实现

网络爬虫的实现原理及过程如下。

(1) 获取初始的 URL。初始的 URL 地址可以由用户指定的某个或某几个初始爬取网页决定。

(2) 根据初始的 URL 爬取页面并获得新的 URL。在获得初始的 URL 地址之后，首先需要爬取对应 URL 地址中的网页，在爬取了对应的 URL 地址中的网页后将网页存储到原始数据库中，并且在爬取网页的同时发现新的 URL 地址，将已爬取的 URL 地址存放到一个已爬取 URL 列表中，用于重复判断爬取的进程。

(3) 将新的 URL 放到 URL 队列中。注意，在第(2)步中获取了下一个新的 URL 地址

之后会将新的 URL 地址放到 URL 队列中。

（4）从 URL 队列中读取新的 URL，并依据新的 URL 爬取网页，同时从新网页中获取新 URL，并重复上述的爬取过程。

（5）当满足爬虫系统设置的停止条件时停止爬取。在编写爬虫的时候一般会设置相应的停止条件，如果没有设置停止条件，爬虫会一直爬取下去，直到无法获取新的 URL 地址为止，若设置了停止条件，爬虫则会在停止条件满足时停止爬取。

根据图 11-4 所示的网络爬虫的实现原理及过程，这里指定中原工学院新闻门户的 URL 地址"http://www.zut.edu.cn/index/xwdt.htm"为初始的 URL。

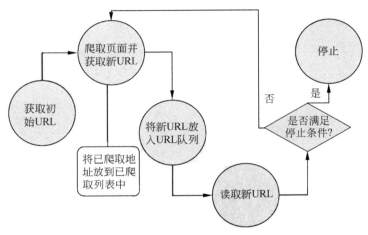

图 11-4　网络爬虫的实现原理及过程

使用 unvisited 队列存储待爬取 URL 链接的集合并使用广度优先搜索，使用 visited 集合存储已访问过的 URL 链接。

```
unvisited = deque()      # 待爬取链接的列表，使用广度优先搜索
visited = set()          # 已访问的链接集合
```

在数据库中建立两个 table，其中一个是 doc 表，存储每个网页 ID 和 URL 链接。

```
create table doc(id int primary key, link text)
```

例如：

```
1    http://www.zut.edu.cn/index/xwdt.htm
2    http://www.zut.edu.cn/info/1052/19838.htm
3    http://www.zut.edu.cn/info/1052/19837.htm
4    http://www.zut.edu.cn/info/1052/19836.htm
5    http://www.zut.edu.cn/info/1052/19835.htm
6    http://www.zut.edu.cn/info/1052/19834.htm
7    http://www.zut.edu.cn/info/1052/19833.htm
...
```

另一个是 word 表，即倒排表，存储词语和其对应的网页 ID 的 list。

```
create table word(term varchar(25) primary key,list text)
```

如果一个词在某个网页中出现多次,那么list中这个网页的序号也出现多次。list最后转换成一个字符串存进数据库。

例如,词"王宗敏"出现在网页ID为12、35、88号的网页里,12号页面1次,35号页面3次,88号页面2次,它的list应为[12,35,35,35,88,88],转换成字符串"12 35 35 35 88 88"存储在word表的一条记录中,形式如下:

term	list					
王宗敏	12	35	35	35	88	88
校友会	54	190	190	701	986	986 1024

爬取中原工学院新闻网页的代码如下:

```python
# search_engine_build-2.py
import sys
from collections import deque
import urllib
from urllib import request
import re
from bs4 import BeautifulSoup
import lxml
import sqlite3
import jieba

url = 'http://www.zut.edu.cn/index/zhxw.htm'       # 入口
unvisited = deque()                                 # 待爬取链接的集合,使用广度优先搜索
visited = set()                                     # 已访问的链接集合
unvisited.append(url)

conn = sqlite3.connect('viewsdu.db')
c = conn.cursor()
# 在创建表之前先删除表是因为之前测试的时候已经建过table了,所以再次运行代码
# 时要把旧的table删了重建
c.execute('drop table doc')
c.execute('create table doc(id int primary key,link text)')
c.execute('drop table word')
c.execute('create table word(term varchar(25) primary key,list text)')
conn.commit()
conn.close()
print('*************** 开始爬取 ********************* ')
cnt = 0
print('开始.....')
while unvisited:
    url = unvisited.popleft()
    visited.add(url)
    cnt += 1
```

```python
print('开始抓取第',cnt,'个链接: ',url)

#爬取网页内容
try:
    response = request.urlopen(url)
    content = response.read().decode('utf-8')

except:
    continue
#寻找下一个可爬取的链接,因为搜索范围是网站内,所以对链接有格式要求,需根据具体情况
#而定解析网页内容,可能有几种情况,这也是根据这个网站网页的具体情况写的
soup = BeautifulSoup(content,'lxml')
all_a = soup.find_all('a',{'class':"con fix"})   #本页面所有的新闻链接<a>
for a in all_a:
    #print(a.attrs['href'])
    x = a.attrs['href']                 #网址
    if re.match(r'http.+',x):           #排除是http开头,而不是http://www.zut.edu.cn 网址
        if not re.match(r'http\:\/\/www\.zut\.edu\.cn\/.+',x):
            continue
    if re.match(r'\/info\/.+',x):                 #"/info/1046/20314.htm"
        x = 'http://www.zut.edu.cn' + x
    elif re.match(r'info/.+',x):                  #"info/1046/20314.htm"
        x = 'http://www.zut.edu.cn/' + x
    elif re.match(r'\.\.\/info/.+',x):            #"../info/1046/20314.htm"
        x = 'http://www.zut.edu.cn' + x[2:]
    elif re.match(r'\.\.\/\.\.\/info/.+',x):      #"../../info/1046/20314.htm"
        x = 'http://www.zut.edu.cn' + x[5:]
    #print(x)
    if(x not in visited) and(x not in unvisited):
        unvisited.append(x)

a = soup.find('a',{'class':"Next"})              #下一页<a>
if a!= None:
    x = a.attrs['href']                 #网址
    if re.match(r'zhxw\/.+',x):
        x = 'http://www.zut.edu.cn/index/' + x
    else:
        x = 'http://www.zut.edu.cn/index/zhxw/' + x
    if(x not in visited) and(x not in unvisited):
        unvisited.append(x)
```

以上代码实现要爬取的网址队列 unvisited。

11.4.2 索引模块——建立倒排词表

解析新闻网页内容,这个过程需要根据这个网站网页的具体情况来处理。

```
soup = BeautifulSoup(content,'lxml')
    #提取出的网页内容存在的 title,article,author 字符串
```

```python
title = soup.title.string
article = soup.find('div',class_ = 'detail1 - q')
print('网页标题:',title)
if article == None:
    print('无内容的页面.')                              #缺失内容
    continue
else:
    article = article.find('div',class_ = 'cont')
    article = article.get_text("",strip = True)
    article = ''.join(article.split())
    #print('文章内容:',article[:200])                   #前200字
    #作者信息在文章最后,所以截取后20个字符
    result = article[ - 20:]
    #(通讯员 陈昊昱)从括号中提取作者
    authorlist = re.findall(r'\((.*?)\)', result)       #返回是列表
    if authorlist == []:
        author = ""                                     #缺失作者
        print('缺失作者')
    else:
        author = authorlist[0]
        print('作者:',author)
```

提取的网页内容存在于 title、article、author 中,对它们进行中文分词,并对每个分出的词语建立倒排词表。

```python
seggen = jieba.cut_for_search(title)
seglist = list(seggen)
seggen = jieba.cut_for_search(article)
seglist += list(seggen)
seggen = jieba.cut_for_search(author)
seglist += list(seggen)

#数据存储
conn = sqlite3.connect("viewsdu.db")
c = conn.cursor()
c.execute('insert into doc values(?,?)',(cnt,url))
#对每个分出的词语建立倒排词表
for word in seglist:
    #print(word)
    #检验看看这个词语是否已存在于数据库
    c.execute('select list from word where term = ?',(word,))
    result = c.fetchall()
    #如果不存在
    if len(result) == 0:
        docliststr = str(cnt)
        c.execute('insert into word values(?,?)',(word,docliststr))
    #如果已存在
    else:
        docliststr = result[0][0]           #得到字符串
```

```
            docliststr += ' ' + str(cnt)
            c.execute('update word set list = ? where term = ?',(docliststr,word))
    conn.commit()
    conn.close()
print('词表建立完毕!!')
```

以上代码只需运行一次即可,搜索引擎所需的数据库已经建好。运行上述代码出现如下结果:

```
开始抓取第 110 个链接:http://www.zut.edu.cn/info/1041/20191.htm
网页标题:我校 2017 年学生奖助项目评审工作完成资助育人成效显著-中原工学院
开始抓取第 111 个链接:http://www.zut.edu.cn/info/1041/20190.htm
网页标题:我校教师李慕杰、王学鹏参加中国致公党河南省第一次代表大会-中原工学院
开始抓取第 112 个链接:http://www.zut.edu.cn/info/1041/20187.htm
网页标题:我校与励展企业开展校企合作-中原工学院
开始抓取第 113 个链接:http://www.zut.edu.cn/info/1041/20184.htm
网页标题:平顶山学院李培副校长一行来我校考察交流-中原工学院
开始抓取第 114 个链接:http://www.zut.edu.cn/info/1041/20179.htm
网页标题:我校学生在工程造价技能大赛中获佳绩-中原工学院
开始抓取第 115 个链接:http://www.zut.edu.cn/info/1041/20178.htm
网页标题:我校召开 2018 届毕业生就业工作会议-中原工学院
```

11.4.3 网页排名和搜索模块

视频讲解

当需要搜索时执行 search_engine_use.py,完成网页排名和搜索功能。

网页排名采用 TF/IDF 统计。TF/IDF 是一种用于信息检索与数据挖掘的常用加权技术。TF/IDF 统计用于评估一词对于一个文件集或一个语料库中的一份文件的重要程度。TF 的意思是词频(Term Frequency),IDF 的意思是逆文本频率指数(Inverse Document Frequency)。TF 表示词条 t 在文档 d 中出现的频率。IDF 的主要思想是:如果包含词条 t 的文档越少,则词条 t 的 IDF 越大,说明词条 t 具有很好的类别区分能力。

词条 t 的 IDF 计算公式如下:

$$idf = \log(N/df)$$

其中,N 是文档总数,df 是包含词条 t 的文档数量。

在本程序中 tf={文档号:出现次数}存储的是某个词在文档中出现的次数。例如,王宗敏的 tf={12:1,35:3,88:2}即词"王宗敏"出现在网页 ID 为 12、35、88 号的网页里,12 号页面 1 次,35 号页面 3 次,88 号页面 2 次。

score={文档号:文档得分}用于存储命中(搜到)文档的排名得分。

```
# search_engine_use.py
import re
import urllib
from urllib import request
from collections import deque
from bs4 import BeautifulSoup
```

```python
import lxml
import sqlite3
import jieba
import math
conn = sqlite3.connect("viewsdu.db")
c = conn.cursor()
c.execute('select count(*) from doc')
N = 1 + c.fetchall()[0][0]                              # 文档总数
target = input('请输入搜索词: ')
seggen = jieba.cut_for_search(target)                   # 将搜索内容分词
score = {}                                              # 字典,用于存储"文档号:文档得分"
for word in seggen:
    print('得到查询词: ',word)
    tf = {}                                             # 文档号: 次数{12: 1,35: 3,88: 2}
    c.execute('select list from word where term = ?',(word,))
    result = c.fetchall()
    if len(result)> 0:
        doclist = result[0][0]                          # 字符串"12 35 35 35 88 88"
        doclist = doclist.split(' ')
        doclist = [int(x) for x in doclist]             # ['12','35','35','35','88','88']
                                                        # 把字符串转换成元素为 int 的 list[12,35,88]
        df = len(set(doclist))                          # 当前 word 对应的 df 数,注意 set 集合实现去掉重复项
        idf = math.log(N/df)                            # 计算出 IDF
        print('idf: ',idf)
        for num in doclist:                             # 计算词频 TF,即在某文档中出现的次数
            if num in tf:
                tf[num] = tf[num] + 1
            else:
                tf[num] = 1
        # TF 统计结束,现在开始计算 score
        for num in tf:
            if num in score:
                # 如果该 num 文档已经有分数了,则累加
                score[num] = score[num] + tf[num] * idf
            else:
                score[num] = tf[num] * idf
sortedlist = sorted(score.items(),key = lambda d:d[1],reverse = True)
                                                        # 对 score 字典按字典的值排序
# print('得分列表',sortedlist)
cnt = 0
for num,docscore in sortedlist:
    cnt = cnt + 1
    c.execute('select link from doc where id = ?',(num,))   # 按照 ID 获取文档的连接(网址)
    url = c.fetchall()[0][0]
    print(url ,'得分: ',docscore)                       # 输出网址和对应得分
    try:
        response = request.urlopen(url)
        content = response.read().decode('utf-8')       # 可以输出网页内容
    except:
        print('oops…读取网页出错')
```

```
        continue
    #解析网页输出标题
    soup = BeautifulSoup(content,'lxml')
    title = soup.title
    if title == None:
        print('No title.')
    else:
        title = title.text
        print(title)
    if cnt > 20:                        #超过20条则结束,即输出前20条
        break
if cnt == 0:
    print('无搜索结果')
```

当运行 search_engine_use.py 时出现如下提示:

```
请输入搜索词:王宗敏
Building prefix dict from the default dictionary ...
Loading model from cache C:\Users\xmj\AppData\Local\Temp\jieba.cache
Loading model cost 0.961 seconds.
Prefix dict has been built successfully.
得到查询词:王宗敏
idf: 3.337509562404897
http://www.zut.edu.cn/info/1041/20120.htm 得分:13.350038249619589
王宗敏校长一行参加深圳校友会年会并走访合作企业 - 中原工学院
http://www.zut.edu.cn/info/1041/20435.htm 得分:13.350038249619589
中国工程院张彦仲院士莅临我校指导工作 - 中原工学院
http://www.zut.edu.cn/info/1041/19775.htm 得分:10.012528687214692
我校河南省功能性纺织材料重点实验室接受现场评估 - 中原工学院
http://www.zut.edu.cn/info/1041/19756.htm 得分:10.012528687214692
王宗敏校长召开会议推进"十三五"规划"八项工程"建设 - 中原工学院
http://www.zut.edu.cn/info/1041/19726.htm 得分:10.012528687214692
我校2017级新生开学典礼隆重举行 - 中原工学院
```

说明:由于中原工学院网站不断进行改版,所以需要分析新闻网页结构才能正确获取标题、新闻内容和新闻作者信息。

第12章

爬虫应用——爬取百度图片

12.1 程序功能介绍

视频讲解

使用网络爬虫技术爬取百度图片某主题的相关图片,并且能按某一关键字搜索图片下载到本地指定的文件夹中。本程序主要完成下载功能,不需要设计图形化界面。在运行时出现如下提示:

```
Please input you want search:
```

让用户输入关键词,例如输入"夏敏捷",然后按回车键,则看到如图12-1所示的效果。

图12-1 爬取百度图片运行效果示意图

从图12-1可以看到开始下载了。

12.2 程序设计的思路

一般来说,制作一个爬虫需要分以下几个步骤。
(1)分析需求,这里的需求就是爬取网页图片。
(2)分析网页源代码和网页结构,配合F12键查看网页源代码。
(3)编写正则表达式或者XPath表达式。

(4) 正式编写 Python 爬虫代码。

本章按照该步骤实现按关键词爬取百度图片。

12.3 关键技术

12.3.1 图片文件下载到本地

1. 使用 request.urlretrieve()函数

如果要把对应图片文件下载到本地,可以使用 urlretrieve()函数。

```
from urllib import request
request.urlretrieve("http://www.zzti.edu.cn/_mediafile/index/2017/06/24/1qjdyc7vq5.jpg",
"aaa.jpg")
```

上例就可以把网络上中原工学院的图片资源 1qjdyc7vq5.jpg 下载到本地,生成 aaa.jpg 图片文件。

2. 使用 Python 的文件操作函数 write()写入文件

```
from urllib import request
import urllib
url = 'http://www.zzti.edu.cn/_mediafile/index/2017/06/24/1qjdyc7vq5.jpg'
url1 = urllib.request.Request(url)              #Request()函数将 url 添加到头部,模拟浏览器访问
page = urllib.request.urlopen(url1).read()      #将 url 页面的源代码保存成字符串
#open().write()方法原始且有效
open('C:\\aaa.jpg', 'wb').write(page)           #写入 aaa.jpg 文件中
```

12.3.2 爬取指定网页中的图片

首先用 urllib 库来模拟浏览器访问网站的行为,由给定的网站链接(url)得到对应网页的源代码(HTML 标签)。其中,源代码以字符串的形式返回。

然后用正则表达式 re 库在字符串(网页源代码)中匹配表示图片链接的子字符串,返回一个列表。

最后循环列表,根据图片链接将图片保存到本地。

urllib 库的使用在 Python 2.x 和 Python 3.x 中的差别很大,本案例以 Python 3.x 为例。

```
'''
    第一个简单的爬取图片程序,使用 Python 3.x 和 urllib 与 re 库
'''
import urllib.request
import re                                       #正则表达式
```

```python
def getHtmlCode(url):                           # 该方法传入 url, 返回 url 的 HTML 的源代码
    headers = {
        'User - Agent': 'Mozilla/5.0(Linux; Android 6.0; Nexus 5 Build/MRA58N) AppleWebKit/
        537.36(KHTML, like Gecko) Chrome/56.0.2924.87 Mobile Safari/537.36'
    }
    url1 = urllib.request.Request(url, headers = headers)
                                                # Request()函数将 url 添加到头部, 模拟浏览器访问
    page = urllib.request.urlopen(url1).read()  # 将 url 页面的源代码保存成字符串
    page = page.decode('utf-8')                 # 字符串转码
    return page

def getImg(page):    # 该方法传入 HTML 的源代码, 经过截取其中的 img 标签, 将图片保存到本机
    imgList = re.findall(r'(https:[^\s]*?(jpg|png|gif))"', page)
    x = 0
    for imgUrl in imgList:                      # 列表循环
        try:
            print('正在下载: %s' % imgUrl[0])
            # urlretrieve(url, local)方法根据图片的 url 将图片保存到本机
            urllib.request.urlretrieve(imgUrl[0], 'E:/img/%d.jpg' % x)
            x += 1
        except:
            continue

if __name__ == '__main__':
    url = 'https://blog.csdn.net/qq_32166627/article/details/60345731'    # 指定网址页面
    page = getHtmlCode(url)
    getImg(page)
```

对于 findall(正则表达式, 代表页面源代码的 str)函数, 在字符串中按照正则表达式截取其中的子字符串, findall()返回一个列表, 列表中的元素是一个个元组, 元组的第 1 个元素是图片的 url, 第 2 个元素是 url 的扩展名, 列表形式如下:

```
[('http://avatar.csdn.net/4/E/B/1_qq_32166627.jpg', 'jpg'),
('http://avatar.csdn.net/1/1/4/2_fly_yr.jpg', 'jpg'),
('http://avatar.csdn.net/8/1/3/2_u013007900.jpg', 'jpg'),
…
('http://avatar.csdn.net/1/B/B/1_csdn.jpg', 'jpg')]
```

上述代码在找图片的 url 时用的是 re(正则表达式)。re 用得好会有奇效, 用得不好效果极差。

既然得到了网页的源代码, 就可以根据标签的名称得到其中的内容。

由于正则表达式难以掌握, 这里用一个第三方库——BeautifulSoup, 它可以根据标签的名称对网页内容进行截取。BeautifulSoup 的中文文档请参见页面"http://beautifulsoup.readthedocs.io/zh_CN/latest/"。

12.3.3 BeautifulSoup 库概述

BeautifulSoup(英文原意是美丽的蝴蝶)是一个 Python 处理 HTML/XML 的函数库, 是 Python 内置的网页分析工具, 用来快速地转换被抓取的网页。它产生一个转换后 DOM

树,尽可能和原文档内容的含义一致,这种措施通常能够满足用户搜集数据的需求。

BeautifulSoup提供了一些简单的方法以及类Python语法来查找、定位、修改一棵转换后DOM树。BeautifulSoup自动将送进来的文档转换为Unicode编码,而且在输出的时候转换为UTF-8。BeautifulSoup可以找出"所有的链接<a>",或者"所有class是xxx的链接<a>",再或者是"所有匹配.cn的链接url"。

1. BeautifulSoup的安装

使用pip直接安装BeautifulSoup4:

```
pip3 install beautifulsoup4
```

推荐在现在的项目中使用BeautifulSoup4(bs4),导入时需要import bs4。

2. BeautifulSoup的基本使用方式

下面使用一段代码演示BeautifulSoup的基本使用方式。

```
from bs4 import BeautifulSoup
#doc可以是一个HTML内容的字符串,本例是列表,需要转换成字符串
doc = ['<html><head><title>The story of Monkey</title></head>',
       '<body><p id="firstpara" align="center">This is one paragraph</p>',
       '<p id="secondpara" align="center">This is two paragraph</p>',
       '</html>']
soup = BeautifulSoup(''.join(doc), "html.parser")    #提供字符串信息,''.join(doc)将其
                                                     #合并为字符串

print(soup.prettify())
```

在使用BeautifulSoup时,首先要导入bs4库:

```
from bs4 import BeautifulSoup
```

创建BeautifulSoup对象:

```
soup = BeautifulSoup(html)
```

另外,还可以用本地HTML文件来创建对象,例如:

```
soup = BeautifulSoup(open('index.html'), "html.parser")  #提供本地HTML文件
```

上面的代码是将本地index.html文件打开,用它来创建soup对象。
用户也可以使用网址获取HTML文件,例如:

```
from urllib import request
response = request.urlopen("http://www.baidu.com")
html = response.read()
html = html.decode("utf-8")              #decode()用于将网页的信息进行解码,否则会产生乱码
soup = BeautifulSoup(html, "html.parser")   #远程网站上的HTML文件
```

程序段最后格式化输出 BeautifulSoup 对象的内容。

```
print(soup.prettify())
```

运行结果如下：

```
<html>
 <head>
  <title> The story of Monkey </title>
 </head>
 <body>
  <p align = "center" id = "firstpara">
   This is one paragraph
  </p>
  <p align = "center" id = "secondpara">
   This is two paragraph
  </p>
 </body>
</html>
```

以上便是输出结果，格式化打印出了 BeautifulSoup 对象（DOM 树）的内容。

BeautifulSoup 将复杂的 HTML 文档转换成一个复杂的树形结构，其中每个结点都是 Python 对象。所有对象可以归纳为 4 种，即 Tag、NavigableString、BeautifulSoup（前面例子中已经使用过）、Comment。

1) Tag 对象

Tag 是什么？通俗点讲就是 HTML 中的一个个标签，例如：

```
<title> The story of Monkey </title>
<a href = "http://example.com/elsie" id = "link1">Elsie</a>
```

上面的 <title>、<a> 等 HTML 标签加上里面包括的内容就是 Tag，下面用 BeautifulSoup 来获取 Tags。

```
print(soup.title)
print(soup.head)
```

输出如下：

```
<title> The story of Monkey </title>
<head><title> The story of Monkey </title></head>
```

用户可以用 BeautifulSoup 对象 soup 加标签名轻松地获取这些标签的内容，但应注意，它查找的是所有内容中第 1 个符合要求的标签，对于查询所有的标签，将在后面进行介绍。

可以验证一下这些对象的类型。

```
print(type(soup.title))          # 输出：<class 'bs4.element.Tag'>
```

对于 Tag，它有两个重要的属性——name 和 attrs，下面分别来感受一下。

```
print(soup.name)                 # 输出：[document]
print(soup.head.name)            # 输出：head
```

soup 对象本身比较特殊，它的 name 即为 [document]，对于其他内部标签，输出的值便为标签本身的名称。

```
print(soup.p.attrs)              # 输出：{'id': 'firstpara', 'align': 'center'}
```

在这里把 p 标签的所有属性打印输出，得到的类型是一个字典。
如果想要单独获取某个属性，例如获取它的 ID 可以这样做：

```
print(soup.p['id'])              # 输出：firstpara
```

另外还可以利用 get() 方法传入属性的名称，二者是等价的。

```
print(soup.p.get('id'))          # 输出：firstpara
```

用户可以对这些属性和内容等进行修改，例如：soup.p['class']="newClass"。另外还可以对这个属性进行删除，例如：

```
del soup.p['class']
```

2) NavigableString 对象

既然已经得到了标签的内容，要想获取标签内部的文字怎么办呢？很简单，用 .string 即可，例如：

```
soup.title.string
```

这样就轻松获取了标签里面的内容，如果用正则表达式则麻烦得多。

3) BeautifulSoup 对象

BeautifulSoup 对象表示的是一个文档的全部内容。大部分时候可以把它当作 Tag 对象，它是一个特殊的 Tag，下面的代码可以分别获取它的类型、名称以及属性。

```
print(type(soup))                # 输出：<class 'bs4.BeautifulSoup'>
print(soup.name)                 # 输出：[document]
print(soup.attrs)                # 输出空字典：{}
```

4) Comment 对象

Comment（注释）对象是一个特殊类型的 NavigableString 对象，其内容不包括注释符号，如果不好好地处理它，可能会对文本处理造成意想不到的麻烦。

12.3.4 用 BeautifulSoup 库操作解析 HTML 文档树

1. 遍历文档树

1) 用 .contents 属性和 .children 属性获取直接子结点

Tag 的 .contents 属性可以将 Tag 的子结点以列表的方式输出。

```
print(soup.body.contents)
```

输出：

```
[< p align = "center" id = "firstpara"> This is one paragraph </p>,
 < p align = "center" id = "secondpara"> This is two paragraph </p>]
```

此时输出为列表，可以用列表索引来获取它的某一个元素。

```
print(soup.body.contents[0])              #获取第 1 个<p>
```

输出：

```
< p align = "center" id = "firstpara"> This is one paragraph </p>
```

.children 属性返回的不是一个 list，它是一个 list 生成器对象，不过用户可以通过遍历获取所有子结点。

```
for child in soup.body.children:
    print(child)
```

输出：

```
< p align = "center" id = "firstpara"> This is one paragraph </p>
< p align = "center" id = "secondpara"> This is two paragraph </p>
```

2) 用 .descendants 属性获取所有子孙结点

.contents 和 .children 属性仅包含 Tag 的直接子结点，.descendants 属性可以对所有 Tag 的子孙结点进行递归循环，和 .children 类似，用户也需要遍历获取其中的内容。

```
for child in soup.descendants:
    print(child)
```

可以发现，所有的结点都被打印出来，先是最外层的 HTML 标签，其次从 head 标签一个个剥离，以此类推。

3) 结点内容

如果一个标签里面没有标签了，那么 .string 就会返回标签里面的内容。如果标签里面只有唯一的一个标签,那么.string 也会返回最里面标签的内容。

如果 Tag 包含了多个子标签结点,Tag 将无法确定.string 方法应该调用哪个子标签结点的内容,.string 的输出结果是 None。

```
print(soup.title.string)         #输出<title>标签里面的内容
print(soup.body.string)          #<body>标签包含了多个子结点,所以输出 None
```

输出:

```
The story of Monkey
None
```

4) 父结点

.parent 属性用于获取父结点。

```
p = soup.title
print(p.parent.name)             #输出父结点名 Head
```

输出:

```
Head
```

以上是遍历文档树的基本用法。

2. 搜索文档树

1) find_all(name, attrs, recursive, text, ** kwargs)

find_all()方法搜索当前 Tag 的所有 Tag 子结点,并判断是否符合过滤器的条件,其参数如下。

(1) name 参数:可以查找所有名字为 name 的标签。

```
print(soup.find_all('p'))        #输出所有<p>标签
[<p align = "center" id = "firstpara"> This is one paragraph </p>, < p align = "center" id = "secondpara">This is two paragraph </p>]
```

如果 name 参数传入正则表达式作为参数,BeautifulSoup 会通过正则表达式的 match()来匹配内容。下面的例子找出所有以 h 开头的标签。

```
for tag in soup.find_all(re.compile("^h")):
    print(tag.name, end = " ")                    # html head
```

输出:

```
htmlhead
```

这表示< html >和< head >标签都被找到。

(2) attrs参数：按照tag标签属性值检索，需要列出属性名和值，采用字典形式。

```
soup.find_all('p',attrs={'id':"firstpara"})或者soup.find_all('p', {'id':   "firstpara"})
```

它们都是查找属性值id是"firstpara"的<p>标签。

当然，也可以采用关键字形式"soup.find_all('p', {id="firstpara"})"。

(3) recursive参数：在调用Tag的find_all()方法时，BeautifulSoup会检索当前Tag的所有子孙结点，如果只想搜索Tag的直接子结点，可以使用recursive＝False。

(4) text参数：通过text参数可以搜索文档中的字符串内容。

```
print(soup.find_all(text = re.compile("paragraph")))        #re.compile()正则表达式
```

输出：

```
['This is one paragraph', 'This is two paragraph']
```

re.compile("paragraph")为正则表达式，表示所有含有"paragraph"的字符串都匹配。

(5) limit参数：find_all()方法返回全部的搜索结构，如果文档树很大，那么搜索会很慢。如果用户不需要全部结果，可以使用limit参数限制返回结果的数量，当搜索到的结果数量达到limit的限制时就停止搜索返回结果。

文档树中有两个Tag符合搜索条件，但结果只返回了1个，因为限制了返回数量。

```
soup.find_all("p", limit = 1)
```

输出：

```
['This is one paragraph', 'This is two paragraph']
```

2) find(name, attrs, recursive, text)

它与find_all()方法唯一的区别是find_all()方法返回全部结果的列表，而find()方法返回找到的第1个结果。

3. 用CSS选择器筛选元素

在写CSS时，标签名不加任何修饰，类名前加点，ID名前加#。在这里也可以利用类似的方法来筛选元素，用到的方法是soup.select()，返回类型是列表。

(1) 通过标签名查找。

```
soup.select('title')                    #选取<title>元素
```

(2) 通过类名查找。

```
soup.select('.firstpara')               #选取class是firstpara的元素
soup.select_one(".firstpara")           #查找class是firstpara的第1个元素
```

（3）通过 id 名查找。

```
soup.select('#firstpara')            #选取 id 是 firstpara 的元素
```

以上的 select()方法返回的结果都是列表形式，可以用遍历形式输出，然后用 get_text()方法或 text 属性来获取它的内容。

```
soup = BeautifulSoup(html, 'html.parser')
print(type(soup.select('div')))
print(soup.select('div')[0].get_text())       #输出首个<div>元素的内容
for title in soup.select('title'):
    print(title.text)                          #输出所有<div>元素的内容
```

处理网页需要对 HTML 有一定的了解，BeautifulSoup 库是一个非常完备的 HTML 解析函数库，有了 BeautifulSoup 库的知识，就可以进行网络爬虫实战了。

```
from bs4 import BeautifulSoup
def getHtmlCode(url):          #该方法传入 url,返回 url 的 HTML 的源代码
    headers = {
    'User - Agent': 'MMozilla/5.0(Windows NT 6.1; WOW64; rv:31.0) Gecko/ 20100101 Firefox/31.0'
    }
    url1 = urllib.request.Request(url, headers = headers)    #Request()函数将 url 添加到头
                                                              #部,模拟浏览器访问
    page = urllib.request.urlopen(url1).read()   #将 url 页面的源代码保存成字符串
    page = page.decode('utf-8')                  #字符串转码
    return page

def getImg(page,localPath):  #该方法传入 HTML 的源代码,截取其中的 img 标签,将图片保存到本机
    soup = BeautifulSoup(page,'html.parser')     #按照 HTML 格式解析页面
    imgList = soup.find_all('img')               #返回包含所有 img 标签的列表
    x = 0
    for imgUrl in imgList:                        #列表循环
        print('正在下载: % s'% imgUrl.get('src'))
        #urlretrieve(url,local)方法根据图片的 url 将图片保存到本机
        urllib.request.urlretrieve(imgUrl.get('src'),localPath + '%d.jpg'% x)
        x += 1
if __name__ == '__main__':
    url = 'http://www.zhangzishi.cc/20160928gx.html'
    localPath = 'E:/img/'
    page = getHtmlCode(url)
    getImg(page,localPath)
```

可见，使用 BeautifulSoup 能比使用正则表达式更简单地找到所有 img 标签。

12.3.5　requests 库的使用

requests 库和 urllib 库的作用相似且使用方法基本一致，都是根据 HTTP 操作各种消息和页面，但使用 requests 库比使用 urllib 库更简单些。

1. requests 库的安装

使用 pip 直接安装 requests：

```
pip3 install requests
```

安装后进入 Python，导入模块测试是否安装成功。

```
import requests
```

没有出错即安装成功。

对于 requests 库的使用，请读者参阅"http://cn.python-requests.org/zh_CN/latest/"。

2. 发送请求

发送请求很简单，首先要导入 requests 模块：

```
>>> import requests
```

接下来获取一个网页，例如中原工学院的首页：

```
>>> r = requests.get('http://www.zut.edu.cn')
```

之后就可以使用这个 r 的各种方法和函数了。

另外，HTTP 请求还有很多类型，例如 POST、PUT、DELETE、HEAD、OPTIONS，可以用同样的方式实现：

```
>>> r = requests.post("http://httpbin.org/post")
>>> r = requests.head("http://httpbin.org/get")
```

3. 在 URL 中传递参数

有时候需要在 URL 中传递参数，比如在采集百度搜索结果时，对于 wd 参数（搜索词）和 rn 参数（搜索结果数量），可以通过字符串连接的形式手工组成 URL，但 requests 提供了一种简单的方法：

```
>>> payload = {'wd': '夏敏捷', 'rn': '100'}
>>> r = requests.get("http://www.baidu.com/s", params = payload)
>>> print(r.url)
```

运行结果如下：

```
http://www.baidu.com/s?wd=%E5%A4%8F%E6%95%8F%E6%8D%B7&rn=100
```

上面 wd= 的乱码就是"夏敏捷"的 URL 转码形式。

POST 参数请求例子如下：

```
requests.post('http://www.itwhy.org/wp-comments-post.php', data =
    {'comment': '测试 POST'})                    # POST 参数
```

4．获取响应内容

```
>>> r = requests.get('http://www.baidu.com')    # 返回一个 Response 对象 r
>>> r.text
```

在使用 requests()方法后会返回一个 Response 对象，其存储了服务器响应的内容，如上实例中已经提到的 r.text。

用户可以通过 r.text 来获取网页的内容。

运行结果如下：

```
'<!DOCTYPE html>\r\n<!-- STATUS OK --><html><head><meta http-equiv=content-type
content=text/html;charset=utf-8><meta http-equiv=X-UA-Compatible
    content=IE=Edge><meta content=always name=referrer>…'
```

另外，还可以通过 r.content 来获取页面内容。

```
>>> r.content
```

r.content 以字节的方式显示，所以在 IDLE 中以 b 开头。

```
>>> r.encoding    # 可以使用 r.encoding 来获取网页编码
```

运行结果如下：

```
'ISO-8859-1'
```

当发送请求时，requests 库会根据 HTTP 头部来获取网页编码；当使用 r.text 时，requests 库就会使用这个编码。若 HTTP 头部中没有 charset 字段则默认为 ISO-8859-1 编码模式，则无法解析中文，这是乱码的原因。可以修改 requests 库的编码方式。

```
>>> r = requests.get('http://www.baidu.com')
>>> r.encoding
'ISO-8859-1'
>>> r.encoding = 'utf-8'       # 修改编码解决乱码问题
```

像上面的例子，对 encoding 修改后直接用修改后的编码去获取网页内容。

说明：apparent_encoding 会从网页的内容中分析网页编码的方式，所以 apparent_encoding 比 encoding 更加准确。当网页出现乱码时可以把 apparent_encoding 的编码格式赋值给 encoding。

5. JSON

如果用到JSON,就要引入新模块,例如json和simplejson,但在requests库中已经有了内置的函数json()。这里以查询IP地址的API为例:

```
>>> url = 'http://whois.pconline.com.cn/ipJson.jsp?ip = 202.196.32.7&json = true'
>>> r = requests.get(url)
>>> r.json()
{'ip': '202.196.32.7', 'pro': '河南省', 'proCode': '410000', 'city': '郑州市', 'cityCode': '410100', 'region': '', 'regionCode': '0', 'addr': '河南省郑州市 中原工学院', 'regionNames': '', 'err': ''}
>>> r.json()['city']
'郑州市'
```

可以看到是以字典的形式返回了IP全部内容。

6. 网页状态码

用户可以使用r.status_code来检查网页的状态码。

```
>>> r = requests.get('http://www.mengtiankong.com')
>>> r.status_code
200
>>> r = requests.get('http://www.mengtiankong.com/123123/')
>>> r.status_code
404
```

此时,能正常打开网页的返回200,不能正常打开的返回404。

7. 响应的头部内容

用户可以通过r.headers来获取响应的头部内容。

```
>>> r = requests.get('http://www.zhidaow.com')
>>> r.headers
{
    'content - encoding': 'gzip',
    'transfer - encoding': 'chunked',
    'content - type': 'text/html; charset = utf-8';
    …
}
```

可以看到以字典的形式返回了全部内容,用户也可以访问部分内容。

```
>>> r.headers['Content - Type']
'text/html; charset = utf-8'
>>> r.headers.get('content - type')
'text/html; charset = utf-8'
```

8. 设置超时时间

用户可以通过timeout属性设置超时时间,一旦超过这个时间还没有获得响应内容,就会提示错误。

```
>>> requests.get('http://github.com', timeout = 0.001)
Traceback(most recent call last):
  File "<stdin>", line 1, in <module>
requests.exceptions.Timeout: HTTPConnectionPool(host = 'github.com',
    port = 80): Request timed out.(timeout = 0.001)
```

9. 代理访问

在采集时为避免被封 IP，经常会使用代理。requests 也有相应的 proxies 属性。

```
import requests
proxies = {
  "http": "http://10.10.1.10:3128",
  "https": "http://10.10.1.10:1080",
}
requests.get("http://www.zhidaow.com", proxies = proxies)
```

如果代理需要账户和密码，则需要这样：

```
proxies = {
    "http": "http://user:pass@10.10.1.10:3128/",
}
```

10. 请求头内容

请求头内容可以用 r.request.headers 来获取。

```
>>> r.request.headers
{'Accept-Encoding': 'identity, deflate, compress, gzip',
'Accept': '*/*', 'User-Agent': 'python-requests/1.2.3 CPython/2.7.3 Windows/XP'}
```

11. 自定义请求头部

伪装请求头部是爬虫采集信息时经常用到的，用户可以用这个方法来隐藏自己：

```
>>> r = requests.get('http://www.zhidaow.com')
>>> print(r.request.headers['User-Agent'])        # 输出 python-requests/2.13.0
>>> headers = {'User-Agent': 'xmj'}
>>> r = requests.get('http://www.zhidaow.com', headers = headers)
                                                  # 伪装的请求头部
>>> print(r.request.headers['User-Agent'])        # 输出 xmj,避免被反爬虫
```

再如另一个定制 header 的例子：

```
import requests
import json
data = {'some': 'data'}
```

```
headers = {'content - type': 'application/json',
         'User - Agent': 'Mozilla/5.0(X11; Ubuntu; Linux x86_64; rv:22.0)
            Gecko/20100101 Firefox/22.0'}
r = requests.post('https://api.github.com/some/endpoint', data = data,
    headers = headers)
print(r.text)
```

下面用 requests 库替换 urllib 库,并用 open( ).write( )方法替换 urllib.request.urlretrieve(url,localPath)方法来下载中原工学院主页上的所有图片。

```
'''
    使用 requests、bs4 库下载中原工学院主页上的所有图片
'''
import os
import requests
from bs4 import BeautifulSoup
def getHtmlCode(url):                    #该方法传入 url,返回 url 的 HTML 的源代码
    headers = {
     'User - Agent': 'MMozilla/5.0(Windows NT 6.1; WOW64; rv:31.0) Gecko/ 20100101 Firefox/31.0'
    }
    r = requests.get(url,headers = headers)
    r.encoding = 'utf-8'                 #指定网页解析的编码格式
    page = r.text                        #获取 url 页面的源代码字符串文本
    return page

def getImg(page,localPath):
                    #该方法传入 HTML 的源代码,截取其中的 img 标签,将图片保存到本机
    if not os.path.exists(localPath):    #新建文件夹
        os.mkdir(localPath)
    soup = BeautifulSoup(page,'html.parser')    #按照 HTML 格式解析页面
    imgList = soup.find_all('img')              #返回包含所有 img 标签的列表
    x = 0
    for imgUrl in imgList:                      #列表循环
        try:
            print('正在下载: %s'% imgUrl.get('src'))
            if "http://" not in imgUrl.get('src'):   #不是绝对路径 http 开始
                m = 'http://www.zut.edu.cn/' + imgUrl.get('src')
                print('正在下载: %s'% m)
                ir = requests.get('http://www.zut.edu.cn/' + imgUrl.get('src'))
            else:
                ir = requests.get(imgUrl.get('src'))
            #用 write()方法写入本地文件中
            open(localPath + '%d.jpg'% x, 'wb').write(ir.content)
            x += 1
        except:
            continue
if __name__ == '__main__':
    url = 'http://www.zut.edu.cn/'
    localPath = 'E:/img/'
    page = getHtmlCode(url)
    getImg(page,localPath)
```

第12章 爬虫应用——爬取百度图片

掌握上述技术后先爬取较简单的搜狗图片中某主题的图片。

输入搜狗图片的网址"http://pic.sogou.com/",进入壁纸分类,然后按 F12 键进入开发人员选项(编者用的是 Google Chrome 浏览器)。右击某张图片,在快捷菜单中选择"检查"命令,结果如图 12-2 所示。

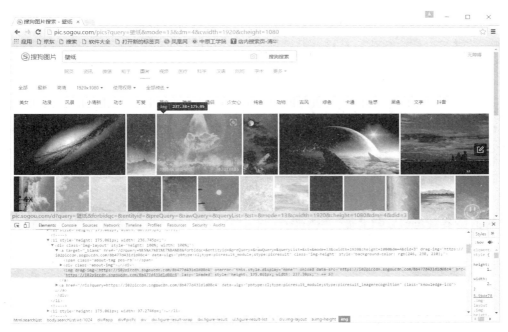

图 12-2 网页代码示意图

发现需要的图片是在 img 标签下的,于是先试着用 Python 的 requests 提取该标签,进而获取 img 的 src 属性(即图片的网址),然后使用 urllib.request.urlretrieve 逐个下载图片,从而达到批量获取资料的目的。爬取的 URL 如下:

http://pic.sogou.com/pics?query=％E5％A3％81％E7％BA％B8&mode=13

此 URL 来自进入分类后的浏览器的地址栏,其中％E5％A3％81％E7％BA％B8 是壁纸的 URL 编码。

写出如下代码:

```
import requests
import urllib
from bs4 import BeautifulSoup
res = requests.get('http://pic.sogou.com/pics?query=％E5％A3％81％E7％BA％B8')   #爬取的URL
soup = BeautifulSoup(res.text,'html.parser')
print(soup.select('img'))
```

输出:

[< img alt = "搜狗图片" src = "//search.sogoucdn.com/pic/pc/static/img/logo.a430dba.png" drag-img = "https://hhypic.sogoucdn.com/deploy/pc/common_ued/images/common/ logo_cb2e773.png" srcset = "//search.sogoucdn.com/pic/pc/static/img/logo@2x.d358e22.png 2x"/>]

发现输出内容并不包含想要的图片元素，而是只剖析到 Logo 的 img 图片 logo.a430dba.png(见图 12-3)，这显然不是大家想要的。也就是说，需要的图片资料不在"http://pic.sogou.com/pics?query=%E5%A3%81%E7%BA%B8"的 HTML 源代码中。

图 12-3　logo.a430dba.png

这是为什么呢？可以发现当在网页内向下滑动鼠标滚轮时图片是动态刷新出来的，也就是说，该网页并不是一次加载出全部资源，而是动态加载资源。这也避免了因为网页过于臃肿而影响加载速度。在网页动态加载中找出图片元素的方法如下。

按 F12 键，在 Network 的 XHR 下单击文件链接，在 Preview 选项卡中观察结果，如图 12-4 所示。

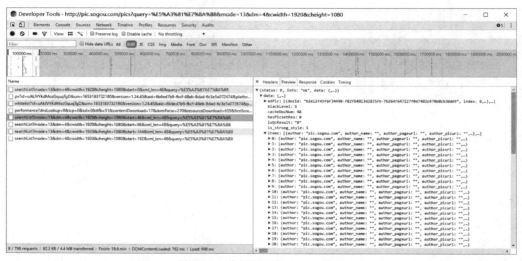

图 12-4　分析网页的 JSON 数据

说明：XHR 的全称为 XMLHttpRequest，中文解释为可扩展超文本传输请求。其中，XML 是可扩展标记语言，Http 是超文本传输协议，Request 是请求。XMLHttpRequest 对象可以在不向服务器提交整个页面的情况下实现局部更新网页。当页面全部加载完毕后，客户端通过该对象向服务器请求数据，服务器端接收数据并处理后向客户端反馈数据。XMLHttpRequest 对象提供了对 HTTP 的完全访问，包括做出 POST 和 HEAD 请求以及普通的 GET 请求的能力。XMLHttpRequest 可以同步或异步返回 Web 服务器的响应，并且能以文本或者一个 DOM 文档的形式返回内容。尽管名为 XMLHttpRequest，但它并不限于和 XML 文档一起使用，它可以接收任何形式的文本文档。XMLHttpRequest 对象是为 AJAX 的 Web 应用程序架构的一项关键功能。

因为每页加载的图片是有限的，通过不断地往下滑会动态地加载新图片，我们发现图 12-4 中不断地出现一个重复的 http://pic.sogou.com/napi/pc/searchList?mode。单击图 12-4 中的右侧 JSON 数据 items，发现下面是 0 1 2 3…，貌似是图片元素。试着打开一个图片的地址 thumbUrl(URL)，发现确实是图片的地址。找到目标之后单击 XHR 下的 Headers 得到 Request URL：

http://pic.sogou.com/napi/pc/searchList?mode=13&dm=4&cwidth=1920&cheight=1080&start=0&xml_len=48&query=%E5%A3%81%E7%BA%B8

试着去掉一些不必要的部分,技巧就是删掉可能的部分之后访问不受影响,最后得到 URL：http://pic.sogou.com/napi/pc/searchList?start=0&xml_len=48&query=%E5%A3%81%E7%BA%B8

以字面意思知道,query 后面可能为分类。start 为开始下标,xml_len 为长度,即图片的数量。通过这个 URL 请求得到响应的 JSON 数据中包含着所需要的图片地址。有了上面的分析,可以写出如下代码：

```python
import requests
import json
import urllib
def getSogouImag(category,length,path):
    n = length
    cate = category
    url = 'http://pic.sogou.com/napi/pc/searchList?query=' + cate + '&start=0&xml_len=' + str(n)
    print(url)
    imgs = requests.get(url)
    jd = json.loads(imgs.text)
    items = jd['data']['items']
    imgs_url = []
    for j in items:
        imgs_url.append(j['thumbUrl'])
    m = 0
    for img_url in imgs_url:
            print('*****' + str(m) + '.jpg *****' + 'Downloading...')
            urllib.request.urlretrieve(img_url,path + str(m) + '.jpg')
            m = m + 1
    print('Download complete!')
getSogouImag('壁纸',200,'d:/download/壁纸/')    #下载200张图片到"d:/download/壁纸/"文件夹下
```

程序运行结果如图 12-5 所示。

图 12-5 爬取到 D 盘 download 下"壁纸"文件夹中的图片

至此，关于该爬虫程序的编程介绍完毕。从整体来看，找到需要爬取元素所在的 URL 是爬虫诸多环节中的关键。

有了用搜狗图片下载图片的基础，下面来实现百度图片的图片下载。

12.4 程序设计的步骤

12.4.1 分析网页源代码和网页结构

进入百度图片界面(https://image.baidu.com/)，输入某个关键字(例如夏敏捷)，然后单击"百度一下"按钮搜索，可见如下网址：

https://image.baidu.com/search/index?tn=baiduimage&ipn=r&ct=201326592&cl=2&lm=-1&st=-1&sf=1&fmq=&pv=&ic=0&nc=1&z=&se=1&showtab=0&fb=0&width=&height=&face=0&istype=2&ie=utf-8&fm=index&pos=history&word=%E5%A4%8F%E6%95%8F%E6%8D%B7

其中，%E5%A4%8F%E6%95%8F%E6%8D%B7 就是"夏敏捷"的 URL 编码(网址上不使用汉字)，所看见的页面是"瀑布流版本"(如图 12-6 所示)，当向下滑动时可以不停刷新，这是一个动态的网页(和搜狗图片类似，需要按 F12 键，通过 Network 下的 XHR 去分析网页的结构)，而用户可以选择更简单的方法，就是单击网页右上方的"传统翻页版本"(如图 12-7 所示)。

图 12-6　瀑布流版本下的图片

在传统翻页版本下浏览器地址栏可见如下网址：

https://image.baidu.com/search/flip?tn=baiduimage&ipn=r&ct=201326592&cl=2&lm=-1&showtab=0&fb=0&width=&height=&face=0&istype=2&ie=utf-8&fm=index&pos=history&word=%E5%A4%8F%E6%95%8F%E6%8D%B7

第12章 爬虫应用——爬取百度图片

图 12-7　传统翻页版本下的图片

在传统翻页版本下单击"下一页"或某数字页码,网址会发生变化,而动态网页则不会,因为其分页参数是在 post 的请求中的。本程序中使用这个下一页链接网址请求下一页面。

注意：现在百度已经隐藏"传统翻页版本"切换,但网址链接仍然可以使用,就是网址中 index 换成 flip,即可切换成传统翻页版本。

用户可以通过浏览器(例如 Chrome)的开发者工具来查看瀑布流版本网页的元素,按 F12 键打开开发者工具来查看网页样式,注意当鼠标从结构表中滑过时会实时显示此段代码所对应的位置区域(注意先要单击开发者工具右上角的箭头按钮),用户可以通过此方法快速地找到图片元素所对应的位置(如图 12-8 所示)。

图 12-8　图片元素所对应的位置

对图 12-8 分析可知,每个图片都在 < ul class = "imglist" >下的列表项< li class = "imgitem" style = "width:372px;">中,其中< img src = "…">保存图片的网址。

```
< div id = "imgid">
  < ul class = "imglist">
    < li class = "imgitem" style = "width:372px;">
      < a target = "_blank"
        < img src = "https://ss0.bdstatic.com/70cFuHSh_Q1YnxGkpoWK1HF6hhy/it/
```

261

```
                u = 3577097530,1691750734&amp;fm = 27&amp;gp = 0.jpg" alt = "net 程序设计教程">
            </a>
        <div class = "hover" title = "net 程序设计教程/<strong>夏敏捷</strong>
            等"></div>
</li>
```

从上面找到了一张图片的路径：

https://ss0.bdstatic.com/70cFuHSh_Q1YnxGkpoWK1HF6hhy/it/u=3577097530, 1691750734&fm=27&gp=0.jpg

用户可以在 HTML 源代码中搜索此路径找到它的位置，如下：

```
flip.setData('imgData',
{ "queryEnc":"%E5%A4%8F%E6%95%8F%E6%8D%B7", "displayNum":5722, "bdIsClustered":
"1", "listNum":1977, "bdFmtDispNum" : "5722", "bdSearchTime" : "",
"isNeedAsyncRequest":0,
"data":[{"thumbURL":"https://ss0.bdstatic.com/70cFuHSh_
Q1YnxGkpoWK1HF6hhy/it/u = 3577097530,1691750734&fm = 27&gp = 0.jpg",
"middleURL":" https://ss0. bdstatic. com/70cFuHSh _ Q1YnxGkpoWK1HF6hhy/it/u = 3577097530,
1691750734&fm = 27&gp = 0.jpg", "largeTnImageUrl":"", "hasLarge" :0,
"hoverURL":"https://ss0.bdstatic.com/70cFuHSh_Q1YnxGkpoWK1HF6hhy/it/u =
3577097530,1691750734&fm = 27&gp = 0.jpg", "pageNum":0,
"objURL":"http://img13.360buyimg.com/n0/jfs/t586/241/26929280/71476/2c65610c/54484fe6Nb3
3010bd.jpg",
" fromURL":" ippr _ z2C $ qAzdH3FAzdH3Ftpj4 _ z&e3B31 _ z&e3Bv54AzdH3F8nc9adan0n _ z&e3Bip4s",
"fromURLHost":"item.jd.com", "currentIndex":"", "width": 800, "height": 800, "type":"jpg",
"filesize":"", "bdSrcType":"0",
"di":"35266154990", "pi":"0", "is":"0,0", "partnerId":0, "bdSetImgNum":0, "bdImgnewsDate":
"1970-01-01 08:00",
```

可见，thumbURL、middleURL 和 objURL 均是图片的所在网址，这里选用 objURL 对应的网址图片，所以写出如下正则表达式获取图片的所在网址：

```
re.findall('"objURL":"(.*?)"',content,re.S)
```

通过传统翻页版本分析可知，"下一页"或某数字页码 HTML 代码如下：

```
<div id = "page">
<a href = "/search/flip?tn = baiduimage&ie = utf-8&word = %E5%A4%8F%E6%95%8F%E6%
8D%B7 &pn = 0&gsm = 64&ct = &ic = 0&lm = -1&width = 0&height = 0"><span class = "pc" data =
"left">1</span></a>
<a href = "/search/flip?tn = baiduimage&ie = utf-8&word = %E5%A4%8F%E6%95%8F%E6%
8D%B7 &pn = 20&gsm = 64&ct = &ic = 0&lm = -1&width = 0&height = 0"><span class = "pc" data =
"left">2</span></a>
<strong><span class = "pc">3</span></strong>
<a href = "/search/flip?tn = baiduimage&ie = utf-8&word = %E5%A4%8F%E6%95%8F%E6%
8D%B7 &pn = 60&gsm = 64&ct = &ic = 0&ln = -1&width = 0&height = 0"><span class = "pc" data =
"right">4</span></a>
```

```
< a href = "/search/flip?tn = baiduimage&ie = utf - 8&word = % E5 % A4 % 8F % E6 % 95 % 8F % E6 %
8D % B7 &pn = 80&gsm = 0&ct = &ic = 0&lm = - 1&width = 0&height = 0"> < span class = "pc" data =
"right"> 5 </span></a>
……
< a href = "/search/flip?tn = baiduimage&ie = utf - 8&word = % E5 % A4 % 8F % E6 % 95 % 8F % E6 %
8D % B7 &pn = 180&gsm = 0&ct = &ic = 0&lm = - 1&width = 0&height = 0"> < span class = "pc" data =
"right"> 10 </span></a>
< a href = "/search/flip?tn = baiduimage&ie = utf - 8&word = % E5 % A4 % 8F % E6 % 95 % 8F % E6 %
8D % B7 &pn = 60&gsm = 64&ct = &ic = 0&lm = - 1&width = 0&height = 0" class = "n">下一页</a>
</div>
```

所以获取"下一页"链接写出如下正则表达式：

```
re.findall(r'< div id = "page">. * < a href = "(. *?)" class = "n">下一页</a>',content,re.S)[0]
```

12.4.2 设计代码

Python 爬虫搜索百度图片库并下载图片的代码如下：

视频讲解

```
import requests                          # 首先导入库
import re
# 设置默认配置
MaxSearchPage = 20                       # 搜索页数
CurrentPage = 0                          # 当前正在搜索的页数
DefaultPath = "./pictures/"              # 图片保存的位置
NeedSave = 0                             # 是否需要存储
CountNum = 0                             # 下载图片数量编号
# 图片链接正则和下一页的链接正则
def imageFiler(content):                 # 通过正则获取当前页面的图片地址数组
    return re.findall('"objURL":"(. *?)"',content,re.S)
def nextSource(content):                 # 通过正则获取下一页的网址
    next = re.findall(r'< div id = "page">. * < a href = "(. *?)" class = "n">下一页</a>',
content,re.S)[0]
    print("---------" + "http://image.baidu.com" + next)
    return next
# 爬虫主体
def spidler(page_url):
    headers = {
            'User - Agent': 'Mozilla/5.0 (Macintosh; Intel Mac OS X 11_2_3) AppleWebKit/537.36
(KHTML, like Gecko) '
            }
    content = requests.get(page_url,headers = headers).text        # 通过链接获取内容
    imageArr = imageFiler(content)                                 # 获取图片数组
    global CurrentPage
    global CountNum
    print("Current page:" + str(CurrentPage) + " **********************")
```

```python
    for imageUrl in imageArr:
        print("开始下载:" + imageUrl)
        global CountNum
        if NeedSave:                                    #如果需要保存图片则下载图片,否则不下载图片
            global DefaultPath
            try:
                #下载图片并设置超时时间,如果图片地址错误就不继续等待了
                picture = requests.get(imageUrl, timeout = 10)
            except:
                print("Download image error! errorUrl:" + imageUrl)
                continue
            #创建图片保存的路径
            imageUrl = imageUrl.replace('/','').replace(':','').replace('?','')
            pictureSavePath = DefaultPath + imageUrl[:50] + ".jpg"
            print(pictureSavePath)
            fp = open(pictureSavePath,'wb')             #以写入二进制的方式打开文件
            fp.write(picture.content)
            fp.close()
    if CurrentPage <= MaxSearchPage:                    #继续下一页爬取
        if nextSource(content):
            CurrentPage += 1
            #爬取完毕后通过下一页地址继续爬取
            spidler("https://image.baidu.com" + nextSource(content))

#爬虫的开启方法
def beginSearch(page = 1, save = 0):
    #(page:爬取页数,save:是否储存,savePath:默认储存路径)
    global MaxSearchPage, NeedSave
    MaxSearchPage = page
    NeedSave = save                                     #是否保存,值0不保存,1保存
    key = input("Please input you want search:")
    #StartSource = "https://image.baidu.com/search/flip?tn = baiduimage&ie = utf-8&word = " + str(key) + "&ct = 201326592&v = flip" #分析链接可以得到,替换其'word'值后面的数据来搜索关键词
    #精简一下网址,去掉网址中无意义的参数
    url_first = 'https://image.baidu.com/search/flip?tn = baiduimage&word = '
    StartSource = url_first + str(key)
    spidler(StartSource)

#调用开启的方法就可以通过关键词搜索图片了
beginSearch(page = 5, save = 1)                         #page = 5 是下载前 5 页,save = 1 是保存图片
```

运行后输入搜索关键词,例如"夏敏捷",可以在 pictures 文件夹下得到夏敏捷的相关图片,如图 12-9 所示。这里下载的图片的命名采用的是下载的网址,所以需要去除文件名不允许的特殊字符,例如":""/""?"等。当然,更好的处理方法是文件名采用数字编号,避免网址中出现特殊字符。

图 12-9　在 pictures 文件夹下得到相关图片

12.5　动态网页爬虫拓展——爬取今日头条新闻

一些网站的内容由前端的 JavaScript 脚本生成 AJAX 动态网页，由于呈现在网页上的内容是由 JavaScript 脚本生成而来，能够在浏览器上看得到，但是在 HTML 源码中却查找不到。"今日头条"网站采用的就是 AJAX 动态网页。例如，浏览器呈现的"今日头条"科技网页如图 12-10 所示。

图 12-10　"今日头条"科技网页

网页的新闻在 HTML 源码中一条都找不到,全是由 JavaScript 脚本动态生成加载。遇到这种情况,应该如何对网页进行爬取呢?有如下两种方法。

方法一:和搜狗图片中获取图片方法一样,从网页响应中找到 JavaScript 脚本返回的 JSON 数据。

方法二:使用 selenium 对网页进行模拟浏览器访问。

此处仍采用第一种方法,第 13 章是关于 selenium 的使用,并讲解如何利用 selenium 实现爬取今日头条新闻。

12.5.1　找到 JavaScript 请求的数据接口

即使网页内容是由 JavaScript 脚本动态生成加载的,JavaScript 也需要对某个接口进行调用,并根据接口返回的 JSON 数据再进行加载和渲染。找到 JavaScript 调用的数据接口,从数据接口中找到网页中最后呈现的数据。

打开谷歌浏览器,按 F12 热键打开网页调试工具,单击"科技"后,选择 Network 选项卡后,发现有很多响应,筛选一下只看 XHR 响应,如图 12-11 所示。

图 12-11　XHR 响应

然后发现少了很多链接,随便单击一个,例如选择 city,Preview 选项卡中有一串 JSON 数据,如图 12-12 所示,全是城市的列表,应该是用来加载地区新闻的。

图 12-12　选择 city 的 JSON 数据

第12章 爬虫应用——爬取百度图片

可以单击其他的链接分析一下是什么作用。最终可见"?category＝news_tech"链接请求的JSON数据就是需要的新闻信息。完整的URL如下：

```
https://www.toutiao.com/api/pc/feed/?category＝news_tech&utm_source＝toutiao&widen＝1&max_behot_time＝1550281752&max_behot_time_tmp＝1550281752&tadrequire＝true&as＝A1B5ACD667D71D8&cp＝5C67A7710D780E1&_signature＝gHrq3QAA3CoPuU6s4xQvboB66s
```

拖动浏览器滚动条，可以看到URL发生变化如下：

```
https://www.toutiao.com/api/pc/feed/?category＝news_tech&utm_source＝toutiao&widen＝1&max_behot_time＝1550278445&max_behot_time_tmp＝1550278445&tadrequire＝true&as＝A1D56C2657D6183&cp＝5C67E6E1D853BE1&_signature＝l.cN.wAAy5wYNKmOrm5OV5f3De
https://www.toutiao.com/api/pc/feed/?category＝news_tech&utm_source＝toutiao&widen＝1&max_behot_time＝1550277934&max_behot_time_tmp＝1550277934&tadrequire＝true&as＝A1153C0627861F3&cp＝5C67A6F19FB31E1&_signature＝l.cN.wAAy5wYNKmOrm42kpf3De"
```

查看数据接口URL返回的JSON数据，每次返回的JSON有10条新闻数据。URL中有max_behot_time、category、utm_source、widen、tadrequire、as、cp、_signature 8个参数，其中max_behot_time可以看出是10位数字的时间戳；category是对应的频道名，可以在首页找到；utm_source固定是toutiao，widen固定是1，tadrequire固定是false，剩下的就是as、cp和_signature这三个参数。

由于今日头条进行反爬虫处理，使用as、cp和_signature参数进行加密处理。由于as、cp和_signature生成算法比较复杂，这里就不介绍如何自动生成as、cp和_signature参数了，有兴趣的读者可上网找相关资料，例如：https://blog.csdn.net/weixin_39416561/article/details/82111455。

有了对应的数据接口，就可以仿照之前的方法对数据接口进行请求和获取相应新闻数据了。

12.5.2 分析JSON数据

获取的JSON数据如下：

```
{has_more: false, message: "success", data: [{single_mode: true, …}, {single_mode: true, …}, …], …}
data:[{single_mode: true, …}, {single_mode: true, …}, …]
0:{single_mode: true, …}
1:{single_mode: true, …}
2:{single_mode: true, abstract: "转而在新加坡开启新的项目——Omn1电动摩托车共享服务.新公司OmniSharing已经申请沙箱,计划出租500辆电动摩托车.", …}
3:{single_mode: true, …}
4:{single_mode: true, abstract: "众多厂商的各种"千奇百怪"的创新手段层出不穷,但奈何用户的换机欲望不断降低,全年整体的出货量下滑成为无情的现实.", …}
5:{single_mode: true, abstract: "不过在整个2018年当中,iPhoneXS表现差强人意,大中华区的销售疲软直接导致了苹果股价的波动.", middle_mode: true, …}
6:{single_mode: true, …}
```

```
7:{single_mode: true, abstract:"《军武次位面》作者：C·C▲正在进行测试的美陆军的 M160 军用扫
雷机器人在军用机器人高速发展的今天.", middle_mode: true, …}
8:{single_mode: true, abstract: "数据显示,2018 年拼多多新增用户中有 10.5% 来自"北上广深"
四座一线城市,其中增长最快的竟然是大北京!", …}
9:{single_mode: true, …}
has_more:false
message:"success"
next:{max_behot_time: 1550243487}
```

可见,在 data 下面是需要获取的新闻内容。data 是一个数组。其中一个元素内容如下:

```
single_mode: true
abstract:"目前,美国最大药妆连锁 Walgreens 宣布已开通支付宝.目前中国游客已能在横跨全美的
3000 多家店铺使用手机付款,包括旅游热门城市纽约、旧金山和拉斯维加斯等."
article_genre:"article"
behot_time:1550243489
chinese_tag:"旅游"
comments_count:2
group_id:"6658131237086953995"
image_url:"//p1.pstatp.com/list/190x124/pgc-image/08d5872584cca024705418a8"
title:"支付宝：已覆盖 54 个国家和地区"
```

从中可以获取摘要 abstract 和标题 title、图片 URL 的 image_url。

12.5.3 请求和解析数据接口

实现请求和解析数据接口程序如下:

```
import requests
importjson
# 数据接口 URL
url = 'https://www.toutiao.com/api/pc/feed/?category = news_tech&utm_source = toutiao
&widen = 1&max_behot_time = 1550277934&max_behot_time_tmp = 1550277934&tadrequire = true&as =
A1153C0627861F3&cp = 5C67A6F19FB31E1&_signature = l.cN.wAAy5wYNKmOrm42kpf3De'
headers = {
    'User - Agent': 'Mozilla/5.0 (Windows NT 6.1; WOW64) AppleWebKit/537.36 (KHTML, like
    Gecko) Chrome/50.0.2661.102 Safari/537.36',
    }
r = requests.get(url, headers = headers)      # 对数据接口 URL 进行 HTTP 请求
wbdata = r.text
data = json.loads(wbdata)
# 对 HTTP 响应的数据 JSON 化,并索引到新闻数据的位置
news = data['data']
print("---------------")
# 对索引出来的 JSON 数据进行遍历和提取
for n in news:
    try:
        title = n['title']
        img_url = n['image_url']
```

```
            url = n['media_url']
            print(url,title,img_url)
        except:
            pass
```

至此,就完成了从动态网页中爬取新闻数据。以上代码仅能获取 10 条新闻,如果获取另外 10 条新闻,需要不断更换不同参数的数据接口 URL。

实际上,进行 HTTP 请求时可以使用 params 传递 URL 参数,代码如下:

```
import requests
import json
url = "http://www.toutiao.com/api/pc/feed/"
#传递的 URL 参数
data = {
            "category":"news_tech",
            "utm_source":"toutiao",
            "widen":"1",
            "max_behot_time":1550277934,
            "max_behot_time_tmp":1550277934,
            "tadrequire":"true",
            "as":"A1153C0627861F35C67A6F19FB31E1",
            "cp":"5C67A6F19FB31E1",
            "_signature":"l.cN.wAAy5wYNKmOrm42kpf3De"
        }
cookies = {'tt_webid':'6649949084894053895'}
headers = {
    'user-agent':'Mozilla/5.0 (Macintosh; Intel Mac OS X 10_12_3) AppleWebKit/537.36 (KHTML, like Gecko) Chrome/71.0.3578.98 Safari/537.36'
        }
r = requests.get(url,params = data,headers = headers,cookies = cookies)
#r = requests.get(url,params = data,headers = headers)
wbdata = r.text
data = json.loads(wbdata)
news = data['data']
for n in news:
try:
title = n['title']
img_url = n['image_url']
url = n['media_url']
print(url,title,img_url)
except:
pass
```

这里程序功能不够强大,需要手工获取数据接口,在第 13 章采用 selenium 对网页进行模拟浏览器访问,可以很好地解决这个问题。

第13章

selenium操作浏览器应用——模拟登录

视频讲解

13.1 模拟登录程序功能介绍

由于需要爬取的网站大多需要先登录才能正常访问或者需要登录后的Cookie值才能继续爬取，所以网站的模拟登录是必须要熟悉的。selenium是一个用于Web的自动化测试工具，最初是为网站自动化测试而开发的，类似人们玩游戏用的按键精灵，可以按指定的命令自动操作。不同的是，selenium测试直接运行在浏览器中，就像真正的用户在操作一样。支持的浏览器包括IE、Firefox、Safari、Chrome、Opera等。这种模拟登录由于难度低，逐渐被一些小型爬虫项目使用。

本章主要介绍selenium操作浏览器实现模拟登录。使用Python调用selenium浏览器驱动，执行浏览器操作(输入用户名、密码和单击按钮)，进行模拟登录豆瓣网站。

13.2 程序设计的思路

模拟用户登录网站的实现步骤如下。
(1) 定位用户名输入框，输入用户名。
(2) 定位密码输入框，输入密码。
(3) 最后定位"登录"按钮，并在代码中模拟单击该按钮即可。

要想定位这些页面元素，首先使用浏览器打开豆瓣网站 https://www.douban.com/。
查看网站的源代码，从中找到用户名输入框、密码输入框和"登录"按钮的ID或者XPath。

用户名输入框HTML源代码如下：

```
< input id = "username" name = "username" type = "text" class = "account - form - input" placeholder = "手机号 / 邮箱" tabindex = "1">
```

密码输入框HTML源代码如下：

```
< input id = "password" type = "password" name = "password" maxlength = "20" class = "account-
form-input password" placeholder = "密码" tabindex = "3">
```

"登录"按钮源代码如下：

```
< a href = "javascript:;" class = "btn btn-account">登录豆瓣</a>
```

通过分析豆瓣网站 HTML 源代码后，就可以通过 selenium 各种定位网页元素的方法来定位，以及模拟单击"登录"按钮等操作。

13.3 关键技术

13.3.1 安装 selenium 库

selenium 可以根据用户指令，让浏览器自动加载页面，获取需要的数据，甚至页面的截屏，或者执行网站上某些单击等动作。selenium 本身不带浏览器，需要与第三方浏览器结合在一起使用。但是用户有时需要让它内嵌在代码中运行，此时可以使用"无界面"的 PhantonJS 浏览器代替真实的浏览器。

要想使用 selenium，必须先安装。安装 selenium 方法如下。

方法一：在联网的情况下，在 Windows 命令行(cmd)输入 pip install selenium 即可自动安装 selenium，安装完成后，输入 pip show selenium 可查看当前的 selenium 版本，如图 13-1 所示。

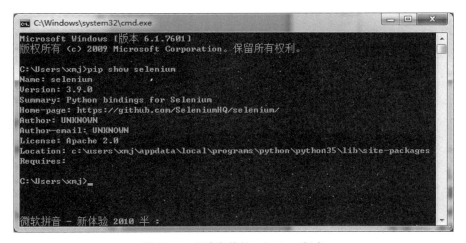

图 13-1　查看当前的 selenium 版本

方法二：从 https://pypi.python.org/pypi/selenium 直接下载 selenium 包。解压后，在解压文件夹下执行 python 3 setup.py install 即可安装。

安装 selenium 成功后，还需要安装浏览器驱动 driver。以下是三大浏览器驱动下载地址。

(1) Chrome 的驱动 chromedriver 下载地址：

http://chromedriver.storage.googleapis.com/index.html

下载时注意 Chrome 版本，查看本机的 Chrome 版本的具体方法如下：
在地址栏输入"chrome://version/"后按回车键，出现如图 13-2 所示的页面。

图 13-2 查看本机的 Chrome 版本

chromedriver 版本支持的 Chrome 版本包括：

```
v2.33 支持 Chrome v60－62
v2.32 支持 Chrome v59－61
v2.31 支持 Chrome v58－60
v2.30 支持 Chrome v58－60
v2.29 支持 Chrome v56－58
```

（2）Firefox 的驱动 geckodriver 下载地址：

https://github.com/mozilla/geckodriver/releases/

（3）IE 的驱动 IEDriver 下载地址：

http://www.nuget.org/packages/Selenium.WebDriver.IEDriver/

注意：下载解压后，最好将 chromedriver.exe、geckodriver.exe、iedriver.exe 复制到 Python 的安装目录，例如 D:\python。然后再将 Python 的安装目录添加到系统环境变量的 Path 下面。

打开 Python 自带的集成开发环境 IDLE，分别输入以下代码来启动不同的浏览器。

（1）启动 Chrome 浏览器。

```python
from selenium import webdriver
browser = webdriver.Chrome()
#如果没有添加到系统环境变量，则需要指定 chromedriver.exe 所在文件夹
browser = webdriver.Chrome("D:\\chromedriver_win32\\chromedriver.exe")
browser.get('http://www.baidu.com/')
```

（2）启动 Firefox 浏览器。

```python
from selenium import webdriver
browser = webdriver.Firefox()
browser.get('http://www.baidu.com/')
```

（3）启动 IE 浏览器。

```python
from selenium import webdriver
browser = webdriver.Ie()
browser.get('http://www.baidu.com/')
```

(4) 测试 selenium 代码。

```python
from selenium import webdriver
browser = webdriver.Chrome("D:\\chromedriver_win32\\chromedriver.exe")
try:
    browser.get("https://www.baidu.com")
    print(browser.page_source)
finally:
    browser.close()
```

13.3.2　selenium 详细用法

1. 声明浏览器对象

```python
from selenium import webdriver
#声明谷歌、Firefox、Safari 等浏览器对象
browser = webdriver.Chrome()
browser = webdriver.Firefox()
browser = webdriver.Safari()
browser = webdriver.Edge()
browser = webdriver.PhantomJS()
```

2. 访问页面

```python
from selenium import webdriver
browser = webdriver.Chrome()
browser.get("http://www.taobao.com")      #访问淘宝页面
print(browser.page_source)                #打印页面的源代码
browser.close()                           #关闭当前页面
```

3. 查找单个元素

```python
from selenium import webdriver
from selenium.webdriver.common.by import By
browser = webdriver.Chrome()
browser.get("http://www.taobao.com")
input_first = browser.find_element_by_id("q")                       #查找 id 是"q"单个元素
input_second = browser.find_element_by_css_selector("#q")           #查找 css 类名是"q"单个元素
input_third = browser.find_element(By.ID,"q")                       #查找 id 是"q"单个元素
print(input_first, input_second, input_first)
browser.close()
```

4. 查找多个元素

```python
from selenium import webdriver
from selenium.webdriver.common.by import By
```

```
browser = webdriver.Chrome()
browser.get("http://www.taobao.com")
lis = browser.find_elements_by_css_selector("li")          #查找css类名是"li"多个元素
lis_c = browser.find_elements(By.CSS_SELECTOR,"li")        #查找css类名是"li"多个元素
print(lis,lis_c)
browser.close()
```

5. 元素的交互操作

对获取到的元素调用交互方法,主要有输入内容和单击操作。

```
from selenium import webdriver
import time
browser = webdriver.Chrome()
browser.get("https://www.taobao.com")
input = browser.find_element_by_id("q")
input.send_keys("iPhone")                                  #输入内容"iPhone"
time.sleep(10)
input.clear()
input.send_keys("iPad")                                    #输入内容"iPad"
button = browser.find_element_by_class_name("btn-search")  #查找"btn-search"按钮
button.click()                                             #单击操作
time.sleep(10)
browser.close()
```

6. 交互动作

页面上的一些鼠标操作,比如右击、拖动鼠标、双击等,可以通过使用ActionChains把动作附加到交互动作链中从而执行这些动作。

```
from selenium import webdriver
from selenium.webdriver import ActionChains
import time
from selenium.webdriver.common.alert import Alert
browser = webdriver.Chrome()
url = "http://www.runoob.com/try/try.php?filename=jqueryui-api-droppable"
browser.get(url)
#切换到目标元素所在的frame
browser.switch_to.frame("iframeResult")
#确定拖曳目标的起点
source = browser.find_element_by_id("draggable")
#确定拖曳目标的终点
target = browser.find_element_by_id("droppable")
#形成动作链
actions = ActionChains(browser)
actions.drag_and_drop(source,target)
#执行动作
actions.perform()
```

7. 执行 JavaScript 脚本

下面的例子就是拖曳进度条进度到最大,并弹出提示框。

```
from selenium import webdriver
browser = webdriver.Chrome()
browser.get("https://www.zhihu.com/explore")
browser.execute_script("window.scrollTo(0,document.body.scrollHeight)")
browser.execute_script("alert('To Button')")
browser.close()
```

8. 获取元素信息

下面的例子是获取元素属性信息。

```
from selenium import webdriver
browser = webdriver.Chrome()
url = "https://www.zhihu.com/explore"
browser.get(url)
logo = browser.find_element_by_id("zh-top-link-logo")
print(logo)
print(logo.get_attribute("class"))       #获取元素 class 属性信息
browser.close()
```

下面的例子是获取元素文本内容。

```
from selenium import webdriver
browser = webdriver.Chrome()
url = "https://www.zhihu.com/explore"
browser.get(url)
logo = browser.find_element_by_id("zh-top-link-logo")
print(logo)
print(logo.text)                         #获取元素文本内容
browser.close()
```

下面的例子是获取元素 id、位置、大小和标签名。

```
from selenium import webdriver
browser = webdriver.Chrome()
url = "https://www.zhihu.com/explore"
browser.get(url)
logo = browser.find_element_by_id("zh-top-link-logo")
print(logo)
print(logo.id)              #id
print(logo.location)        #位置
print(logo.tag_name)        #标签名
print(logo.size)            #大小
browser.close()
```

9. 等待

(1) 隐式等待。

当使用了隐式等待执行测试时,如果 webdriver 没有在 DOM 中找到元素,将继续等待,超过设定的时间后则抛出找不到元素的异常,换句话说,当查找元素或元素并没有立即出现时,隐式等待将等待一段时间再查找 DOM,默认时间为 0。

```python
from selenium import webdriver
browser = webdriver.Chrome()
url = "https://www.zhihu.com/explore"
browser.get(url)
browser.implicitly_wait(10)
logo = browser.find_element_by_id("zh-top-link-logo")
print(logo)
browser.close()
```

(2) 显式等待。

显式等待是指定某个条件,然后设置最长等待时间,如果超过这个时间还没有找到元素,就会抛出异常。

```python
from selenium import webdriver
from selenium.webdriver.common.by import By
from selenium.webdriver.support.ui import WebDriverWait
from selenium.webdriver.support import expected_conditions as EC
browser = webdriver.Chrome()
url = "https://www.taobao.com"
browser.get(url)
wait = WebDriverWait(browser,10)              #最长等待时间 10 秒
input = wait.until(EC.presence_of_element_located((By.ID,"q")))
button = wait.until(EC.element_to_be_clickable((By.CSS_SELECTOR,".btn-search")))
print(input,button)
browser.close()
```

10. 浏览器的前进和后退操作

```python
from selenium import webdriver
import time
browser = webdriver.Chrome()
browser.get("https://www.taobao.com")
browser.get("https://www.baidu.com")
browser.get("https://www.python.org")
browser.back()                    #后退
time.sleep(1)
browser.forward()                 #前进
browser.close()
```

11. Cookies 的处理

使用 get_cookies() 方法获取页面上所有的 Cookies, 使用 delete_all_cookies() 方法删除该页面上所有的 Cookies。

```python
from selenium import webdriver
import time
browser = webdriver.Chrome()
browser.get("https://www.zhihu.com/explore")
print(browser.get_cookies())                                  # 获取页面上所有的 Cookies
browser.add_cookie({"name":"name","domain":"www.zhihu.com","value":"germey"})    # 添加 Cookies
print(browser.get_cookies())
browser.delete_all_cookies()               # 删除所有的 Cookies
print(browser.get_cookies())
browser.close()
```

12. 页面的切换

一个浏览器打开多个页面时,需要实现页面的切换。

```python
from selenium import webdriver
import time
browser = webdriver.Chrome()
browser.get("https://www.zhihu.com/explore")                  # 打开页面
browser.execute_script("window.open()")                       # 脚本又打开一个空页面
print(browser.window_handles)
browser.switch_to_window(browser.window_handles[1])           # 切换页面
browser.get("https://www.taobao.com")
time.sleep(1)
browser.switch_to_window(browser.window_handles[0])           # 切换页面
browser.get("https://python.org")
browser.close()
```

13.3.3　selenium 应用实例

selenium 控制 Chrome 浏览器访问百度网站,并搜索关键词"夏敏捷",获取搜索结果。

```python
from selenium import webdriver
from selenium.webdriver.common.by import By
from selenium.webdriver.common.keys import Keys
from selenium.webdriver.support import expected_conditions as EC
from selenium.webdriver.support.wait import WebDriverWait
import time
browser = webdriver.Chrome("D:\\chromedriver_win32\\chromedriver.exe")
try:
    browser.get("https://www.baidu.com")
    input = browser.find_element_by_id("kw")
```

```
    input.send_keys("夏敏捷")
    input.send_keys(Keys.ENTER)
    wait = WebDriverWait(browser,10)
    wait.until(EC.presence_of_element_located((By.ID,"content_left")))
    print(browser.current_url)
    print(browser.get_cookies())           # 获取 Cookie
    print(browser.page_source)             # 打印出 HTML 源代码
    time.sleep(10)
finally:
    browser.close()
```

运行结果如图 13-3 所示。同时输出访问的 URL 网址和 Cookie 信息。

```
https://www.baidu.com/s?ie=utf-8&f=8&rsv_bp=0&rsv_idx=1&tn=baidu&wd=%E5%A4%8F%
E6%95%8F%E6%8D%B7&rsv_pq=b71a1d700000caa0&rsv_t=8adbrMVl7YLIA1t7mK%2BHO6K%
2Bptd8LFPW%2B06JI2vZgts6%2FNemuPyu4Q4C99Q&rqlang=cn&rsv_enter=1&rsv_sug3=3&rsv_sug2=
0&inputT=116&rsv_sug4=116
[{'name': 'H_PS_PSSID', 'path': '/', 'domain': '.baidu.com', 'secure': False, 'httpOnly': False,
'value': '1426_21094_26350_28413'}, {'name': 'delPer', 'path': '/', 'domain': '.baidu.com',
'secure': False, 'httpOnly': False, 'value': '0'}, {'value': '3BD16854B4625F26780D8F5E9941B0B1:
FG=1', 'name': 'BAIDUID', 'path': '/', 'secure': False, 'domain': '.baidu.com', 'httpOnly': False,
'expiry': 3697442966.154094}, {'value': '1549959323', 'name': 'PSTM', 'path': '/', 'secure':
False, 'domain': '.baidu.com', 'httpOnly': False, 'expiry': 3697442966.154283}, {'value':
'3BD16854B4625F26780D8F5E9941B0B1', 'name': 'BIDUPSID', 'path': '/', 'secure': False, 'domain':
'.baidu.com', 'httpOnly': False, 'expiry': 3697442966.154209}{'value': '0e71MPCfHjWuwbXsG2Oy
5C3tmxeyIA5NY', 'name': 'H_PS_645EC', 'path': '/', 'secure': False, 'domain': 'www.baidu.com',
'httpOnly': False, 'expiry': 1549961912}]
```

图 13-3　搜索关键词"夏敏捷"的搜索结果

13.4 程序设计的步骤

13.4.1 selenium 定位 iframe（多层框架）

iframe 框架中实际上是嵌入了另一个页面，而 selenium webdriver 驱动每次只能在一个页面中识别，因此需要用 switch_to.frame(iframe 的 id)方法去获取 iframe 中嵌入的页面，才能对此页面里的元素进行定位。

在豆瓣网站的登录页面中，如图 13-4 所示，输入用户名和密码部分实际上是在<iframe style="height：300px；width：300px;" frameborder="0" src="//accounts.douban.com/passport/login_popup?login_source=anony"></iframe>这个 iframe 框架中的一个页面内，所以必须先定位到此 iframe 框架。

图 13-4　登录豆瓣网站

如果 iframe 框架有 id 属性或者 name，例如：

```
< iframe id = "authframe" height = "170" src = "https://authserver.zut.edu.cn/login?display = basic&amp; " frameborder = "0" width = "230" name = "l" scrolling = "no"></iframe>
```

id 属性为'authframe'，则 switch_to_frame()可以很方便地定位到所在的 iframe 框架：

```
browser.switch_to.frame('authframe')        ♯切换到目标元素所在的 iframe
```

注意切换到 iframe 之后，便不能继续操作主文档的元素，这时如果操作主文档内容，则需切回主文档（最上级文档）；使用后需要再次对 iframe 定位。

```
browser..switch_to.default_content()        ♯切回主文档
```

但有时会碰到如豆瓣网站一样，iframe 里没有 id 或者 name 的情况，这就需要其他办法去定位。

定位 iframe 方法一：
browser.find_element_by_xpath 定位到 iframe 元素。

```
browser.switch_to.frame(browser.find_element_by_xpath(
'//*[@id="anony-reg-new"]/div/div[1]/iframe'))
```

定位 iframe 方法二：
根据 iframe 一些属性，例如 src 属性来定位 iframe。

```
browser.switch_to.frame(browser.find_element_by_xpath(
"//iframe[contains(@src,'//accounts.douban.com/passport/login_popup?login_source=anony')]"))
```

13.4.2 模拟登录豆瓣网站

```
#模拟登录豆瓣
from selenium import webdriver
from time import sleep
browser = webdriver.Chrome("D:\\chromedriver_win32\\chromedriver.exe")
try:
    browser.get("https://www.douban.com/")
    #切换到目标元素所在的 iframe
    #定位 iframe 方法一：
    browser.switch_to.frame(browser.find_element_by_xpath(
'//*[@id="anony-reg-new"]/div/div[1]/iframe'))
    #定位 iframe 方法二：
    browser.switch_to.frame(browser.find_element_by_xpath(
"//iframe[contains(@src,'//accounts.douban.com/passport/login_popup?login_source=anony')]"))
    #定位到"密码登录"无序列表标签元素
    li = browser.find_element_by_xpath("/html/body/div[1]/div[1]/ul[1]/li[2]")
    li.click()
    #用户名
    inputname = browser.find_element_by_name("username")
    inputname.send_keys("18530879925")
    inputpass = browser.find_element_by_name("password")
    inputpass.send_keys("jsjjc_33")
    #<a href="javascript:;" class="btn btn-account">登录豆瓣</a>
    #登录按钮实际是一个超链接
    button = browser.find_element_by_xpath('//*[@id="tmpl_phone"]/div[5]/a')
#定位登录按钮
    button.click()
    sleep(3)
    browser.save_screenshot("zut.png")         #抓拍登录网站后的图片
finally:
    pass
    #browser.quit()                             #关闭浏览器
```

运行后生成的图片如图 13-5 所示。

从图 13-5 可见是登录成功后的页面，此时可以继续使用 selenium 技术来获取页面中的信息。例如页面中有多人日记评论信息，通过分析源代码掌握基本结构如图 13-6 所示。

第13章
selenium操作浏览器应用——模拟登录

图 13-5　抓拍登录网站后的图片

图 13-6　日记评论信息的 HTML 结构

```
//*[@id="statuses"]/div[2]/div[1]/div/div/div[2]/div[1]/div[2]/p
//*[@id="statuses"]/div[2]/div[2]/div/div/div[2]/div[1]/div[2]/p
//*[@id="statuses"]/div[2]/div[3]/div/div/div[2]/div[1]/div[2]/p
```

所以规律是第二个 div 下标改变即可。

```
for i in range(1,11):
    try:
        xpath = '//*[@id="statuses"]/div[2]/div[%d]/div/div/div[2]/div[1]/div[2]/p' % (i)
        p = browser.find_element_by_xpath(xpath)        # 定位<p>元素
        print(p.text)                                    # 输出文本内容
    except:
        continue
```

运行后把前 10 个日记评论信息都打印出来，如下所示。

2018年对我来说非常重要,发生了好几件大事,分别和写作、阅读、冒险和旅行有关。它们串起来,组成了我这2字头的最后一年。而这一年,最难以忘怀的,无疑是伊拉克和叙利亚的旅行。本文首发……

去年冬天借住在李水南和江南住处,我去之前,他俩不过是下班打声招呼的合租室友,以至于我问李水南隔壁那个小伙子做什么事的,李水南只知道他在培训学校当老师,教什么的并不知情,以此便可……

二姐前段时间生了孩子,母亲就回故乡照顾二姐去了,于是家里就剩下我和父亲两个人。母亲走时,一直忧心忡忡地给我们说:"我走了不知道你们该怎么吃饭,你们都这样懒。"我和父亲就在旁边笑……

白色和红色的吉普像两艘小船游弋在孤峰之间,将数亿年前形成的喀斯特地貌甩在身后。吉普车里坐着我们一行六人。能迅速凑到五个不上班的朋友来广西自驾,我的中年裸辞也显得合乎情理了。虽然……

大家好,我是《地球脉动2》的总制片人,迈克·冈顿,很高兴能够在豆瓣上,以这种形式与大家见面,我很荣幸。在此前腾讯视频举办的《王朝》超前首映礼上,很高兴听到中国的朋友们,特别是豆……

10月的最后两天,爸爸每天忙得几乎不见踪影。我和宝宝睡得晚、起得晚,而爸爸早上五点即起,常在堂屋弄出动静,那时我还刚半梦半醒睡着不久。他起来便出去做事,平常是放鸭,要把鸭撵到田里……

"Winter is coming",当遥远的维斯特洛大陆的北境史塔克家族成员们互相说出这句话的时候,他们的心情非常沉重,因为这句话里包含太多的意义。我也是。我的原因比狼家成员要单纯得多。当……

"边缘的、少数人的艺术,只能在一起抱团取暖。这在那个时候是克服艺术孤独的最好方式:共同创作,共同鼓励,甚至是共同生活。"作者:张之琪 在众多关于20世纪80年代中国前卫艺术的研究著……

豆瓣网站登录没有验证码,实际上现在需要验证码登录的网站越来越多,下面介绍基于Cookie绕过验证码实现自动登录。

13.5 基于Cookie绕过验证码实现自动登录

13.5.1 为什么要使用Cookie

Cookie是客户端技术,是某些网站为了辨别用户身份、进行session跟踪而储存在用户本地终端上的数据(通常经过加密)。当用户打开浏览器,单击多个超链接,访问多个Web资源,然后关闭浏览器的过程,称为一个会话(session)。每个用户在使用浏览器与服务器进行会话的过程中,不可避免各自会产生一些数据。每个用户的数据以Cookie的形式存储在用户各自的浏览器中。当用户使用浏览器再去访问此服务器中的Web资源时,就会带着用户各自的数据信息。

比如有些网站需要登录后才能访问网站页面,为了不让用户每次访问网站都进行登录操作,浏览器会在用户第一次登录成功后放一段加密的信息在Cookie中。下次用户访问,网站先检查有没有Cookie信息,如果有且合法,那么就跳过登录操作,直接进入登录后的页面。

通过已经登录的Cookie信息,可以让爬虫绕过登录过程,直接进入登录后的页面。

13.5.2 查看Cookie

以Chrome浏览器为例讲解查看Cookie的方法。

打开Chrome浏览器,单击右上角的【自定义及控制】选项图标 ≡ ,单击"更多工具"菜

第13章 selenium 操作浏览器应用——模拟登录

单项下的"开发者工具"命令,或者直接按下 F12 键,会在网页内容下面打开"开发者工具"窗口,使用"开发者工具"可以查看网页的 Cookie 和网络连接情况。

查看网页的 Cookie 可以单击 Network 选项卡,然后单击左侧的某超链接网址(例如 www.baidu.com),右侧选择 Cookies 选项卡进行查看,如图 13-7 所示。查看其他信息可以单击右侧 Headers 选项卡进行查看,如图 13-8 所示。

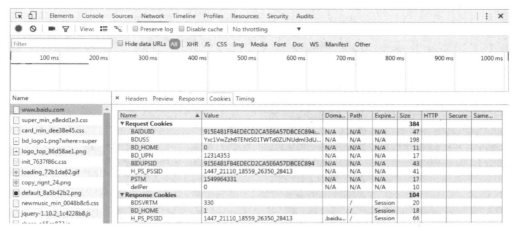

图 13-7 Network 选项卡下查看登录的 Cookie

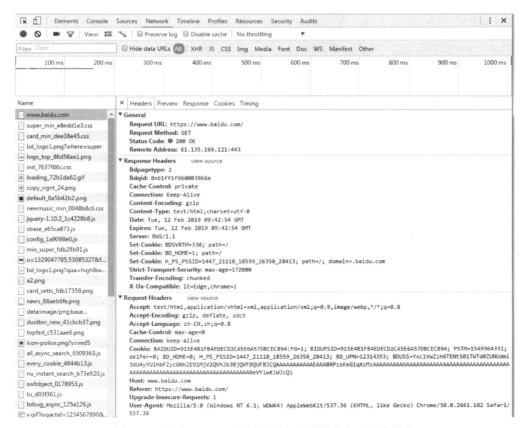

图 13-8 单击 Headers 选项卡进行查看请求和响应头信息

在爬虫程序开发中,需要读者熟练掌握"开发者工具",这样才能获取所要爬取信息对应的标签 Cookie 等信息。

13.5.3 使用 Cookie 绕过百度验证码自动登录账户

登录自己的百度账号(如图 13-9 所示),使用浏览器的"开发者工具"获取 Cookie 信息后,使用下面代码实现自动登录百度账户。

```python
#案例:使用 Cookie 绕过百度验证码自动登录账户
from selenium import webdriver
from time import sleep
# driver = webdriver.Firefox()
driver = webdriver.Chrome("D:\\chromedriver_win32\\chromedriver.exe")
driver.get("https://baidu.com/")
#手动添加 Cookie
driver.add_cookie({'name':'BAIDUID','value':'92241303A3AC5BA1D9FD08FAA258A9BD:FG = 1'})
driver.add_cookie({'name':'BDUSS','value':'ktFaVU3QXBSSUxLNjFxLWg0Qlg1NkJuWGtqU1h6alA2c
nF5bzg0eEFxZFpTQ0piQVFBQUFBJCQAAAAAAAAAAAEAAAB~V4cC5~Pd0wAAAAAAAAAAAAAAAAAAAAAAAA
AAAAAAAAAAAAAAAAAAAAAAAAAAAAAAAAAAAAAAAAAFm7-1pZu~paM'})
sleep(3)
driver.refresh()
sleep(3)
```

图 13-9 登录自己的百度账号

运行程序可以看到"登录"链接已经是自己的百度用户名,说明已登录成功了。

13.6 selenium 实现 AJAX 动态加载抓取今日头条新闻

13.6.1 selenium 处理滚动条

selenium 并不是万能的,有时页面上的操作无法实现,这时就需要借助 JavaScript 脚本来完成。例如当页面上的元素超过一屏后,想操作屏幕外的元素,selenium 是不能直接定位

第13章 selenium操作浏览器应用——模拟登录

到屏幕外的元素的。这时需要借助滚动条来滚动屏幕,使被操作的元素显示在当前的屏幕上。滚动条是无法直接用定位工具来定位的。selenium 中也没有直接的方法去控制滚动条,这时只能借助 JavaScript 脚本。selenium 提供了一个操作 JavaScript 的方法 execute_script(),可以直接执行 JavaScript 脚本。

1. 控制垂直滚动条高度

(1)滚动条回到顶部。

```
js = "var q = document.documentElement.scrollTop = 0"
driver.execute_script(js)
```

(2)滚动条拉到底部。

```
js = "var q = document.documentElement.scrollTop = 10000"
driver.execute_script(js)
```

可以修改 scrollTop 的值来定位右侧滚动条的位置,0 是最上面,10000 是最底部。
以上方法在 Firefox 和 IE 浏览器上是可以的,但是用 Chrome 浏览器不管用。Chrome 浏览器解决办法如下:

```
js = "var q = document.body.scrollTop = 0"            //滚动条回到顶部
js = "var q = document.body.scrollTop = 10000"        //滚动条拉到底部
driver.execute_script(js)
```

2. 控制水平滚动条

有时浏览器页面需要左右滚动(一般屏幕最大化后,左右滚动的情况已经很少见了),通过 scrollTo(x,y)同时控制水平和垂直滚动条。

```
js = "window.scrollTo(100,400);"
driver.execute_script(js)
```

3. 元素聚焦

上面的方法可以解决拖动滚动条的位置问题,但是有时候无法确定需要操作的元素在什么位置,有可能每次打开的页面不一样,元素所在的位置也不一样,这个时候可以先让页面直接跳到元素出现的位置,然后就可以操作了。

同样需要借助 JavaScript 去实现。具体如下:

```
target = driver.find_element_by_xxxx()
driver.execute_script("arguments[0].scrollIntoView();", target)
```

例如,定位 id=J_ItemList 的元素如下:

```python
#聚焦 id = J_ItemList 元素
target = driver.find_element_by_id("J_ItemList")
driver.execute_script("arguments[0].scrollIntoView();", target)
```

13.6.2　selenium 动态加载抓取今日头条新闻

下面实现一个借助 selenium 拖动滚动条解决 AJAX 动态加载网页,获取"今日头条"中科技新闻信息的爬虫程序。

```python
from selenium import webdriver
from lxml import etree
import time
#driver = webdriver.Chrome()
driver = webdriver.Chrome("D:\\chromedriver_win32\\chromedriver.exe")
driver.maximize_window()
driver.get('https://www.toutiao.com/')
driver.implicitly_wait(10)
driver.find_element_by_link_text('科技').click()         #模拟单击'科技'选项卡标签
driver.implicitly_wait(10)
for x in range(10):
    js = "var q = document.body.scrollTop = " + str(x * 500)
    driver.execute_script(js)                            #不断拖动滚动条
    time.sleep(2)

time.sleep(5)
page = driver.page_source
doc = etree.HTML(str(page))
contents = doc.xpath('//div[@class = "wcommonFeed"]/ul/li')
for x in contents:
    title = x.xpath('div/div[1]/div/div[1]/a/text()')    #定位到标题
    if title:
        title = title[0]
        with open('toutiao.txt', 'a + ', encoding = 'utf-8')as f:
            f.write(title + '\n')
        print(title)
    else:
        pass
```

运行结果是在磁盘上生成 toutiao.txt 文本文件,查看内容如下:

```
ofo 的新加坡牌照被暂时吊销
 中国 5G"领头羊"华为能否突出重围?
 模仿游戏体验 试玩广告成为最有效的应用内置广告形式
 对人工智能现状的反思:2018 年
 B 站有了两个"马爸爸",左腾讯右阿里
 受印度电商新政影响 华为、OPPO 等转向与实体店合作
 新旧势力引爆 B 端赋能时代,乱战之下谁能笑傲群雄?
 麦肯锡分析报告:驱动制药行业并购潮的三大马车
```

土豪金、中国红…手机厂商为何爱在颜色上花心思?
拼多多增加补贴超 5 亿　为促品牌下乡
仅 599 元!小米又一新品上手体验,据说音质不错?
如果技术名词掌控世界,我们会如何形容当代生活?│100 个生活大问题
社交电商的非典型性火爆,新零售兴起与电商落幕的孪生体
登上 Nature Medicine 的 NLP 成果,为啥是一次里程碑式的胜利?
零基础深度学习入门:由浅入深理解反向传播算法
新加坡单车共享平台 oBike 终止单车项目拟推出共享电动摩托车

当然,读者可以通过右击页面,选择"检查",分析页面结构可以进一步获取发布时间等信息。

13.7　selenium 实现动态加载抓取新浪国内新闻

视频讲解

Python 爬取新浪国内新闻,首先需要分析国内新闻首页的页面组织结构,知道新闻标题、链接、时间等在哪个位置(也就是在哪个 HTML 元素中)。使用 Chrome 浏览器打开要爬取的页面,网址为 https://news.sina.com.cn/china/,按 F12 键打开"开发人员工具",单击工具栏左上角的 ▣ (即审查元素),再单击某一个新闻标题,查看到一个新闻为 class=feed-card-item 的<div>元素,如图 13-10 所示。

```
<div class=feed-card-item>
    <h2 suda-uatrack="key=index_feed&amp;value=news_click:1356:14:0" class=
    "undefined"> <a href=" https://news.sina.com.cn/c/2019-04-13/doc-
    ihvhiqax2294459.shtml" target="_blank">全国首部不动产登记省级地方性法规将实
    施</a>
    <div class="feed-card-a feed-card-clearfix"><div class="feed-card-time">
    今天 11:51</div>
</div>
```

从图 13-10 中可知,要获取新闻标题是<h2>元素内容,新闻的时间是 class="feed-card-time"的<div>元素,新闻链接是<h2>元素内部的<a href>元素。现在,就可以根据元素的结构编写爬虫代码。

首先导入需要用到的模块:BeautifulSoup、urllib.requests,然后解析网页。

```
from bs4 import BeautifulSoup
from datetime import datetime
import urllib.request
new_urls = set()                                    # 存放未访问 URL set 集合
url = 'https://news.sina.com.cn/china/'
web_data = urllib.request.urlopen(url).read()       # 调用 read()读取响应对象 response 的内容
web_data = web_data.decode("utf-8")
soup = BeautifulSoup(web_data,"html.parser")        # 解析网页
```

下面是提取新闻的时间、标题和链接信息。

图 13-10　新闻所在的<div>元素

```
for news in soup.select('.feed-card-item'):
    if(len(news.select('h2')) > 0):              # 去除为空的标题数据
        h2 = news.select('h2')[0].text           # 标题被储存在标签 h2
        time = news.select('.feed-card-time')[0].text    # time 是 class 类型，前面加点来表示
        a = news.select('a')[0]['href']          # 将新闻链接 URL 网址存储在变量 a 中
        print(h2,time,a)
        new_urls.add(a)
```

"soup.select('.feed-card-item')"取出所有特定 feed-card-item 类的元素，也就是所有新闻<div>元素。注意：soup.select()找出所有 class 为 feed-card-item 的元素，class 名前面需要加点(.)，即英文状态下的句号；找出所有 id 为 artibodyTitle 的元素，id 名前面需要加井号(#)。

h2＝news.select('h2')[0].text，[0]是取该列表中的第一个元素，text 是取文本数据；news.select('h2')[0].text 存储在变量 h2 中。

time＝news.select('.feed-card-time')[0].text 同上将其数据存储在变量 time 中。

用户要抓取的链接存放在 a 标签中，后面用 href，将链接 URL 网址存储在变量 a 中；最后输出想要抓取的新闻标题、时间、链接。

运行程序，发现爬取新浪国内新闻部分结果是空。这是什么原因造成的呢？按 F12 键，打开"开发者工具"，可以看到一些元素，例如<div class＝feed-card-item>，这是网页源代码在浏览器执行 JavaScript 脚本动态生成的元素，即浏览器处理过的最终网页。而爬虫获得的网页源代码是服务器发送到浏览器 HTTP 响应内容（原始网页源代码），并没有执行 JavaScript 脚本，所以就找不到<div class＝feed-card-item>元素，故而没有任何新闻结果。

问题解决办法如下：

一种是直接从 JavaScript 中采集加载的数据，用 JSON 模块处理；另一种方式是借助

PhantomJS 和 selenium 模拟浏览器工具直接采集浏览器中已经加载好数据的网页。

这里通过 selenium 模拟浏览器工具解决。所以爬取新浪国内新闻代码修改如下:

```python
import urllib.request
from bs4 import BeautifulSoup
from selenium import webdriver
#如果没有添加到系统环境变量,则需要指定 chromedriver.exe 所在文件夹
driver = webdriver.Chrome("D:\\chromedriver_win32\\chromedriver.exe")
# driver = webdriver.Chrome()
driver.maximize_window()
driver.get("https://news.sina.com.cn/china/")
data = driver.page_source
soup = BeautifulSoup(data, 'lxml')
for new in soup.select('.feed-card-item'):
    if len(new.select('h2'))> 0:
        a = new.select('a')[0]['href']
        print(new.select('a')[0]['href'])     #新闻链接
        print(new.select('a')[0].text)        #新闻标题
        new_urls.add(a)
```

爬取 2019 年 4 月 14 日新浪国内新闻部分结果如下:

```
一南一北 两名"80后"拟任厅级
https://news.sina.com.cn/c/2019-04-14/doc-ihvhiewr5667663.shtml
2019 北京半马鸣枪起跑 男女冠军均打破赛会纪录
https://news.sina.com.cn/c/2019-04-14/doc-ihvhiewr5671467.shtml
起底视觉中国:粤沪苏官司最多 最近告了一批医院
https://news.sina.com.cn/c/2019-04-14/doc-ihvhiewr5664941.shtml
```

如果需要获取新闻的具体内容,则可以进一步分析某一个新闻页面,方法同上。

```python
#根据得到的 URL 获取 HTML 文件
def get_soup(url):
    res = urllib.request.urlopen(url).read()
    res = res.decode("utf-8")
    soup = BeautifulSoup(res,"html.parser")      #解析网页
    return soup
#获取新闻中所需新闻来源、责任编辑、新闻详情等内容
def get_information(soup,url):
    dict = {}
    title = soup.select_one('title')
    if(title == None):
        return dict
    dict['title'] = title.text
    #< meta name = "weibo:article:create_at" content = "2018-12-17 16:16:58" />
    time_source = soup.find('meta',attrs = {'name':"weibo:article:create_at"})
    time = time_source["content"]                #新闻时间
    dict['time'] = time
    #< meta property = "article:author" content = "新华网" />
```

```
site_source = soup.find('meta',attrs = {'property':"article:author"})
dict['site'] = site_source["content"]         #新闻来源
content_source = soup.find('meta',attrs = {'name':"weibo: article:create_at"})
content_div = soup.select('#article')         #正文<div class = "article" id = "article">
dict['content'] = content_div[0].text[0:100]  #新闻详情
return dict
```

get_information(soup,url)返回一个字典,包含新闻来源、责任编辑、新闻详情等内容。

最后通过循环从 url 集合中得到要访问某一个新闻的 URL,使用 get_information(soup,url)获取新闻详情等内容。

```
content = []
while 1:
    if (not new_urls):                        #空集合:
        break
    else:
        #从 url 集合中得到要访问的 URL
        url = new_urls.pop()
    soup = get_soup(url)                      #得到 soup
    dict = get_information(soup,url)          #获取新闻详情等内容
    content.append(dict)
    print(dict)
```

至此,就完成了爬取新浪国内新闻程序,运行后可见到每条新闻来源、责任编辑、新闻详情等内容。由于新浪网站不断改版,所以需要根据上面的思路进行适当的修改,才能真正爬取到新浪国内新闻。

人工智能
开发篇

第14章　机器学习案例——基于朴素贝叶斯算法的文本分类

第15章　深度学习案例——基于卷积神经网络的手写体识别

第16章　人工智能实战——基于OpenCV实现人脸识别

第14章

机器学习案例——基于朴素贝叶斯算法的文本分类

14.1 文本分类功能介绍

视频讲解

　　对于分类问题,其实大家都很熟悉,说每个人每天都在执行分类操作一点也不夸张,只是大家没有意识到罢了。例如,当看到一个陌生人,脑子里会下意识地判断是男是女;走在路上,可能经常会对身旁的朋友说"这个人一看就很有钱""这个人看着很谦和"之类的话,其实这就是一种分类操作,也就是根据这个人身上的某些特征做出的一个推断。

　　文本分类和其他分类本质上是一样的,只不过分类的对象是文本。文本分类问题是根据文本的特征将其分到预先设定好的类别中,类别可以是两类,也可以是更多的类别。文本数据是互联网时代的一种最常见的数据形式,新闻报道、电子邮件、网页、评论留言、博客文章、学术论文等都是常见的文本数据类型,文本分类问题所采用的类别划分往往也会根据目的不同而有较大差别。例如,根据文本内容可以有"政治""经济""体育"等不同类别;根据应用目的要求,在检测垃圾邮件时可以有"垃圾邮件"和"非垃圾邮件";根据文本特点,在做情感分析时可以有"积极情感文本"和"消极情感文本"。可见,文本分类的应用非常广泛。

　　常用的文本分类算法有朴素贝叶斯算法、支持向量机算法、决策树、KNN最近邻算法等。KNN最近邻算法的原理最简单,但是分类精度一般,速度很慢;朴素贝叶斯算法对于短文本分类效果最好,精度很高;支持向量机算法的优势是支持线性不可分的情况,在精度上取中。本章以朴素贝叶斯算法为例讲解文本分类的一般过程,并以垃圾邮件过滤作为朴素贝叶斯算法的一个应用案例进行测试。

14.2 程序设计的思路

　　文本分类主要有三个步骤。

1. 文本的表达

　　这个阶段的主要任务是将文档转变成向量形式,常用且最简单的就是词集模型。其基本思想是假定对于一个文档忽略其词序、语法和句法等要素,将文档仅仅看作若干词汇的集合,而文档中每个单词的出现都是独立的,不依赖于其他词汇的出现。简单来说,就是将每篇文档都看成一个词汇集合,然后看这个集合里出现了什么词汇,将其分类。例如有以下两个文档。

文档一:Bob likes to play basketball,Jim likes too.
文档二:Bob also likes to play football games.
基于这两个文档,先构造一个词汇表:

```
wordList = {"Bob","likes","to","play","basketball","Jim","too","also",
"football","games"}
```

可以看到,这个词汇表由10个不同的单词组成,利用单词在词汇表中的索引,上面两个文档都可以用一个10维向量表示,向量中的每个元素表示词汇表中的相应单词在文档中是否出现,出现为1,不出现为0。

文档一:[1,1,1,1,1,1,1,0,0,0]
文档二:[1,1,1,1,0,0,0,1,1,1]

2. 分类器的选择与训练

这个阶段是文本分类的关键步骤,使用的分类算法不同,具体步骤也不同,这里使用朴素贝叶斯算法进行文本分类,具体将在14.3节详细介绍。

3. 分类结果的评价

机器学习领域的算法评估常用的评价指标如下:

错分率＝所有分类错误的记录数/测试集中的记录总数
准确率＝被识别为该分类的正确分类记录数/被识别为该分类的记录数
召回率＝被识别为该分类的正确分类记录数/测试集中该分类的记录总数
F1-score＝2(准确率×召回率)/(准确率＋召回率)

14.3 关键技术

14.3.1 贝叶斯算法的理论基础

1. 条件概率

假设一个盒子里装了9个小球,如图14-1所示,其中包括4个黑色的、5个白色的,如果

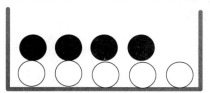

图14-1 一个装有9个小球的盒子

从盒子里随机取一个小球,那么是黑色小球的可能性有多大?由于取小球有9种可能,其中4种为黑色,所以取出黑色小球的概率为4/9。那么取出白色小球的概率又会是多少呢?很显然,是5/9。如果用P(black)表示取黑色小球的概率,其概率值等于黑色小球的数量除以小球总数。

如果将9个小球分开放在两个盒子中,如图14-2所示,那么上述概率应该如何计算?

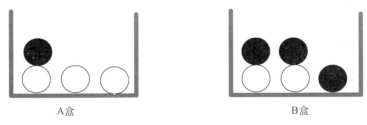

图14-2　将9个小球分别放在两个盒子中

将9个小球如图14-2所示放在两个盒子中,要计算P(black)或者P(white),事先得知小球所在盒子的信息会不会改变结果?假设从A盒中取出黑色小球的概率为P(black|A盒),即"在已知小球取自A盒的情况下取出黑色小球的概率",容易得到从A盒中取出黑色小球的概率P(black|A盒)为1/4,这就是所谓的条件概率。

条件概率的定义:已知事件B发生的条件下事件A发生的概率称为事件A关于事件B的条件概率,记为P(A|B)。对于任意事件A和B,若P(B)≠0,则"在事件B发生的条件下事件A发生的条件概率"记为P(A|B),定义为 $P(A|B) = \dfrac{P(AB)}{P(B)}$。

那么,对于小球这个例子来说,依据条件概率的定义,P(black|A盒)=P(black and A盒)/P(A盒)。

下面来看上述公式是否合理。P(black and A盒)表示取出A盒中黑色小球的概率,用A盒中的黑色小球数量除以小球总数可得,即1/9;P(A盒)表示从A盒中取小球的可能性,即用A盒中的小球数量除以小球总数,即4/9。于是有P(black|A盒)=P(black and A盒)/P(A盒)=(1/9)/(4/9)=1/4,结论与前面分析得到的结果相同,说明公式完全合理。

2. 全概率公式

若事件组($A_1, A_2, \cdots, A_n$)满足以下关系:

(1) $A_i (i=1,2,\cdots,n)$两两互斥,且$P(A_i) > 0$。

(2) $\sum\limits_{1}^{n} A_i = \Omega$,$\Omega$为样本空间。

则称事件组($A_1, A_2, \cdots, A_n$)是样本空间Ω的一个划分。

全概率公式:设($A_1, A_2, \cdots, A_n$)是样本空间Ω的一个划分,B为任一事件,则有

$$P(B) = \sum_{i=1}^{N} P(A_i) P(B|A_i)$$

3. 贝叶斯公式

设($A_1, A_2, \cdots, A_n$)是样本空间Ω的一个划分,B为任一事件,则有

$$P(A_i|B) = \frac{P(A_iB)}{P(B)} = \frac{P(A_i)P(B|A_i)}{\sum_{j=1}^{n} P(A_j)P(B|A_j)}$$

上式中的 A_i 常被视为导致试验结果 B 发生的"原因",$P(A_i)(i=1,2,\cdots,n)$ 表示各种原因发生的可能性大小,故称先验概率;$P(A_i|B)(i=1,2,\cdots,n)$ 则反映当试验产生了结果 B 之后再对各种原因概率的新认识,故称后验概率。

14.3.2 朴素贝叶斯分类

1. 朴素贝叶斯分类的原理

朴素贝叶斯分类基于条件概率、贝叶斯公式和独立性假设原则。

基于概率论的方法告诉我们,当只有两种分类时:

如果 P1(x,y)>P2(x,y),那么分入类别 1;

如果 P2(x,y)>P1(x,y),那么分入类别 2。

这里提到的 P1(x,y)、P2(x,y)是一种简化描述,分别表示 $P(c_1|x,y)$ 和 $P(c_2|x,y)$,这些符号表示的意义可以这样理解,给定某个由 x、y 两个特征表示的数据点,那么该数据点是类别 c_1 的概率是多少?是类别 c_2 的概率又是多少?应用贝叶斯定理,可得

$$P(c_i|x,y) = \frac{P(x,y|c_i)P(c_i)}{p(x,y)}$$

从而可以定义贝叶斯分类准则如下:

如果 $p(c_1|x,y) > p(c_2|x,y)$,那么属于类别 c_1;

如果 $p(c_1|x,y) < p(c_2|x,y)$,那么属于类别 c_2。

这样,使用贝叶斯公式可以通过计算已知的三个概率值来得到未知的概率值。如果仅仅为了比较 $P(c_1|x, y)$ 和 $P(c_2|x, y)$ 的大小,因为分母相同,只需要已知分子上的两个概率即可。这里还有一个假设,就是基于特征条件独立的假设,也就是上面说到的数据点的两个特征 x 和 y 相互独立,不会相互影响,因此可以将 $P(x,y|c_i)$ 展开成独立事件概率相乘的形式,则有

$$P(x,y|c_i) = P(x|c_i)P(y|c_i)$$

当然,对于多个特征条件的情况,上式仍然成立,这样计算概率就简单多了。

2. 朴素贝叶斯分类的定义

扩展到一般情况,朴素贝叶斯分类的正式定义如下:

(1) 设 $x = \{a_1, a_2, \cdots, a_m\}$ 为一个待分类项,a_i 为 x 的一个特征属性,有类别 $C = \{y_1, y_2, \cdots, y_n\}$。

(2) 计算 $p(y_1|x), p(y_2|x), \cdots, p(y_n|x)$。

(3) 如果 $p(y_k|x) = \max\{p(y_1|x), p(y_2|x), \cdots, p(y_n|x)\}$,则 $x \in y_k$。

现在的关键是如何计算第(2)步中的各个条件概率,可以这样做:

① 找到一个已知分类的待分类项集合,这个集合称为训练样本集。

② 统计得到各类别下各个特征属性的条件概率估计,即 $P(a_1|y_1), P(a_2|y_1), \cdots,$

$P(a_m|y_1); P(a_1|y_2), P(a_2|y_2), \cdots, P(a_m|y_2); \cdots; P(a_1|y_n), P(a_2|y_n), \cdots, P(a_m|y_n)$。

③ 如果各个特征属性是条件独立的，则根据贝叶斯公式有如下推导：

$$P(Y_i|x) = \frac{P(x|y_i)P(y_i)}{p(x)}$$

因为分母对于所有类别相同，所以只要将分子最大化即可。又因为各特征属性是条件独立的，所以有

$$P(x|y_i)P(y_i) = P(a_1|y_i)P(a_2|y_i)\cdots P(a_m|y_i)P(Y_i) = P(y_i)\prod_{j=1}^{m}P(a_j|y_i)$$

3．朴素贝叶斯分类的流程

根据上述分析，朴素贝叶斯分类的流程可以用图 14-3 表示。

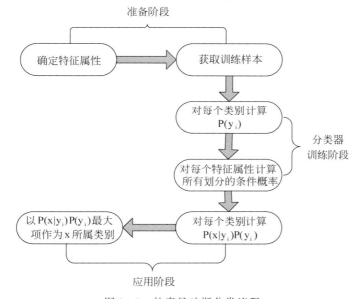

图 14-3　朴素贝叶斯分类流程

可以看到，整个朴素贝叶斯分类分为三个阶段。

（1）准备阶段：这个阶段为朴素贝叶斯分类做必要的准备，主要工作是根据具体应用情况确定特征属性，并对每个特征属性进行适当划分，然后由人工对一部分待分类项进行分类，形成训练样本集合。这一阶段的输入是所有待分类数据，输出是特征属性和训练样本集合。这一阶段是整个朴素贝叶斯分类中非常重要的一个阶段，也是唯一需要人工完成的阶段，其质量对整个过程有重要影响，分类器的质量在很大程度上由特征属性、特征属性划分及训练样本质量决定。

（2）分类器训练阶段：这个阶段就是生成分类器，主要工作是计算每个类别在训练样本中的出现概率及每个特征属性划分对每个类别的条件概率估计，并将结果记录。其输入是特征属性和训练样本，输出是分类器。这一阶段是自动化阶段，根据前面讨论的公式可以由程序自动计算完成。

（3）应用阶段：这个阶段的任务是使用分类器对待分类项进行分类，其输入是分类

器和待分类项,输出是待分类项与类别的映射关系。这一阶段也是自动化阶段,由程序完成。

14.3.3 使用 Python 进行文本分类

在文本分类中,要从文本中获取特征,需要先拆分文本,以一封电子邮件为例,电子邮件中的某些元素构成特征。我们可以解析得到文本中的词,并把每个词作为一个特征,而每个词是否出现作为该特征的值,然后将每个文本表示为一个词条向量,就是前面提到的词集模型。每个文本的词条向量的大小与词汇表中词的数目一致。

假设特征之间相互独立。所谓独立指的是统计意义上的独立,即一个特征或者单词出现的可能性与它和其他单词相邻没有关系,比如说,"今天天气真好!"中的"今天"和"天气"出现的概率与这两个词相邻没有任何关系。这个假设正是朴素贝叶斯分类器中"朴素"一词的含义。朴素贝叶斯分类器中的另一个假设是每个特征同等重要。

14.4 程序设计的步骤

掌握了上面的基本理论,就可以开启文本分类之旅了,本节以判断留言板的留言是否为侮辱性言论为例,详细讲解使用朴素贝叶斯算法进行文本分类的过程。

问题概述:构建一个快速过滤器来屏蔽在线社区留言板上的侮辱性言论。如果某条留言中出现了负面或者侮辱性的词汇,就将该留言标识为内容不当。对此问题建立两个类别——侮辱类和非侮辱类,分别用 1 和 0 表示。

现在正式开始,首先创建一个名为 Nbayes.py 的新文件,然后依次将程序清单添加到文件中。

视频讲解

14.4.1 收集训练数据

为了将主要精力集中在分类算法本身,直接用简单的英文语料作为数据集。在实际应用中,可以通过爬虫或其他途径获取真实数据。

```
def loadDataSet():
    postingList = [['my','dog','has','flea','problems','help','please'],
                   ['maybe','not','take','him','to','dog','park','stupid'],
                   ['my','dalmation','is','so','cute','I','love','him'],
                   ['stop','posting','stupid','worthless','garbage'],
                   ['mr','licks','ate','my','steak','how','to','stop','him'],
                   ['quit','buying','worthless','dog','food','stupid']]
    classVec = [0,1,0,1,0,1]        #1代表侮辱性言论,0代表正常言论
    return postingList,classVec
```

loadDataSet()函数直接用模拟的 6 个已分词的小文档和对应的 6 个类别标签作为训练数据。该函数返回两个列表,其中 postingList 表示已分词的文档列表,classVec 表示文档对应的类别列表。

14.4.2 准备数据

有了数据集,接下来需要从数据集生成文本的结构化描述方法,即向量空间模型,把文本表示为一个向量,把向量的每个特征表示为文本中出现的词,这里用前面提到的词集模型,首先遍历训练集中的所有文本,生成词汇表。

```
def vocabList(dataSet):
    vocabSet = set([])                          # 使用 set 创建不重复的词汇集
    for document in dataSet:
        vocabSet = vocabSet|set(document)       # 创建两个集合的并集
    return list(vocabSet)
```

vocabList(dataSet)函数的参数 dataSet 为文档集的单词列表,即 loadDataSet()函数的 postingList 返回值。该函数根据文档数据集 dataSet 创建一个包含在所有文档中不重复出现的单词列表,为此使用 Python 的 set 数据类型。首先创建一个空的集合,然后将每个文档的词集合加入该集合中,操作符"|"表示求两个集合的并集。

下面根据词汇表生成每篇文档的词集模型表示,即词向量。

```
def setOfWordsVec(vocabList, inputText):
    textVec = [0] * len(vocabList)              # 创建一个所有元素都为0的向量
    # 遍历文档中的所有单词,若出现了词汇表中的单词,则令文档向量中的对应值为1
    for word in inputText:
      if word in vocabList:
          textVec[vocabList.index(word)] = 1
    return textVec
```

setOfWordsVec(vocabList,inputText)函数有两个参数,vocabList 表示已知的词汇表,inputText 表示某个文档的单词列表,函数返回值 textVec 为文档 inputText 的词向量,向量中的每个元素为 0 或 1,表示词汇表中的元素在文档中是否出现,没有出现为 0,出现为 1。向量的长度与词汇表的长度相同。该函数首先创建一个和词汇表一样长的向量,向量元素全部为 0,接着遍历文档中的每个单词,判断该单词是否在词汇表中,如果是,就将文档词向量相应位置的元素置为 1。

14.4.3 分析数据

现在可以检查函数的执行情况,首先检查单词列表,看有无遗漏或重复单词,确保数据解析的正确性。保存 Nbayes.py 文件,运行该文件,然后在 Python 提示符下输入:

```
>>> listOposts,listClasses = loadDataSet()
>>> wordList = vocabList(listOposts)
>>> wordList
['dog', 'stop', 'my', 'has', 'worthless', 'licks', 'mr', 'ate', 'I', 'steak',
'please', 'maybe', 'help', 'park', 'food', 'quit', 'is', 'so', 'buying',
'love', 'dalmation', 'take', 'him', 'posting', 'how', 'stupid', 'not',
'flea', 'problems', 'garbage', 'cute', 'to']
```

经检查没有遗漏单词，也没有重复单词，这样就生成了共有32个单词的词汇表。

下面检查 setOfWordsVec() 函数的执行效果，生成第1篇文档的词向量：

```
>>> setOfWordsVec(wordList,listOposts[0])
[1, 0, 1, 1, 0, 0, 0, 0, 0, 0, 1, 0, 0, 0, 0, 0, 0, 0, 0, 0, 0, 0, 0, 0, 0, 1, 1, 0, 0, 0]
```

可以看到，文档向量中索引为0的元素为1，对应词汇表中的dog，可以查看第1篇文档 ['my', 'dog', 'has', 'flea', 'problems', 'help', 'please']，发现单词 dog 果然出现了。同理，将其他元素值为1的都验证一遍，完全正确。

下面检查单词 dog 在第5篇文档中是否出现。

```
>>> setOfWordsVec(wordList,listOposts[4])
[0, 1, 1, 0, 0, 1, 1, 1, 0, 1, 0, 0, 0, 0, 0, 0, 0, 0, 0, 0, 1, 0, 1, 0, 0, 0, 0, 0, 0, 1]
```

可以看到，文档向量中索引为0（对应词汇表中的 dog）的元素为0，表示 dog 没有出现，可以查看第5篇文档 ['mr', 'licks', 'ate', 'my', 'steak', 'how', 'to', 'stop', 'him']，单词 dog 果然没有出现，完全正确。

视频讲解

14.4.4 训练算法

现在已经知道了一个单词在一篇文档中是否出现，也知道了该文档所属的类别。接下来重写贝叶斯公式，将之前的 x、y 替换为 w，粗体的 w 表示一个向量，即它由多个值组成。在这个例子中，数值个数与词汇表中的单词个数相同。

$$P(c_i|w) = \frac{P(w|c_i)P(c_i)}{p(w)}$$

通过前面的分析可以知道，需要计算每个类别的这个概率值，然后选取概率最大值对应的类别作为最终的类别。上式中每个类别概率的分母相等，因此只需要计算分子的两个概率 $P(c_i)$ 和 $P(w|c_i)$。

首先通过类别 i（侮辱性留言或者非侮辱性留言）中的文档数除以总的文档数来计算概率 $P(c_i)P(c_i)$。接下来计算 $P(w|c_i)$，这里假设所有单词都互相独立，将 w 展开为一个个独立的特征（单词），那么概率 $P(w|c_i)$ 就可以写为 $P(w_0, w_1, w_2, \cdots, w_n|c_i)$，可以使用 $P(w_0|c_i) P(w_1|c_i) P(w_2|c_i) \cdots P(w_n|c_i) * P(w_n|c_i)$ 来计算上述概率，这样计算过程就简便多了。

下面通过程序来计算两种类别下每个单词的概率 $P(w_i|c_0)$、$P(w_i|c_1)$ 和每个类别的概率值 $P(c_i)$。因为该问题是二分类问题，类别只有两类，因此只要计算一种类别的概率如 $P(c_1)$，另一种类别的概率 $P(c_0) = 1 - P(c_1) P(c_0) = 1 - P(c_1)$。

$P(c_1)$ 表示带有侮辱性语言的文档的概率，可以用侮辱性文档数目除以文档总数得到。

$P(w_i|c_1)$ 表示侮辱性文档中单词 w_i 的条件概率，可以用侮辱性文档中单词 w_i 出现的次数除以所有侮辱性文档的单词总数得到。

为了简化程序的逻辑，在计算过程中用到了 Numpy 中的一些函数，故应确保导入 numpy 包，需要将 from numpy import * 语句加在 Nbayes.py 文件的最前面。

```python
from numpy import *
def trainNB(trainDocMatrix,trainCategory):          #训练算法,由词向量计算概率
    numTrainDoc = len(trainDocMatrix)               #文档数
    numWord = len(trainDocMatrix[0])                #单词数
    #侮辱性文件的出现概率,即用trainCategory中所有的1的个数除以文档总数
    pAbusive = sum(trainCategory)/float(numTrainDoc)
    #构造单词出现的次数数组,初值为0,大小为单词数
    p0Num = zeros(numWord)
    p1Num = zeros(numWord)
    #整个数据集单词出现的总数
    p0Denom = 0.0
    p1Denom = 0.0
    #对每个文档遍历
    for i in range(numTrainDoc):
        #是否为侮辱性文档
        if trainCategory[i] == 1:
            #如果是侮辱性文档,对侮辱性文档的向量进行求和
            p1Num += trainDocMatrix[i]
            #对向量中的所有元素求和,也就是计算所有侮辱性文档中出现的单词总数
            p1Denom += sum(trainDocMatrix[i])
        else:
            p0Num += trainDocMatrix[i]
            p0Denom += sum(trainDocMatrix[i])
    #类别1下每个单词出现的概率
    p1Vec = p1Num/p1Denom
    #类别0下每个单词出现的概率
    p0Vec = p0Num/p0Denom
    return p0Vec,p1Vec,pAbusive
```

trainNB()函数有两个参数:trainDocMatrix 和 trainCategory,分别是所有训练文档的词向量构成的矩阵和文档对应的类别标签数组,输出为 $P(w|c_0)$(即 p0Vec)、$P(w|c_1)$(即 p1Vec)和 $P(c_1)$(即 pAbusive)。该函数首先计算 $P(c_1)$,即文档属于侮辱性文档(类别为1)的概率,用侮辱性文档数除以文档总数即可得到。

计算 p0Vec 和 p1Vec(即 $P(w|c_0)$ 和 $P(w|c_1)$),需要计算每个单词在每个类别下的概率,这里用了 NumPy 数组快速计算,p0Vec 和 p1Vec 都是向量,大小与词汇表相同,向量中的元素值表示在相应类别下对应的词汇表中的单词出现的概率。在程序中 p1Num 首先用 NumPy 的 zeros()初始化为长度与词汇表等长的全 0 数组;p1Denom 初始化为 0。在 for 循环中,遍历训练集的所有文档,如果文档是侮辱性文档,就将该文档和 p1Num 进行向量相加,并且将该文档的单词总数累加到 p1Denom;如果是正常文档,也做相应的处理。这样,循环结束,p1Num 向量中保存的是侮辱性文档中每个单词出现的次数;p1Denom 保存的是所有侮辱性文档中出现的单词总数,是一个整数;最后用每个单词出现的次数除以该类别中的单词总数(p1Num/p1Denom),则可以得到每个单词在该类别下的概率,即 $P(w_j|c_i)(j=0,1,2,\cdots,n)$。

现在测试 trainNB()函数的效果。将 trainNB()函数的代码加入 Nbayes.py 文件中,运行该文件,并在 Python 提示符下输入:

```
>>> listOposts, listClasses = loadDataSet()
>>> wordList = vocabList(listOposts)
>>> wordList
```

至此，生成一个包含所有词的词汇表 wordList，下面构建 trainNB() 函数所需要的文档词向量矩阵。使用词向量生成函数 setOfWordsVec() 循环生成每篇文档的词向量，填充到 trainDocMat 矩阵中，可以得到最终的文档词向量矩阵。

```
>>> trainDocMat = []
>>> for inDoc in listOposts:
        trainDocMat.append(setOfWordsVec(wordList, inDoc))
>>> trainDocMat
[[1, 0, 1, 1, 0, 0, 0, 0, 0, 0, 1, 0, 1, 0, 0, 0, 0, 0, 0, 0, 0, 0, 0, 0, 0, 1, 1, 0, 0, 0],
 [1, 0, 0, 0, 0, 0, 0, 0, 0, 0, 1, 0, 1, 0, 0, 0, 0, 0, 0, 1, 1, 0, 0, 1, 1, 0, 0, 0, 0, 1],
 [0, 0, 1, 0, 0, 0, 1, 0, 0, 0, 0, 0, 0, 1, 1, 0, 1, 1, 0, 1, 0, 0, 0, 0, 0, 0, 0, 0, 1, 0],
 [0, 1, 0, 0, 1, 0, 0, 0, 0, 0, 0, 0, 0, 0, 0, 0, 0, 0, 0, 0, 0, 0, 1, 0, 1, 0, 0, 1, 0, 0],
 [0, 1, 1, 0, 0, 1, 1, 1, 0, 1, 0, 0, 0, 0, 0, 0, 0, 0, 0, 1, 0, 0, 0, 0, 0, 0, 0, 0, 0, 1],
 [1, 0, 0, 0, 1, 0, 0, 0, 0, 0, 0, 1, 1, 0, 0, 1, 0, 0, 0, 1, 0, 0, 1, 0, 0, 0, 0, 0, 0, 0]]
```

下面给出侮辱性文档的概率和两个类别的概率向量。

```
>>> p0V, p1V, pAb = trainNB(trainDocMat, listClasses)
>>> pAb
0.5
>>> p0V
array([0.04166667, 0.04166667, 0.125     , 0.04166667, 0.        ,
       0.04166667, 0.04166667, 0.04166667, 0.04166667, 0.04166667,
       0.04166667, 0.        , 0.04166667, 0.        , 0.        ,
       0.        , 0.04166667, 0.04166667, 0.        , 0.04166667,
       0.04166667, 0.        , 0.08333333, 0.        , 0.04166667,
       0.        , 0.        , 0.04166667, 0.04166667, 0.        ,
       0.04166667, 0.04166667])
>>> p1V
array([0.10526316, 0.05263158, 0.        , 0.        , 0.10526316,
       0.        , 0.        , 0.        , 0.        , 0.        ,
       0.        , 0.05263158, 0.        , 0.05263158, 0.05263158,
       0.05263158, 0.        , 0.        , 0.05263158, 0.        ,
       0.        , 0.05263158, 0.05263158, 0.05263158, 0.        ,
       0.15789474, 0.05263158, 0.        , 0.        , 0.05263158,
       0.        , 0.05263158])
```

可以看到，侮辱性文档的概率 pAb 为 0.5，从训练数据可知，一共有 6 篇文档，其中 3 篇是侮辱性文档，因此该值正确。下面看看单词在给定类别下的概率是否正确，词汇表的第 1 个单词是 dog，其在类别 0 中出现 1 次，而类别 0 的文档单词总数为 24 个，对应的条件概率为 1/24=0.04166667；在类别 1 中出现两次，类别 1 的文档单词总数为 19 个，对应的条件概率为 2/19=0.10526316，该计算是正确的。下面看看两类概率中的最大值，发现是 p1V 中的 0.15789474，该概率的索引为 25，对应词汇表中的 stupid，意味着该单词 stupid 是最能表征类别（侮辱性文档类）的单词。通过查看训练数据，可以发现单词 stupid 在 3 篇侮辱性文档中全部出现了。

14.4.5 测试算法并改进

从上面的测试结果可以看到，在 p0V 和 p1V 中都存在一些单词概率为 0 的现象，那么计算 $P(w_0|c_i)P(w_1|c_i)P(w_2|c_i)\cdots P(w_n|c_i)$ 的值肯定为 0，这将导致用朴素贝叶斯分类器对文档分类时下面式子中的分子为 0，无法比较概率大小，最终无法分类。

$$P(c_i|w) = \frac{P(w|c_i)P(c_i)}{p(w)}$$

为了避免这种现象，可以将所有单词的出现次数由初始化为 0 改为 1，并将 p1Vec＝p1Num/p1Denom 和 p0Vec＝p0Num/p0Denom 中的分母初始化为 2.0，确保分母不为 0。注意，这里初始化为 1 或 2 的目的主要是为了保证分子和分母不为 0，大家可以根据业务需求进行更改。

将 trainNB() 函数中初始化的这几条语句：

```
p0Num = zeros(numWord)
p1Num = zeros(numWord)
p0Denom = 0.0
p1Denom = 0.0
```

修改为

```
p0Num = ones(numWord)
p1Num = ones(numWord)
p0Denom = 2.0
p1Denom = 2.0
```

另一个需要注意的问题是下溢出，这是由于很多很小的数相乘造成的。当计算乘积 $P(w_0|c_i)P(w_1|c_i)P(w_2|c_i)\cdots P(w_n|c_i)$ 时，由于大部分因子都非常小，乘积将会变得更小，所以可能会产生下溢出或者得到不正确的答案。一种有效的解决办法是对乘积取自然对数。因为 $\ln(ab)=\ln(a)+\ln(b)$，于是通过求对数可以避免下溢出或者浮点数舍入导致的错误。在数学上，$f(x)$ 与 $\ln(f(x))$ 的取值结果虽然不同，但在相同区域内变化的趋势一致，并且在相同值上取到极值。因此，采用自然对数进行处理不会影响最终结果，所以将 trainNB() 函数中 return 前的两行代码修改为

```
p1Vec = log(p1Num/p1Denom)
p0Vec = log(p0Num/p0Denom)
```

到现在为止，分类器已经修改好了，下面开始检验分类效果。

14.4.6 使用算法进行文本分类

依据朴素贝叶斯公式 $P(c_i|w) = \dfrac{P(w|c_i)P(c_i)}{p(w)}$ 及前面的分析，只要计算公式中的分子

即可，重点是比较分子的大小，分子大的对应的类别就是文档的类别。将 trainNB() 函数求得的三个概率 p0Vec、p1Vec、pAbusive 及需要分类文档的词向量代入公式，分别比较两种类别下的概率大小，即可确认文档的类别。classifyNB() 函数实现了上述过程。

```python
def classifyNB(textVec,p0Vec,p1Vec,pClass1):
    """
    分类函数
    :param textVec: 要分类的文档向量
    :param p0Vec: 正常文档类(类别0)下的单词概率列表
    :param p1Vec: 侮辱性文档类(类别1)下的单词概率列表
    :param pClass1: 侮辱性文档(类别1)概率
    :return: 类别1或0
    """
    p1 = sum(textVec * p1Vec) + log(pClass1)
    p0 = sum(textVec * p0Vec) + log(1.0 - pClass1)
    print('p1 = ',p1)
    print('p0 = ',p0)
    if p1 > p0:
        return 1
    else:
        return 0
```

为了测试更加方便，将前面在 Python 提示符下的所有操作进行封装，构造测试函数 testNB()。

```python
def testNB():                      #朴素贝叶斯算法测试
    #(1)加载数据集
    listOposts,listClasses = loadDataSet()
    #(2)创建词汇表
    wordList = vocabList(listOposts)
    #(3)构造训练数据的文档词向量矩阵
    trainDocMat = []
    for inDoc in listOposts:
        trainDocMat.append(setOfWordsVec(wordList, inDoc))
    #(4)训练数据
    p0V,p1V,pAb = trainNB(array(trainDocMat),array(listClasses))
    #(5)测试数据
    testText = ['love','my','ate']
    thisDoc = array(setOfWordsVec(wordList,testText))
    print(testText,'classified as:',classifyNB(thisDoc,p0V,p1V,pAb))
    testText = ['stupid','dog']
    thisDoc = array(setOfWordsVec(wordList,testText))
    print(testText,'classified as:',classifyNB(thisDoc,p0V,p1V,pAb))
```

将所有函数保存到 Nbayes.py 文件中，运行该文件，并在 Python 提示符下输入：

```
>>> testNB()
```

可以看到运行结果如下：

```
p1 = -9.826714493730215
p0 = -7.694848072384611
['love', 'my', 'ate'] classified as: 0
p1 = -4.2972854062187915
p0 = -6.516193076042964
['stupid', 'dog'] classified as: 1
```

14.5 使用朴素贝叶斯分类算法过滤垃圾邮件

14.4 节运用朴素贝叶斯算法完整实现了社区留言板言论的分类,下面将朴素贝叶斯算法应用于垃圾邮件过滤,同样用朴素贝叶斯算法分类的通用框架来解决该问题。使用朴素贝叶斯算法对电子邮件进行分类的实现流程如下。

(1) 收集训练数据:提供已知的文本文件。
(2) 准备数据:将文本文件解析为词向量。
(3) 分析数据:检查词条确保解析的正确性。
(4) 训练算法:从词向量计算概率,使用前面建立的 trainNB() 函数。
(5) 测试算法:使用朴素贝叶斯算法进行交叉验证。
(6) 使用算法:构建完整的程序对一组邮件进行分类,将错分的邮件输出到屏幕上。

14.5.1 收集训练数据

假设训练数据已知,这里用 50 封邮件作为训练数据,其中垃圾邮件和非垃圾邮件各 25 封。

14.5.2 将文本文件解析为词向量

在 14.4 节中,为了着重理解朴素贝叶斯算法分类的核心过程,文本的词向量是预先给定的,下面介绍如何从文本构建自己的词向量。

对于一个英文文本字符串,可以使用 Python 的 string.split() 方法切分。下面看一下实际的运行效果。在 Python 提示符下输入:

```
>>> text = 'In fact, persistence hunting remained in use until 2014, such as with the San people of the Kalahari Desert.'
>>> text.split()
['In', 'fact,', 'persistence', 'hunting', 'remained', 'in', 'use', 'until', '2014,', 'such', 'as', 'with', 'the', 'San', 'people', 'of', 'the', 'Kalahari', 'Desert.']
```

可以看到,在默认情况下 split() 按照单词之间的空格进行切分,整体切分效果不错,但美中不足的是,标点符号也被当作单词的一部分进行了切分。可以使用正则表达式来切分文本,其中分隔符是除单词、数字以外的任意字符串。

```
>>> import re
>>> regEx = re.compile('\W*')
>>> wordList = regEx.split(text)
>>> wordList
['In', 'fact', 'persistence', 'hunting', 'remained', 'in', 'use', 'until', '2014', 'such', 'as',
'with', 'the', 'San', 'people', 'of', 'the', 'Kalahari', 'Desert', '']
```

可以看到标点符号没有了,但是多了空字符串,可以计算字符串的长度,只返回长度大于 0 的字符串,去掉空字符串。这里用列表推导式实现:

```
>>> [word for word in wordList if len(word)> 0]
['In', 'fact', 'persistence', 'hunting', 'remained', 'in', 'use', 'until', '2014', 'such', 'as',
'with', 'the', 'San', 'people', 'of', 'the', 'Kalahari', 'Desert']
```

可以看到空字符串去掉了,但是英文句子的第 1 个单词和专用名词的首字母是大写的,为了使所有单词的形式统一,将其全部转换成小写,用 lower() 函数即可实现。

```
>>> [word.lower() for word in wordList if len(word)> 0]
['in', 'fact', 'persistence', 'hunting', 'remained', 'in', 'use', 'until', '2014', 'such', 'as',
'with', 'the', 'san', 'people', 'of', 'the', 'kalahari', 'desert']
```

另外,在实际处理中通常也要过滤掉长度小于 3 的字符串,使得词汇表尽量小一些。将上面的文本处理过程整理为一个独立的文本解析函数。

```
import re
def textParse(text):
    regEx = re.compile('\W*')
    wordList = re.split(regEx,text)
    return [word.lower() for word in wordList if len(word)> 2]
```

当然,在实际应用中文本解析是一个相当复杂的过程,这里是一种简单的处理。尤其是中文文本的解析,由于不像英文句子中有空格分隔,要识别出中文文本中的词汇,即中文分词本身就是一个值得研究的应用领域。但好在现在有一些成熟的支持 Python 的专门的分词模块,这里推荐使用 jieba 分词,它专门使用 Python 的分词系统,占用的资源少,常识类文档的分词精度较高,对于非专业文档绰绰有余,如果需要可以直接下载使用。

现在将电子邮件文本传入 textParse() 函数,就可以得到该电子邮件的单词列表。

调用 14.4 节实现的 vocabList() 函数可以生成所有训练数据的词汇表。构建文档的词向量可以用 14.4 节实现的 setOfWordsVec() 函数。训练算法则直接调用 trainNB() 函数,这里不再重复叙述。直接用分类算法进行邮件分类测试。

14.5.3 使用朴素贝叶斯算法进行邮件分类

这里使用朴素贝叶斯算法对邮件进行分类,并进行交叉验证。交叉验证也称为循环估计,是一种统计学上将数据样本切割成较小子集的实用方法。在给定的建模样本中,拿出大部分样本进行建模,留小部分样本用刚建立的模型进行预报,并求这小部分样本的预报误差。

本例中的样本数据共有 50 封邮件，随机选择 10 封邮件作为测试集，剩下的 40 封邮件作为训练集。

```python
def spamTest():
    """
    对贝叶斯垃圾邮件分类器进行自动化处理
    return:对测试集中的每封邮件进行分类,若邮件分类错误,则错误数加1,最后返回错分率
    """
    emailWordList = []                          #邮件的词向量列表,大小与邮件数相同
    classList = []                              #邮件的类别标签列表
    #这里提供的训练邮件共50封,垃圾邮件和正常邮件分别25封
    for i in range(1,26):
        #切分,解析数据,并归类为1类别
        wordList = textParse(open('email/spam/%d.txt' % i,encoding = "utf-8").read())
        emailWordList.append(wordList)
        classList.append(1)
        #切分,解析数据,并归类为0类别
        wordList = textParse(open('email/noSpam/%d.txt' % i,encoding = "utf-8").read())
        emailWordList.append(wordList)
        classList.append(0)
    #创建词汇表
    wordTable = vocabList(emailWordList)
    trainingSet = list(range(50))
    #构造测试集
    testSet = []
    #随机选择10封邮件用来测试
    for i in range(10):
        randIndex = int(random.uniform(0,len(trainingSet)))
        testSet.append(trainingSet[randIndex])
        del(trainingSet[randIndex])
    #构造训练集文档词向量矩阵和对应的类别向量
    trainDocMat = []
    trainDocClass = []
    for docIndex in trainingSet:
        trainDocMat.append(setOfWordsVec(wordTable,
            emailWordList[docIndex]))
        trainDocClass.append(classList[docIndex])
    #用训练集的邮件进行训练
    p0V,p1V,pSpam = trainNB(array(trainDocMat),array(trainDocClass))
    errorCount = 0                              #记录错误邮件的数目
    #用测试集中的邮件进行分类测试
    for docIndex in testSet:
        #对每一封邮件生成词向量
        wordVector = setOfWordsVec(wordTable,emailWordList[docIndex])
        #测试的分类类别与原标注类别比较,若不相等,说明分类错误
        if classifyNB(array(wordVector),p0V,p1V,pSpam)!=\
            classList[docIndex]:
                print("classification error:",docIndex)
                errorCount += 1
    errRate = float(errorCount/len(testSet))    #错分率
    print('the error rate is :', errRate)
```

spamTest()函数对朴素贝叶斯垃圾邮件分类器进行自动化处理。首先导入已经整理好的垃圾邮件和正常邮件的文本文件,分别在文件夹 spam 与 noSpam 下,并分别对它们进行解析处理,生成邮件的词向量列表 emailWordList 和类别列表 classList。调用 14.4 节案例的 vocabList()方法,可以得到没有重复单词的词汇表 wordTable。

接下来进行交叉验证,需要分别构建训练集和测试集,本例中共有 50 封邮件,随机选择 10 封作为测试集,剩下的 40 封邮件作为训练集。那么如何选择呢? 初始化时 trainingSet=list(range(50))、testSet=[],可以知道 trainingSet 是一个 0~49 的整数列表,testSet 是一个空列表。随机函数 random.uniform() 可以生成一个指定范围内的随机浮点数,int(random.uniform(0,len(trainingSet)))将产生一个 0~49 的整数,产生的数字加入测试集列表 testSet 中,同时将该数字从训练集 trainingSet 中删除,循环 10 次,就随机产生了 10 个 0~49 的整数,整数索引对应的邮件作为测试集,剩下的 40 封邮件作为训练集。

接着遍历训练集中的所有文档,对每封邮件基于词汇表并使用 setOfWordsVec()函数构造训练集的词向量矩阵 trainDocMat,同时生成类别向量 trainDocClass,并通过训练函数 trainNB()计算出分类所需要的三个概率。

最后遍历测试集,对每封邮件用 classifyNB()进行分类,与已知的邮件类别进行对比,如果分类错误则错误数加 1,并输出错分的邮件索引,以便于进一步查验,最后给出总的错分率。

下面对上述过程进行测试,将上述所有程序代码保存至 Nbayes.py 文件中并运行,在 Python 提示符下输入:

```
>>> spamTest()
the error rate is : 0.0
>>> spamTest()
classification error: 32
the error rate is : 0.1
```

spamTest()函数会输出 10 封随机选择的邮件的分类错误率,上面的测试是运行两次的结果,因为测试集的 10 封邮件是随机选择的,每次选择的测试集不一定相同,所以每次的运行结果可能会有些差别。如果有分类错误,会输出文档索引,以便于进一步分析错分的邮件。为了更精确地估计错分率,需要重复运行多次,然后求平均值,运行 100 次,获得的平均错分率为 3.5%。

14.5.4 改进算法

在前面的算法中,把邮件文本用词集模型表示,将文本的每个词作为一个特征,将词是否出现作为特征的值。实际上,大家经常见到一个词在一个文本中多次出现的情况,一个词多次出现是否可以比是否出现更加能够表达某种意义? 这种方法被称为词袋(Bag of Words)模型。下面来试一试。

只要将词集模型中的单词是否出现修改为出现次数就可以了,这样只需要对 setOfWordsVec()函数做简单修改,当扫描到一个单词时就将词向量中该单词的对应值加 1。

```
def bagOfWordsVec(vocabList,inputText):
    textVec = [0] * len(vocabList)        #创建一个所包含元素都为0的向量
    #遍历文档中的所有单词,若出现了词汇表中的单词,则将文档向量中的对应值加1
    for word in inputText:
        if word in vocabList:
            textVec[vocabList.index(word)] += 1
    return textVec
```

修改 spamTest()函数,将两处生成词向量的语句改为调用上面的词袋模型函数 bagOfWordsVec(),重新执行 spamTest()函数 100 次,得到的错分率为 0,可见修改后确实可以提高分类的准确度。当然,在实际分类中是做不到百分之百正确的,这可能和用户选用的数据集有关。

14.6 使用 Scikit-learn 库进行文本分类

Scikit-learn 是一个用于机器学习的 Python 库,建立在 Numpy、Scipy 和 Matplotlib 基础之上。它提供了机器学习常用的算法模块,例如监督学习、无监督学习、模型选择和评估、数据集转换等,在监督学习模块中包含机器学习常用的分类算法,例如朴素贝叶斯、KNN、决策树、支持向量机等。

Scikit-learn 的官方网站(http://scikit-learn.org)是学习和应用机器学习算法的最重要的工具之一,以朴素贝叶斯算法为例,网站提供了一整套算法学习的教程和资源,网址为 http://scikit-learn.org/stable/modules/naive_bayes.html。

如果要安装 Scikit-learn,需要先安装 Numpy、Scipy 和 Matplotlib,直接用 pip install 命令安装:

```
pip install numpy
pip install scipy
pip install matplotlib
pip install scikit-learn
```

本节选择 Scikit-learn 的朴素贝叶斯算法进行文本分类,对 14.4 节和 14.5 节的例子重新进行实现。

用 Scikit-learn 的朴素贝叶斯算法进行文本分类包含以下几个步骤。

(1) 收集样本数据。
(2) 提取文本特征:生成文本的向量空间模型。
(3) 训练分类器。
(4) 在测试集上进行测试。
(5) 分类结果评估。

14.6.1 文本分类常用的类和函数

1. load_files()函数

load_files()函数位于 sklearn.datasets 模块下,功能是加载文本文件,将二层文件夹名

视频讲解

字作为分类类别。Scikit-learn 本身也自带了一些数据集,可以供用户学习测试使用,一般通过 sklearn.datasets 模块下的其他函数加载使用。

```
sklearn.datasets.load_files(container_path, description = None,
categories = None, load_content = True, shuffle = True, encoding = None,
decode_error = 'strict', random_state = 0)
```

主要参数如下。
- container_path:文件夹的路径。
- load_content:是否把文件中的内容加载到内存,该项为可选项,默认值为 True。
- encoding:编码方式。当前文本文件的编码方式一般为"UTF-8",如果不指明编码方式(encoding=None),那么文件内容将会按照 bytes 处理,而不是按照 unicode 处理,其默认值为 None。
- 该函数的返回值为 Bunch 对象,主要属性如下。
- data:原始数据。
- filenames:每个文件的名字。
- target:类别标签(从 0 开始的整数索引)。
- target_names:类别标签的具体含义(由子文件夹的名字决定)。

注意:需要将数据组织成如下文件结构,有几种类别就有几个子文件夹,当然文件夹及文件的名字可以自定义。

```
container_folder/
    category_1_folder/
        file_1.txt file_2.txt … file_42.txt
    category_2_folder/
        file_43.txt file_44.txt …
```

例如在垃圾邮件过滤例子中,email 文件夹下的二级文件夹 spam 和 noSpam 将作为类别标签。

2. train_test_split()函数

该函数位于 sklearn.model_selection 模块下,能够从样本数据随机按比例选取训练子集和测试子集,并返回划分好的训练集测试集样本和训练集测试集标签。

```
sklearn.model_selection.train_test_split(train_data,train_target,test_size, random_state)
```

参数如下。
- train_data:被划分的样本特征集。
- train_target:被划分的样本标签。
- test_size:如果是 0~1 的浮点数,表示样本占比;如果是整数,则是样本的数量,该项为可选项,默认值为 None。
- random_state:随机数的种子,不同的种子会造成不同的随机采样结果,相同的种子采样结果相同,该项为可选项,默认值为 None。

3. CountVectorizer 类

CountVectorizer 类是文本特征提取模块 sklearn.feature_extraction.text 下的一个常用的类,能够将文档词块化,并进行数据预处理,例如去音调、转小写、去停用词,最后生成文档的词频矩阵,即前面所说的词袋模型。

```
class sklearn.feature_extraction.text.CountVectorizer(input = u'content', encoding = u'utf-8',
decode_error = u'strict', strip_accents = None, lowercase = True, preprocessor = None, tokenizer
= None, stop_words = None, token_pattern = u'(?u)\b\w\w+\b', ngram_range = (1, 1), analyzer = u
'word', max_df = 1.0, min_df = 1, max_features = None, vocabulary = None, binary = False, dtype =
< type 'numpy.int64'>)
```

其参数很多,这里介绍最常用的几个,其他用默认值即可。

- stop_words:设置停用词,可以为 english、list 或 None(默认值),设为 english 将使用内置的英语停用词,设为一个 list 可自定义停用词,设为 None 则不使用停用词,设为 None 且 max_df∈[0.7,1.0)将自动根据当前的语料库建立停用词表。
- lowercase:是否将所有字符转变成小写,默认值为 True。
- token_pattern:表示 token 的正则表达式,只有当 analyzer == 'word'时才使用,默认的正则表达式选择两个及以上的字母或数字作为 token,标点符号默认当作 token 分隔符,而不会被当作 token。
- analyzer:一般使用默认值,可设置为 string 类型{'word','char','char_wb'}或 callable,特征基于 wordn-grams 或 character n-grams。
- decode_error:默认为 strict,若遇到不能解码的字符将报 UnicodeDecodeError 错误,设为 ignore 将会忽略解码错误。

CountVectorizer 类的核心函数是 fit_transform(),通过该函数能够学习词汇表,返回文档的词频矩阵。

```
fit_transform(raw_documents, y = None)
```

其参数 raw_documents 为迭代器,可以是 str、unicode 或文件对象。
其返回值是文档的词频矩阵,矩阵大小为文档数×特征数。

4. MultinomialNB 类

在 Scikit-learn 中共有三个朴素贝叶斯的分类算法类,分别是 GaussianNB、MultinomialNB 和 BernoulliNB。其中,GaussianNB 是先验概率为高斯分布的朴素贝叶斯,MultinomialNB 是先验概率为多项式分布的朴素贝叶斯,BernoulliNB 是先验概率为伯努利分布的朴素贝叶斯。

这三个类适用的分类场景不同,一般来说,如果样本特征的分布大部分是连续值,使用 GaussianNB 会比较好;如果样本特征的分布大部分是多元离散值,使用 MultinomialNB 比较合适;如果样本特征是二元离散值或者很稀疏的多元离散值,应该使用 BernoulliNB。因为考虑文本分类中的特征是离散的单词,所以用 MultinomialNB。

```
class sklearn.naive_bayes.MultinomialNB(alpha = 1.0, fit_prior = True, class_prior = None)
```

参数如下。
- alpha：拉普拉斯平滑参数,是一个大于 0 的常数,该项为可选项,默认值为 1。
- fit_prior：是否要考虑先验概率,如果是 False,则所有的样本类别输出都有相同的类别先验概率,该项为可选项,默认值为 True。
- class_prior：类别的先验概率,该项为可选项,默认值为 None。

MultinomialNB 类下有两个核心函数。

(1) fit()函数：拟合朴素贝叶斯分类器。

```
fit(X, y, sample_weight = None)
```

参数如下。
- X：训练数据的词频矩阵。
- y：训练数据的类别标签向量。

其返回值为 MultinomialNB 对象。

(2) predict()函数：对测试集进行分类。

```
predict(X)
```

参数 X 为要分类的文档的词频矩阵,矩阵大小为测试集中的文档数×特征数。

其返回值为 X 的预测目标值向量,向量大小与测试集中的文档数一致。

5. classification_report()函数

classification_report()函数位于 sklearn.metrics 模块下,用于显示主要分类指标的文本报告,在报告中显示每个类的准确率、召回率、F1 值等信息。

```
sklearn.metrics.classification_report(y_true, y_pred, labels = None, target_names = None, sample_weight = None, digits = 2)
```

主要参数如下。
- y_true：一维数组,或标签指示器数组/稀疏矩阵,目标值。
- y_pred：一维数组,或标签指示器数组/稀疏矩阵,分类器返回的估计值。
- labels：一维数组,报表中包含的标签索引列表,可选。
- target_names：字符串列表,与标签匹配的显示名称,可选。
- sample_weight：一维数组,样本权重,可选。
- digits：int 型,输出浮点值的位数,可选。

其返回值为每类文本的准确率、召回率、F1-score 等信息,string 类型。

对于数据测试结果有下面 4 种情况。

TP：预测为正,实际为正；FP：预测为正,实际为负；FN：预测为负,实际为正；TN：

预测为负,实际为负。

关于准确率、召回率、F1-score,详细定义如下:

$$准确率 = TP/(TP+FP)$$
$$召回率 = TP/(TP+FN)$$
$$F1-score = 2 \times TP/(2 \times TP+FP+FN)$$

熟悉了这些类和函数的使用,就可以实现具体的案例了。

14.6.2 案例实现

创建一个名为 sklearn_NB.py 的新文件,用 Scikit-learn 库的朴素贝叶斯算法将 14.4 节和 14.5 节的例子重新进行实现。

```python
from sklearn import datasets
from sklearn.feature_extraction.text import CountVectorizer
from sklearn.naive_bayes import MultinomialNB       #导入多项式贝叶斯算法包
from sklearn.cross_validation import train_test_split
from sklearn.metrics import classification_report
#留言板案例的 Scikit-learn 实现
def testNB_skl():
    posting = ['my dog has flea problems help please','maybe not take him to
                dog park stupid',
               'my dalmation is so cute I love him','stop posting stupid
                worthless garbage',
               'mr licks ate my steak how to stop him','quit buying worthless
                dog food stupid']
    classVec = [0,1,0,1,0,1]
    #交叉验证选择训练集和测试集
    train_data,test_data,train_y,test_y = train_test_split(posting,
    classVec,test_size = 0.2,train_size = 0.8)
    #生成文本的词频矩阵
    vectorizer = CountVectorizer()                  #CountVectorizer用于词袋模型统计词频
    wordX = vectorizer.fit_transform(train_data)
    #训练分类器
    clf = MultinomialNB().fit(wordX,train_y)
    #预测测试集的分类结果
    test_wordX = vectorizer.transform(test_data).toarray()
    predicted = clf.predict(test_wordX)             #预测
    for doc,category in zip(test_data,predicted):
        print(doc,":",category)
    #在测试集上的性能评估
    classTarget_names = ['正常言论','侮辱性言论']
    print(classification_report(test_y,predicted,target_names =
    classTarget_names))
#垃圾邮件过滤的 Scikit-learn 实现
def spamTest_skl():
    #加载 email 文件夹下的数据
    base_data = datasets.load_files("email/")
    #交叉验证选择训练集和测试集
```

```
train_data,test_data,train_y,test_y = 
train_test_split(base_data.data,base_data.target,test_size = 
0.2,train_size = 0.8)
#生成文本的词频矩阵
vectorizer = CountVectorizer(stop_words = "english",
decode_error = 'ignore')
wordX = vectorizer.fit_transform(train_data)
#训练分类器
clf = MultinomialNB().fit(wordX,train_y)
#预测测试集的分类结果
test_wordX = vectorizer.transform(test_data).toarray()
#newDoc_tfidf = transformer.transform(newDoc_wordX)    #得到新文档每个词的TF-IDF值
predicted = clf.predict(test_wordX)                    #预测
print(predicted)
#在测试集上的性能评估
print(classification_report(test_y,predicted,target_names = 
base_data.target_names))
```

运行 sklearn_NB.py,在 Python 提示符下输入 testNB_skl(),可以得到留言是否为侮辱性言论的预测分类结果及预测评估报告:

```
maybe not take him to dog park stupid : 0
quit buying worthless dog food stupid : 1
              precision    recall   f1-score   support
   正常言论        0.00       0.00      0.00         0
   侮辱性言论      1.00       0.50      0.67         2
   avg/total    1.00       0.50      0.67         2
```

在 Python 提示符下输入 spamTest_skl(),可以得到垃圾邮件过滤的预测分类结果及预测评估报告:

```
[0 1 0 0 1 1 0 0 0 1]
              precision    recall   f1-score   support
    noSpam      1.00       1.00      1.00         6
      spam      1.00       1.00      1.00         4
 avg/total     1.00       1.00      1.00        10
```

注意:因为训练集和测试集是随机划分的,所以每次的运行结果不一定相同。

第15章

深度学习案例——基于卷积神经网络的手写体识别

15.1 手写体识别案例需求

人类对图 15-1 所示的一串手写图像可以毫不费力地认出是 504192，这是因为人体的视觉系统相当神奇，但是让计算机进行识别就比较复杂了。假如给定一个数字 5 的图像，计算机如何描述出这是一个数字 5 呢？我们可以把计算机当作一个小孩子，让它见很多的 5 的图片，慢慢就会形成了自己的判断标准，而这种让计算机学习的方法就是神经网络，深度学习（Deep Learning）就是具有多隐含层的神经网络结构。

图 15-1 手写体数字

本章案例将采用深度学习框架，使用卷积神经网络（CNN）对 MNIST 数据集进行训练，最终给计算机一个任意书写的手写体数字，使它能够识别出该数字是什么。

15.2 深度学习的概念及关键技术

深度学习（Deep Learning）是机器学习（Machine Learning）研究中的一个新领域，是具有多隐含层的神经网络结构。

15.2.1 神经网络模型

1. 生物神经元

大脑大约由 140 亿个神经元组成，神经元互相连接成神经网络，每个神经元平均连接几千条其他神经元。神经元是大脑处理信息的基本单元。一个神经元的结构如图 15-2 所示。

可以看到，一个可视化的生物神经元是由细胞体、树突和轴突三部分组成。以细胞体为主体，由许多向周围延伸的不规则树枝状纤维构成，其形状像一棵枯树的枝干。其中，轴突负责细胞体到其他神经元的输出连接，树突负责接收其他神经元到细胞体的输入。来自神经元（突触）的电化学信号聚集在细胞核中，如果聚合超过了突触阈值，那么电化学尖峰（突

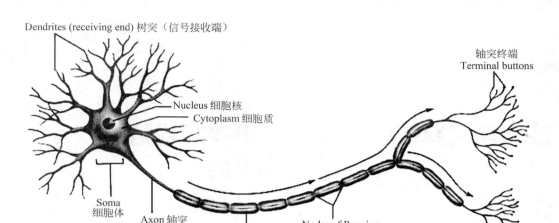

图 15-2 生物神经元结构

触）就会沿着轴突向下传播到其他神经元的树突上。

由于神经元结构的可塑性，突触的传递作用可增强或减弱，因此神经元具有学习与遗忘的功能。

2．人工神经网络

人工神经网络是反映人脑结构及功能的一种抽象数据模型，它使用大量的人工神经元进行计算，该网络将大量的"神经元"相互连接，每个"神经元"是一种特定的输出函数，又称为激活函数。每两个"神经元"之间的连接都通过加权值，称为权重，这相当于人工神经网络的记忆。网络的输出则根据网络的连接规则来确定，输出因权重值和激励函数的不同而不同。

一个简单的人工神经网络如图 15-3 所示，其中，$x_1(t)$ 等数据为这个神经元的输入，代表其他神经元或外界对该神经元的输入；w_{i1} 等数据为这个神经元的权重，$u_i = \sum \omega_{ij} \cdot x_j(t)$ 是对输入的求和；$y_i(t) = f(u_i(t))$ 称为激励函数，是对求和部分的再加工，也是最终的输出。

因此，神经网络就是将许多单一的神经元连接在一起的一个典型的网络，如图 15-4 所示，用更多的神经元去进行学习，神经网络最左边的一层叫输入层，它有三个输入单元；最右边的一层叫输出层，它只有一个结点；中间两层称为隐藏层，因为用户不能在训练过程中观测到它们的值。其实，神经网络可以包含更多的隐藏层。

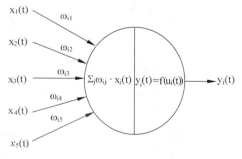

图 15-3 人工神经网络

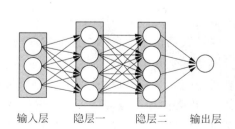

图 15-4 神经网络典型结构

15.2.2 深度学习之卷积神经网络

深度学习的概念源于人工神经网络的研究,含有多隐层的神经网络就是一种深度学习结构。深度学习通过组合低层特征形成更加抽象的高层表示属性类别或特征,以发现数据的分布式特征表示。

深度学习中的卷积神经网络(CNN)近年来有了非常出色的表现,它与普通的神经网络的区别在于包含了一个由卷积层和池化层构成的特征抽取器。在卷积神经网络的卷积层中,一个神经元只与部分邻层神经元相连接,通常包含若干个特征图(Feature Map),每个特征平面由一些矩形排列的神经元组成。同一特征平面的神经元共享权值,这里共享的权值就是卷积核,卷积核一般以随机小数矩阵的形式初始化,在网络的训练过程中卷积核将学习得到合理的权值。共享权值(卷积核)带来的直接好处是减少了网络各层之间的连接,同时又降低了过拟合的风险。池化也叫子采样(Pooling),可以看作一种特殊的卷积过程。卷积和池化大大简化了模型复杂度,减少了模型的参数。

下面具体介绍几个相关概念。

1. 卷积

这里用一个简单的例子来讲述如何计算卷积,假设有一个 5×5 的图像,使用一个 3×3 的卷积核(filter)进行卷积,想得到一个 3×3 的 Feature Map,首先对图像的每个像素进行编号,用 $x_{i,j}$ 表示图像的第 i 行第 j 列元素,对 filter 的每个权重进行编号,用 $w_{m,n}$ 表示第 m 行第 n 列的权重,对 Feature Map 的每个元素进行编号,用 $a_{i,j}$ 表示第 i 行第 j 列元素。

那么 Feature Map 中 $a_{0,0}$ 的卷积计算方法如下,如图 15-5 所示。

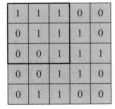
image 5×5

filter 3×3
bias=0

Feature Map 3×3

图 15-5 卷积原理图 1

$a_{0,0} = \omega_{0,0} x_{0,0} + \omega_{0,1} x_{0,1} + \omega_{0,2} x_{0,2} + \omega_{1,0} x_{1,0} + \omega_{1,1} x_{1,1} + \omega_{1,2} x_{1,2} + \omega_{2,0} x_{2,0} + \omega_{2,1} x_{2,1} + \omega_{2,2} x_{2,2}$
$= 1 \times 1 + 0 \times 1 + 1 \times 1 + 0 \times 0 + 1 \times 1 + 0 \times 1 + 1 \times 0 + 0 \times 0 + 1 \times 1$
$= 4$

Feature Map 中 $a_{0,1}$ 的卷积计算方法如下,如图 15-6 所示。

$a_{0,1} = \omega_{0,1} x_{0,1} + \omega_{0,2} x_{0,2} + \omega_{0,3} x_{0,3} + \omega_{1,1} x_{1,1} + \omega_{1,2} x_{1,2} + \omega_{1,3} x_{1,3} + \omega_{2,1} x_{2,1} + \omega_{2,2} x_{2,2} + \omega_{2,3} x_{2,3}$
$= 1 \times 1 + 0 \times 1 + 1 \times 0 + 0 \times 1 + 1 \times 1 + 0 \times 1 + 1 \times 0 + 0 \times 1 + 1 \times 1$
$= 3$

同理,依次计算出 Feature Map 中所有元素的值。

在上面的计算过程中,步幅(stride)为 1,步幅可以设为大于 1 的数。例如,当步幅为 2

image 5×5　　　　filter 3×3　　　Feature Map 3×3

图 15-6　卷积原理图 2

时 filter 将每次滑动两个元素,因此 Feature Map 就变成了 2×2。这说明图像大小、步幅和卷积后的 Feature Map 大小是有关系的,这里将不再举例。

上例仅演示了一个 filter 的情况,其实每个卷积层可以有多个 filter,每个 filter 和原始图像进行卷积后都可以得到一个 Feature Map,因此卷积后 Feature Map 的深度(个数)和卷积层的 filter 个数是相同的。图 15-7 所示为三个 24×24 大小的 filter(即 3×24×24)得到的三维的 Feature Map。

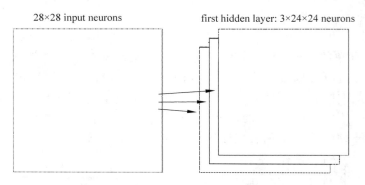

图 15-7　多个卷积核

以上就是卷积层的计算方法,这里体现了局部连接和权值共享:每层神经元只和上一层部分神经元相连(卷积计算规则),且 filter 的权值对于上一层所有神经元都是一样的。

2. 池化(Pooling)

Pooling 层的主要作用是下采样,通过去掉 Feature Map 中不重要的样本进一步减少参数数量,且可以有效地防止过拟合。Pooling 的方法很多,最常用的是最大池化(Max Pooling)。最大池化实际上就是在 n×n 的样本中取最大值,作为采样后的样本值。

图 15-8 是 2×2 步幅为 2 的最大池化,即在获取的 Feature Map 中每 2×2 的矩阵内取最大值作为采样后的结果,这样能把数据缩小至 1/4,同时又不会损失太多信息。

对于深度为 D 的 Feature Map,各层独立做 Pooling,因此 Pooling 后的深度仍然为 D。

3. 激活函数

激活函数的作用是能够给神经网络加入一些非线性因素,使得神经网络可以更好地解

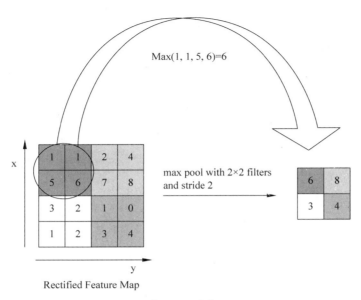

图 15-8　池化

决较为复杂的问题。常见的激活函数有 Sigmoid()、tanh()、ReLU()等,这里简要介绍两个常用的函数 Sigmoid()和 ReLU()。

1) Sigmoid()函数

其表达式如下：

$$g(z)=\frac{1}{1+e^{-z}}$$

其中,z 是一个线性组合,比如 z 可以等于 $w_0 + w_1 \times x_1 + w_2 \times x_2$。通过代入很大的正数或很小的负数到函数中可知,g(z)的结果趋近于 0 或 1。

因此,Sigmoid()函数的图形表示如图 15-9 所示。

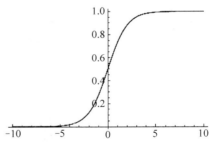

图 15-9　Sigmoid()函数图形

也就是说,Sigmoid()函数的功能是把一个实数压缩至 0~1。当输入非常大的正数时,输出结果会接近 1；当输入非常大的负数时,则会得到接近 0 的结果。压缩至 0~1 的作用是可以把激活函数看作一种"分类的概率",比如激活函数的输出为 0.9,便可以解释为 90%的概率为正样本。

2) ReLU()函数

该函数被定义为

$$\begin{cases} 0 & x \leqslant 0 \\ x & x > 0 \end{cases}$$

在 ReLU()函数中,当 x<0 时函数值为 0,否则仍为 x。ReLU()函数的图形表示如图 15-10 所示。

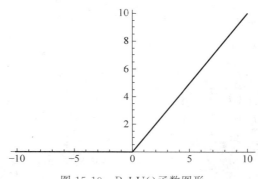

图 15-10 ReLU( )函数图形

与 Sigmoid( )和 ReLU( )函数相比,Sigmoid( )函数在输入参数太大或太小时,会产生梯度消失现象,而 ReLU( )对于随机梯度下降的收敛有巨大的加速作用,且 ReLU( )只需要一个阈值就可以得到激活值,而不用进行一大堆复杂的(指数)运算。但 ReLU( )的缺点是,它在训练时比较脆弱,容易形成不可逆转的死亡,导致数据多样化的丢失。

4. 卷积神经网络的网络结构

一个卷积神经网络通常由若干卷积层、池化层、全连接层组成。用户可以构建各种不同的卷积神经网络。图 15-11 所示为一个常见的卷积神经网络模型。

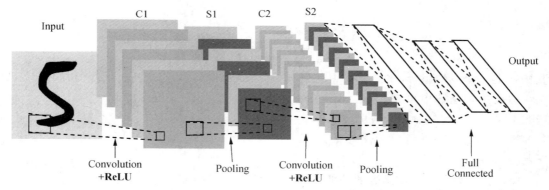

图 15-11 一个典型的 CNN 网络结构

其中,Input 为输入图像,被计算机理解为矩阵,输入图像通过 6 个可训练的 filter 进行卷积,卷积后产生 6 个特征图(Feature Map),然后再使用 ReLU( )函数得到 C1 层的 Feature Map,在卷积层后面是池化(Pooling)得到 S2 层。卷积层+池化层的组合可以在隐藏层出现很多次,例如图 15-11 中出现了两次,实际上这个次数是根据模型的需要而来的。用户还可以灵活使用卷积层+卷积层或者卷积层+卷积层+池化层的组合,这些在构建模型的时候没有限制,但是最常见的 CNN 都是若干卷积层+池化层的组合,如图 15-11 中的 CNN 结构。

在若干卷积层+池化层后面是全连接层(Full Connected Layer,FC),全连接层其实就是传统的神经网络结构,即前一层的每一个神经元都与后一层的所有神经元相连,在整个卷积神经网络中起到"分类器"的作用。

15.3　Python 深度学习库——Keras

视频讲解

Keras 是搭建在 theano/tensorflow 基础上的深度学习框架，用 Python 语言编写，是一个高度模块化的神经网络库，支持 GPU 和 CPU。

15.3.1　Keras 的安装

1. 在 Windows 下安装 Keras

在安装 Keras 之前，需要安装 tensorflow、numpy、matplotlib、scipy 等库。

```
pip install numpy
pip install matplotlib
pip install scipy
pip install tensorflow
pip install keras
```

2. 使用 Anaconda 安装 Keras

在 https://www.continuum.io/downloads/ 下载对应系统版本的 Anaconda，和安装普通的软件一样，全部选择默认即可，注意勾选将 Python 3.6 添加进环境变量，这样 Anaconda 就安装好了。

打开 Anaconda 菜单中的 Anaconda Prompt，输入：

```
pip install -- upgrade -- ignore-installed tensorflow
pip install keras
```

3. 测试

安装完成后，在命令行下输入"python"，进入 Python 环境后输入：

```
import numpy
import scipy
import tensorflow as tf
import keras
```

若没有错误提示，则表示安装完成。

15.3.2　Keras 的网络层

Keras 的层主要包括常用层（Core）、卷积层（Convolutional）、池化层（Pooling）、局部连接层、递归层（Recurrent）、嵌入层（Embedding）、高级激活层、规范层、噪声层、包装层，当然用户也可以编写自己的层。

对于层的操作如下：

```
layer.get_weights()                          # 返回该层的权重(numpy array)
layer.set_weights(weights)                   # 将权重加载到该层
config = layer.get_config()                  # 保存该层的配置
layer = layer_from_config(config)            # 加载一个配置到该层
# 如果层仅有一个计算结点(即该层不是共享层),则可以通过下列方法获得输入张量、输出张量、
# 输入数据的形状和输出数据的形状
layer.input
layer.output
layer.input_shape
layer.output_shape
# 如果该层有多个计算结点,可以使用下面的方法
layer.get_input_at(node_index)
layer.get_output_at(node_index)
layer.get_input_shape_at(node_index)
layer.get_output_shape_at(node_index)
```

下面介绍本章案例中所使用的网络层。

1. 二维卷积层

二维卷积层是对图像的卷积。该层对二维输入进行滑动窗卷积,当使用该层作为第1层时,应提供input_shape参数。例如,input_shape=(128,128,3)代表128×128的彩色RGB图像(data_format='channels_last')。

操作如下：

```
keras.layers.convolutional.Conv2D(filters, kernel_size, strides = (1, 1),
padding = 'valid', data_format = None, dilation_rate = (1, 1), activation = None,
use_bias = True, kernel_initializer = 'glorot_uniform',
bias_initializer = 'zeros', kernel_regularizer = None, bias_regularizer = None,
activity_regularizer = None, kernel_constraint = None, bias_constraint = None)
```

参数如下。
- filters：卷积核的数目(即输出的维度)。
- kernel_size：单个整数或由两个整数构成的list/tuple,卷积核的宽度和长度。如为单个整数,则表示在各个空间维度的相同长度。
- strides：单个整数或由两个整数构成的list/tuple,是卷积的步长。如果为单个整数,则表示在各个空间维度的相同步长。任何不为1的strides与任何不为1的dilation_rate均不兼容。
- padding：补0策略,为'valid'或'same'。'valid'代表只进行有效的卷积,即对边界数据不处理。'same'代表保留边界处的卷积结果,通常会导致输出shape与输入shape相同。
- activation：激活函数,为预定义的激活函数名(参考激活函数)或逐元素(element-wise)的Theano函数。如果不指定该参数,将不会使用任何激活函数(即使用线性

激活函数：a(x)＝x)。
- dilation_rate：单个整数或由两个整数构成的 list/tuple，指定 dilated convolution 中的膨胀比例。任何不为 1 的 dilation_rate 与任何不为 1 的 strides 均不兼容。
- data_format：字符串，'channels_first'或'channels_last'之一，代表图像的通道维的位置。该参数是 Keras 1.x 中的 image_dim_ordering，'channels_last'对应原本的'tf'，'channels_first'对应原本的'th'。以 128×128 的 RGB 图像为例，'channels_first'应将数据组织为(3,128,128)，而'channels_last'应将数据组织为(128,128,3)。该参数的默认值是~/.keras/keras.json 中设置的值，若从未设置过，则为'channels_last'。
- use_bias：布尔值，是否使用偏置项。
- kernel_initializer：权值初始化方法，为预定义初始化方法名的字符串，或用于初始化权重的初始化器。
- bias_initializer：偏置向量初始化方法，为预定义初始化方法名的字符串，或用于初始化偏置向量的初始化器。
- kernel_regularizer：施加在权重上的正则项，为 Regularizer 对象。
- bias_regularizer：施加在偏置向量上的正则项，为 Regularizer 对象。
- activity_regularizer：施加在输出上的正则项，为 Regularizer 对象。
- kernel_constraint：施加在权重上的约束项，为 Constraint 对象。
- bias_constraint：施加在偏置上的约束项，为 Constraint 对象。

2. Dense 层（全连接层）

操作方法如下：

```
keras.layers.core.Dense(units,activation = None,use_bias = True,kernel_initializer = 'glorot_uniform',bias_initializer = 'zeros',kernel_regularizer = None,bias_regularizer = None,activity_regularizer = None,kernel_constraint = None,bias_constraint = None)
```

参数如下。
- units：大于 0 的整数，代表该层的输出维度。
- use_bias：布尔值，是否使用偏置项。
- kernel_initializer：权值初始化方法，为预定义初始化方法名的字符串，或用于初始化权重的初始化器。
- bias_initializer：偏置向量初始化方法，为预定义初始化方法名的字符串，或用于初始化偏置向量的初始化器。
- regularizer：正则项，kernel 为权重的，bias 为偏执的，activity 为输出的。
- constraint：约束项，kernel 为权重的，bias 为偏执的。

3. Activation 层

操作方法如下：

```
keras.layers.core.Activation(activation)
```

激活层对一个层的输出施加激活函数。

activation 是将要使用的激活函数,为预定义激活函数名或一个 Tensorflow/Theano 的函数。

输入 shape 任意,当使用激活层作为第 1 层时要指定 input_shape。

输出 shape 与输入 shape 相同。

4. 最大池化层 MaxPooling2D

操作方法如下:

```
keras.layers.pooling.MaxPooling2D(pool_size = (2,2),strides = None,padding = 'valid', data_format = None)
```

参数如下。

- pool_size:整数或长为 2 的整数 tuple,代表在两个方向(竖直、水平)上的下采样因子,例如取(2,2)将使图片在两个维度上均变为原长的一半。它为整数,意为各个维度值相同且为该数字。
- strides:整数或长为 2 的整数 tuple,或者为 None,步长值。
- padding:'valid'或者'same'。
- data_format:字符串,'channels_first'或'channels_last'之一,代表图像的通道维的位置。该参数是 Keras 1. x 中的 image_dim_ordering,'channels_last'对应原本的'tf','channels_first'对应原本的'th'。

15.3.3　用 Keras 构建神经网络

用 Keras 构建网络的过程可用图 15-12 所示。

下面以一个简单的例子演示使用 Keras 如何构建网络结构并进行训练及预测。

首先引入库,并建立一个顺序模型,Sequential 就是一个空的网络结构,方法如下:

```
from keras.models import Sequential
model = Sequential()
```

在 Keras 中可以构建一些其他的网络结构,仅需要写 .add,后面加入层的类型即可。下例中引入了 Dense(也就是 fc 层)和激活函数层(RELU):

```
from keras.layers import Dense, Activation
# 再分别 add fc、relu、fc、softmax 层
model.add(Dense(units = 64, input_dim = 100))
model.add(Activation("relu"))
model.add(Dense(units = 10))
model.add(Activation("softmax"))
```

编译模型,损失函数 loss 用交叉熵,优化器用 sgd,评估用 accuracy:

```
model.compile(loss = 'categorical_crossentropy', optimizer = 'sgd', metrics = ['accuracy'])
```

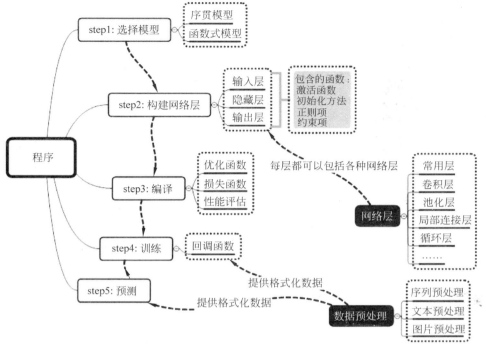

图 15-12 用 Keras 搭建神经网络

载入训练数据集进行训练：

```
model.fit(x_train, y_train, epochs = 5, batch_size = 32)
```

对测试集进行如下操作：

```
evaluate loss_and_metrics = model.evaluate(x_test, y_test, batch_size = 128)
```

15.4 程序设计的思路

1. 数据集描述

在本实例中，训练样本和识别测试数据都是 28×28 像素，如图 15-13 所示的图片，它在计算机中的存储是一个二维矩阵，0 代表白色，1 代表黑色，小数代表某程度的灰色。那么输入层就应该是 28×28=786 个神经元（忽略它的二维结构），其中每个神经元的输入数据就是该像素的灰度值。整个数据集被分成两部分，即 60000 行的训练数据集和 10000 行的测试数据集，60000 行的训练数据集是一个形状为 [60000，784] 的张量，第 1 个维度数字用来索引图片，第 2 个维度数字用来索引每张图片中的像素点。在此张量中的每个元素都表示某张图片中的某个像素的强度值，值的取值范围为 0～1。

输出结果只有 10 个数字（即 10 类），输出层是 10 个神经元，每个神经元对应一个要识别的结果。

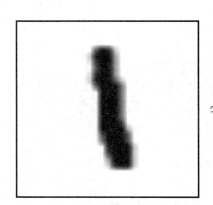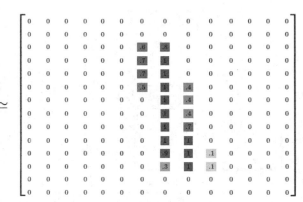

图 15-13　输入图像

2．网络结构

网络层级结构概述：5 层神经网络。

输入层：输入数据为原始训练图像。

第一卷积层：6 个 5×5 的卷积核，步长 Stride 为 1。在这一层中，输入为 28×28 的深度为 1 的图片数据，输出为 24×24 的深度为 6 的特征图。

第一池化层：卷积核 size 为 2×2，步长 Stride 为 2 的最大池化。在这一层中，输入为 24×24 的深度为 6 的特征图，输出为 12×12 的深度为 6 的特征图。

第二卷积层：12 个 5×5 的卷积核，步长 Stride 为 1。在这一层中，输入为 12×12 的深度为 6 的图片数据，输出为 8×8 的深度为 12 的特征图。

第二池化层：卷积核 size 为 2×2，步长 Stride 为 2 的最大池化。在这一层中，输入为 8×8 的深度为 12 的特征图，输出为 4×4 的深度为 12 的特征图。

输出层：输出为 10 维向量，激活函数为 Sigmoid。

3．代码流程简述

(1) 获取训练数据和测试数据。

(2) 训练网络的超参数的定义(学习率，每次迭代中训练的样本数目，迭代次数)。

(3) 构建网络层级结构。

(4) 编译模型。

(5) 训练模型。

(6) 网络模型评估。

15.5　程序设计的步骤

15.5.1　MNIST 数据集

MNIST(Mixed National Institute of Standards and Technology database)是一个计算

机视觉数据集,它包含 70000 张手写数字的灰度图片,其中每张图片包含 28×28 个像素点。

手写体数据集(MNIST)文件的下载如下。

训练集样本:t10k-images.idx3-ubyte(下载地址为 http://luanpeng.oss-cn-qingdao.aliyuncs.com/csdn/python/%E6%89%8B%E5%86%99%E4%BD%93%E6%95%B0%E6%8D%AE/t10k-images.idx3-ubyte)。

训练集标签:t10k-labels.idx1-ubyte(下载地址为 http://luanpeng.oss-cn-qingdao.aliyuncs.com/csdn/python/%E6%89%8B%E5%86%99%E4%BD%93%E6%95%B0%E6%8D%AE/t10k-labels.idx1-ubyte)。

测试集样本:train-images.idx3-ubyte(下载地址为 http://luanpeng.oss-cn-qingdao.aliyuncs.com/csdn/python/%E6%89%8B%E5%86%99%E4%BD%93%E6%95%B0%E6%8D%AE/train-images.idx3-ubyte)。

测试集标签:train-labels.idx1-ubyte(下载地址为 http://luanpeng.oss-cn-qingdao.aliyuncs.com/csdn/python/%E6%89%8B%E5%86%99%E4%BD%93%E6%95%B0%E6%8D%AE/train-labels.idx1-ubyte)。

15.5.2 手写体识别案例实现

1. 读取 MNIST 数据集

编写文件 MNIST.py,用于获取手写图像数据,每张图像是 28×28 像素大小,根据需要转换成长度为 784 的行向量。

每个对象的标签为 0~9 的数字,one-hot 编码成 10 维的向量。

```python
# MNIST.py 文件
import numpy as np
# 数据加载器基类,派生出图片加载器和标签加载器
class Loader(object):
    # 初始化加载器,path 为数据文件路径,count 为文件中的样本个数
    def __init__(self, path, count):
        self.path = path
        self.count = count
    # 读取文件内容
    def get_file_content(self):
        print(self.path)
        f = open(self.path, 'rb')
        content = f.read()                              # 读取字节流
        f.close()
        return content                                  # 字节数组

# 图像数据加载器
class ImageLoader(Loader):
    # 内部函数,从文件字节数组中获取第 index 个图像数据,文件中包含所有样本图片的数据
    def get_picture(self, content, index):
        start = index * 28 * 28 + 16
                                            # 文件头 16 字节,后面每 28×28 字节为一个图片数据
```

```python
            picture = []
            for i in range(28):
                picture.append([])                              # 图片添加一行像素
                for j in range(28):
                    byte1 = content[start + i * 28 + j]
                    picture[i].append(byte1)                    # 在 Python 3 中本来就是 int
                    # picture[i].append(self.to_int(byte1))     # 添加一行的每一个像素
            return picture
                        # 图片为[[x,x,x…][x,x,x…][x,x,x…][x,x,x…]]的列表
        # 将图像数据转换成长度为 784 的行向量形式
        def get_one_sample(self, picture):
            sample = []
            for i in range(28):
                for j in range(28):
                    sample.append(picture[i][j])
            return sample
    # 加载数据文件,获得全部样本的输入向量,onerow 表示是否将每张图片转换为行向量,to2
    # 表示是否转换为 0,1 矩阵
        def load(self, onerow = False):
            content = self.get_file_content()                   # 获取文件字节数组
            data_set = []
            for index in range(self.count):                     # 遍历每一个样本
                onepic = self.get_picture(content, index)
                        # 从样本数据集中获取第 index 个样本的图片数据,返回的是二维数组
                if onerow: onepic = self.get_one_sample(onepic)     # 将图像转换为一维向量形式
                data_set.append(onepic)
            return data_set
# 标签数据加载器
class LabelLoader(Loader):
    # 加载数据文件,获得全部样本的标签向量
    def load(self):
        content = self.get_file_content()                       # 获取文件字节数组
        labels = []
        for index in range(self.count):                         # 遍历每个样本
            onelabel = content[index + 8]                       # 文件头有 8 字节
            onelabelvec = self.norm(onelabel)                   # one - hot 编码
            labels.append(onelabelvec)
        return labels
    # 内部函数,one - hot 编码,用于将一个值转换为 10 维标签向量
    def norm(self, label):
        label_vec = []
        # label_value = self.to_int(label)
        label_value = label                                     # 在 Python 3 中直接就是 int
        for i in range(10):
            if i == label_value:
                label_vec.append(1)
            else:
                label_vec.append(0)
        return label_vec
# 获得训练数据集,onerow 表示是否将每张图片转换为行向量
```

```python
def get_training_data_set(num, onerow = False):
    image_loader = ImageLoader('train - images.idx3 - ubyte', num)
                                #参数为文件路径和加载的样本数量
    label_loader = LabelLoader('train - labels.idx1 - ubyte', num)
                                #参数为文件路径和加载的样本数量
    return image_loader.load(onerow), label_loader.load()
#获得测试数据集,onerow 表示是否将每张图片转换为行向量
def get_test_data_set(num, onerow = False):
    image_loader = ImageLoader('t10k - images.idx3 - ubyte', num)
                                #参数为文件路径和加载的样本数量
    label_loader = LabelLoader('t10k - labels.idx1 - ubyte', num)
                                #参数为文件路径和加载的样本数量
    return image_loader.load(onerow), label_loader.load()
#将一个长度为 784 的行向量打印成图形的样式
def printimg(onepic):
    onepic = onepic.reshape(28, 28)
    for i in range(28):
        for j in range(28):
            if onepic[i, j] == 0: print('  ', end = '')
            else: print('* ', end = '')
        print('')
```

2. 训练及测试数据集

```python
import numpy as np
np.random.seed(1337)                                        #可重现性
from keras.models import Sequential
from keras.layers import Dense, Dropout, Activation, Flatten
from keras.layers import Conv2D, MaxPooling2D, AveragePooling2D
import MNIST

#全局变量
batch_size = 128                                            #批处理样本数量
nb_classes = 10                                             #分类数目
epochs = 600                                                #迭代次数
img_rows, img_cols = 28, 28                                 #输入图片样本的宽、高
nb_filters = 32                                             #卷积核的个数
pool_size = (2, 2)                                          #池化层的大小
kernel_size = (5, 5)                                        #卷积核的大小
input_shape = (img_rows, img_cols, 1)                       #输入图片的维度

X_train, Y_train = MNIST.get_training_data_set(6000, False)
            #加载训练样本数据集和 one - hot 编码后的样本标签数据集,最大为 60000
X_test, Y_test = MNIST.get_test_data_set(1000, False)
            #加载测试特征数据集和 one - hot 编码后的测试标签数据集,最大为 10000
X_train = np.array(X_train).astype(bool).astype(float)/255
                                                            #数据归一化

X_train = X_train[:, :, :, np.newaxis]
```

```python
            # 添加一个维度,代表图片通道,这样数据集共 4 个维度,即样本个数、宽度、高度、通道数
Y_train = np.array(Y_train)
X_test = np.array(X_test).astype(bool).astype(float)/255    # 数据归一化
X_test = X_test[:,:,:,np.newaxis]
            # 添加一个维度,代表图片通道,这样数据集共 4 个维度,即样本个数、宽度、高度、通道数
Y_test = np.array(Y_test)
print('样本数据集的维度: ', X_train.shape, Y_train.shape)
print('测试数据集的维度: ', X_test.shape, Y_test.shape)
# 构建模型
model = Sequential()
model.add(Conv2D(6, kernel_size, input_shape = input_shape, strides = 1))    # 卷积层 1
model.add(AveragePooling2D(pool_size = pool_size, strides = 2))              # 池化层
model.add(Conv2D(12, kernel_size, strides = 1))                              # 卷积层 2
model.add(AveragePooling2D(pool_size = pool_size, strides = 2))              # 池化层
model.add(Flatten())                                                         # 拉成一维数据
model.add(Dense(nb_classes))                                                 # 全连接层 2
model.add(Activation('sigmoid'))                                             # sigmoid 评分
# 编译模型
model.compile(loss = 'categorical_crossentropy', optimizer = 'adadelta',
    metrics = ['accuracy'])
# 训练模型
model.fit(X_train, Y_train, batch_size = batch_size, epochs = epochs,
    verbose = 1, validation_data = (X_test, Y_test))
# 评估模型
score = model.evaluate(X_test, Y_test, verbose = 0)
print('Test score:', score[0])
print('Test accuracy:', score[1])
# 保存模型
model.save('cnn_model.h5')                                                   # HDF5 文件, pip install h5py
```

输出结果如下:

```
Test score: 0.18881544216349722
Test accuracy: 0.959
```

由于训练时间太久,读者可自行减少训练集及测试集的数量,或者迭代次数,观察训练结果。

15.5.3 制作自己的手写图像

1. 制作自己的手写图像

使用画图工具或 Photoshop 制作一个 28×28 像素的黑底白字的图像文件,如图 15-14 所示。

图 15-14　自己的手写图像

2. 编写代码

新建文件 my_predict.py,编写代码如下:

```python
from keras.models import load_model
import numpy as np
import cv2
model = load_model('cnn_model.h5')
image = cv2.imread('4.png', 0)
img = cv2.imread('4.png', 0)
img = np.reshape(img,(1,28,28,1)).astype(bool).astype("float32")/255
my_proba = model.predict_proba(img)
my_predict = model.predict_classes(img)
print('识别为：')
print(my_proba)
print(my_predict)
cv2.imshow("Image1", image)
cv2.waitKey(0)
```

第16章

人工智能实战——基于OpenCV实现人脸识别

16.1 功能介绍

随着人工智能的日益火热,计算机视觉领域发展迅速,尤其在人脸识别或物体检测方向更为广泛应用,例如基于人脸识别的员工考勤,基于物体检测的汽车自动驾驶等。本章基于OpenCV实现人脸识别,不仅能框选人脸部位而且能识别出是哪个人。从人脸识别的最基础知识开始走进这个奥妙的世界。

16.2 程序设计的思路

人脸识别项目需要的数据集,为了简便,程序只进行两个人的识别,选取了赵丽颖和刘德华两位影星,事先准备两个文件夹,一个文件夹 training_data 为训练数据集,另一个文件夹 test_data 为测试数据集。训练数据集中有两个子文件夹 0 和 1(0 文件夹代表赵丽颖,1 文件夹代表刘德华),这里文件夹起名为数字而不是文字人名,因为目前 OpenCV 接受的人脸识别标签为整数,所以就直接用整数命名。为了方便,每个人的子文件夹用 10 张照片来训练。

首先,将 training_data 训练数据集中的图片转换为灰度图像,因为 OpenCV 人脸检测器需要灰度图像,从而识别出人脸的区域,并将人脸的区域和标签(即那个人)对应起来。然后使用 OpenCV 自带的识别器来进行训练,建立人脸识别模型。最后使用 test_data 中的图片进行预测并显示最终人脸识别效果。

16.3 关键技术

16.3.1 OpenCV 基础知识

OpenCV(Open Source Computer Vision Library)于 1999 年由 Intel 建立,如今由 Willow Garage 提供支持。OpenCV 是一个基于 BSD 许可(开源)发行的跨平台计算机视觉库,可以运行在 Linux、Windows、MacOS 操作系统上。它属于轻量级而且高效——由一系列 C 函数和少量 C++ 类构成，同时提供了 Python、Ruby、MATLAB 等语言的接口，实现了图像处理和计算机视觉方面的很多通用算法。简言之，通过 OpenCV 可实现计算机图像、视频的编辑，广泛应用于图像识别、运动跟踪、机器视觉等领域。

OpenCV 中的函数接口大体可以分为如下部分。

- core：核心模块，主要包含了 OpenCV 中最基本的结构（矩阵、点线和形状等），以及相关的基础运算/操作。
- imgproc：图像处理模块，包含和图像相关的基础功能（滤波、梯度、改变大小等），以及一些衍生的高级功能（图像分割、直方图、形态分析和边缘/直线提取等）。
- highgui：提供了用户界面和文件读取的基本函数，比如图像显示窗口的生成和控制，图像/视频文件的 IO 等。

如果不考虑视频应用，以上三个就是最核心和常用的模块。针对视频和一些特别的视觉应用，OpenCV 也提供了强劲的支持。

当前的 OpenCV 也有两个大版本，OpenCV2 和 OpenCV3。相比 OpenCV2，OpenCV3 提供了更强的功能和更多方便的特性。从使用的角度来看，和 OpenCV2 相比，OpenCV3 的主要变化是具有更多的功能和更细化的模块划分。

1. 安装 OpenCV

直接使用 pip 安装。由于 OpenCV 依赖 numpy，所以需要先安装 numpy 模块。

```
pip install numpy
pip install matplotlib        # 显示图像时需要
```

然后就可以利用下面的代码安装 OpenCV。

```
pip install opencv-python
```

安装完成之后出现如下提示：

```
Requirement already satisfied: numpy>=1.14.5 in c:\users\xmj\appdata\local\progr
ams\python\python37\lib\site-packages (from opencv-contrib-python) (1.16.4)
Installing collected packages: opencv-contrib-python
Successfully installed opencv-python-4.1.1.26
```

```
pip install opencv-contrib-python    # 安装最新的 OpenCV 扩展
```

如果不想安装扩展模块，只运行第一行命令 pip install opencv-python 即可。

安装完成之后，在 Python 命令行解释器输入：

```
>>> import cv2
```

若没有提示 no module 错误，则表示安装成功。

下面是简单测试代码。

```python
import cv2                                              # 导入模块,OpenCV 的 Python 模块叫 cv2
imgobj = cv2.imread('pho.jpg')                          # 读取 pho.jpg 图像
cv2.namedWindow("input image",cv2.WINDOW_AUTOSIZE)      # 创建窗口
cv2.imshow("input image",imgobj)                        # 显示图片
cv2.waitKey(0)                                          # 等待按键事件触发,参数 0 表示永久等待
cv2.destroyAllWindows()                                 # 释放窗口
```

第一行代码 import cv2,"cv2"中的"2"并不表示 OpenCV 的版本号。实际上 OpenCV 是基于 C/C++的,"cv"和"cv2"表示是底层 CAPI 和 C++ API 的区别,"cv2"表示使用的是 C++ API。这主要是一个历史遗留问题,是为了保持向后兼容性。程序运行后出现 pho.jpg 图像窗口。

第二行代码 cv2.imread()读取图片,第一个参数为要读入的图片文件名,第二个参数为如何读取图片。第二个参数有如下取值。

- cv2.IMREAD_COLOR:读入彩色图片(默认),即值为 1。
- cv2.IMREAD_GRAYSCALE:读入灰度图,即值为 0。
- cv2.IMREAD_UNCHANGED:使用 alpha 通道读入图片,即值为 −1。

第三行代码 cv2.namedWindow()创建一个窗口并在以后将图像加载到该窗口,可以指定窗口是否可以调整大小。参数为 cv2.WINDOW_AUTOSIZE(默认),则窗口会自动适应图片的尺寸,参数为 cv2.WINDOW_ALL,可以调整窗口的大小。

第四行代码 cv2.imshow()创建一个窗口显示图片。第一个参数表示窗口名字,可以创建多个窗口,但是每个窗口不能重名;第二个参数是要显示的图像(imread 读入的图像)。

第五行代码 cv2.waitKey()是键盘绑定函数,参数表示等待毫秒数。检测键盘是否有输入,返回值为 ASCII 值。如果参数为 0,则表示无限期地等待键盘输入。

注意:cv2.imshow()函数后必须有 cv2.waitKey()函数,否则 cv2.imshow()函数将不起作用。

cv2.destroyAllWindows():关闭建立的全部窗口。

cv2.destroyWindows():关闭指定的窗口。

2. 人脸识别分类器

在安装路径(如 C:\Users\xmj\AppData\Local\Programs\Python\Python37\Lib\site-packages\cv2\data)中可以找到人脸识别分类器 XML 文件(如图 16-1 所示),开发时需要复制到自己程序中,其作用主要是实现对人脸识别的功能。

这里简单列出这些识别分类器的作用,在程序开发中需要使用这些分类器文件。

- 人脸识别分类器(默认):haarcascade_frontalface_default.xml。
- 人脸识别分类器(快速 Harr):haarcascade_frontalface_alt2.xml。
- 人脸识别分类器(侧视):haarcascade_profileface.xml。
- 眼部识别分类器(左眼):haarcascade_lefteye_2splits.xml。
- 眼部识别分类器(右眼):haarcascade_righteye_2splits.xml。
- 眼部识别分类器:haarcascade_eye.xml。
- 嘴部识别分类器:haarcascade_mcs_mouth.xml。

第16章 人工智能实战——基于OpenCV实现人脸识别

名称	日期	类型	大小
__pycache__	2019/10/4 23:00	文件夹	
__init__.py	2019/10/4 23:00	Python File	1 KB
haarcascade_eye.xml	2019/10/4 23:00	XML 文件	334 KB
haarcascade_eye_tree_eyeglasses.xml	2019/10/4 23:00	XML 文件	588 KB
haarcascade_frontalcatface.xml	2019/10/4 23:00	XML 文件	402 KB
haarcascade_frontalcatface_extended...	2019/10/4 23:00	XML 文件	374 KB
haarcascade_frontalface_alt.xml	2019/10/4 23:00	XML 文件	661 KB
haarcascade_frontalface_alt_tree.xml	2019/10/4 23:00	XML 文件	2,627 KB
haarcascade_frontalface_alt2.xml	2019/10/4 23:00	XML 文件	528 KB
haarcascade_frontalface_default.xml	2019/10/4 23:00	XML 文件	909 KB
haarcascade_fullbody.xml	2019/10/4 23:00	XML 文件	466 KB
haarcascade_lefteye_2splits.xml	2019/10/4 23:00	XML 文件	191 KB
haarcascade_licence_plate_rus_16sta...	2019/10/4 23:00	XML 文件	47 KB
haarcascade_lowerbody.xml	2019/10/4 23:00	XML 文件	387 KB
haarcascade_profileface.xml	2019/10/4 23:00	XML 文件	810 KB
haarcascade_righteye_2splits.xml	2019/10/4 23:00	XML 文件	192 KB
haarcascade_russian_plate_number.xml	2019/10/4 23:00	XML 文件	74 KB
haarcascade_smile.xml	2019/10/4 23:00	XML 文件	185 KB
haarcascade_upperbody.xml	2019/10/4 23:00	XML 文件	768 KB

图 16-1　人脸识别分类器

- 鼻子识别分类器：haarcascade_mcs_nose.xml。
- 身体识别分类器：haarcascade_fullbody.xml。
- 人脸识别分类器（快速 LBP）：lbpcascade_frontalface.xml。

16.3.2　OpenCV 变换操作

1. 翻转图片

使用函数 cv2.flip(img,flipcode)翻转图像，flipcode 参数控制翻转效果。flipcode＝0：沿 x 轴翻转；flipcode＞0：沿 y 轴翻转；flipcode＜0：x,y 轴同时翻转。例如：

```
imgflip = cv2.flip(img,1)              #沿 y 轴翻转图片
```

2. 复制图片

```
imgcopy = img.copy()
```

3. 颜色空间转换

Matplotlib 中图像通道为 RGB，而 OpenCV 中图像通道为 BGR。因此进行显示的时候，要注意交换通道的顺序。

彩色图像转为灰度图像：

```
img2 = cv2.cvtColor(img,cv2.COLOR_RGB2GRAY)
```

灰度图像转为彩色图像：

```
img3 = cv2.cvtColor(img,cv2.COLOR_GRAY2RGB)
```

4. 裁剪和缩放图片

裁剪出自己感兴趣的部分 ROI(region of interest),需要用到 NumPy 的切片功能,因为 OpenCV 中图像是用 numpy.ndarray 存储的。

可以先通过 image.shape 查看行列数:

```
print(image.shape)
```

例如,返回(708,1000,4)分别表示图片的高、宽和通道数。

对图片的裁剪其实就是切片,例如:

```
# 得到区域高 100~800,步长为 2,宽 200~600,步长为 1, 通道 0
image2 = image[100:800:2, 20:600:1, 0]
# 得到原图,通道 2
image3 = image[:, :, 2]
```

缩放使用 im.resize()实现。例如:

```
import cv2
img = cv2.imread('dog.jpg')
# 缩小为 200×200 的正方形
img_200x200 = cv2.resize(img,(200,200))
# 不直接指定缩放后的大小,通过 fx 和 fy 指定缩放比例,0.5 表示长宽各一半
# 插值方法默认为 cv2.INTER_LINEAR,这里指定为最近邻插值
img_half = cv2.resize(img,(0,0),fx=0.5,fy=0.5,interpolation=cv2.INTER_NEAREST)
# 上下各贴 50 像素的黑边
img_add = cv2.copyMakeBorder(img,50,50,0,0,cv2.BORDER_CONSTANT,value=(0,0,0))
# 裁剪
patch_img = img[20:150, -180:-50]
cv2.imshow("image",img_200x200)
cv2.imshow("img_half",img_half)
cv2.imshow("img_add",img_add)
cv2.imshow("patch_img",patch_img)
cv2.waitKey(0)
```

16.3.3 检测人脸

人脸检测技术主要涉及 Haar 特征、积分图和 Haar 级联三大类。

Haar 特征分为四类:边缘特征、线性特征、中心特征和对角线特征,将这些特征组合成特征模板。计算 Haar 的特征值需要计算图像中封闭矩形区域的像素值之和,在不断改变模板大小和位置的情况下,需要计算大量的多重尺度区域,这可能会遍历每个矩形的每个像素值且同一个像素如果被包含在不同的矩形中会被重复遍历多次,这就导致了大量的计算和高复杂度,因此提出积分图的概念。Harr 级联是一个基于 Haar 特征的级联分类器,级联

第16章 人工智能实战——基于OpenCV实现人脸识别

分类器是什么？它是一个把弱分类器串联成强分类器的过程。弱分类器和强分类器分别是什么？弱分类器是性能受限的分类器，它们没法正确地区分所有事物。强分类器可以正确地对数据进行分类。

建立一个实时系统需要保证分类器运行良好并且足够简单。需要考虑到的是简单分类器不够精确，若试图更精确就会变成计算密集型且运行速度慢。精确度和速度的取舍在机器学习中相当常见。所以串联一群弱分类器形成一个统一的强分类器可以解决这个问题。弱分类器不需要太精确，串联起来形成的强分类器具有高精确度。

如何获取 Haar 级联数据，OpenCV 提供人脸识别分类器的 XML 文件（见图 16-1），该文件中描述人体各个部位的 Haar 特征值，包括人脸、眼睛、嘴唇等。这些文件可用于检测静态图片、视频和摄像头所得到的图像中的人脸。注意这些人脸级联数据文件需要的是正面的人脸图像。

在静态图像或视频中检测人脸的操作是非常相似的，视频人脸检测只是从摄像头读取每帧图像，然后应用静态图像中的人脸检测方法进行检测。当然，视频人脸检测还涉及其他的概念，例如跟踪，而静态图像中的人脸检测就没有这样的概念，但它们的基本理论是一致的。

1. 在静态图像中检测人脸

首先是加载图像，其次是检测人脸，检测到人脸后在人脸周围绘制矩形框。实例如下：

```python
import cv2 as cv
import numpy as np
# 检测人脸和眼睛
pathj = r"C:\Snap3.JPG"
mypath = r'C:\Python\Python37\Lib\site-packages\cv2\data'
pathf = mypath + '\\haarcascade_frontalface_default.xml'    # 人脸识别分类器(默认)
pathe = mypath + '\\haarcascade_eye.xml'                    # 眼部识别分类器
# 创建一个级联分类器，加载 XML 文件，它是 Haar 特征的分类器
face_cascade = cv.CascadeClassifier(pathf)
eye_cascade = cv.CascadeClassifier(pathe)
img = cv.imread(pathj)                                       # 读取 pho.jpg 图像
# 将测试图像转换为灰度图像，因为 OpenCV 人脸检测器需要灰度图像
gray = cv.cvtColor(img, cv.COLOR_BGR2GRAY)
# 检测图像，返回值是一张脸部区域信息的列表(x,y,宽,高)
faces = face_cascade.detectMultiScale(gray, 1.1, 3)
# print(faces)
for (x, y, w, h) in faces:
    cv.rectangle(img, (x, y), (x + w, y + h), (255, 0, 0), 2)    # 画矩形框选脸部区域
    face_re = img[y:y + h, x:x + h]
    face_re_g = gray[y:y + h, x:x + h]
    eyes = eye_cascade.detectMultiScale(face_re_g)
    # 眼部区域
    for (ex, ey, ew, eh) in eyes:
        cv.rectangle(face_re, (ex, ey), (ex + ew, ey + eh), (0, 255, 0), 2)  # 画矩形框选眼部区域

cv.imshow('img', img)
```

```
cv.waitKey(0)
cv.destroyAllWindows()
```

程序运行效果如图 16-2 所示，它能够识别出脸部区域和眼部区域。短短几行代码就能检测人脸，是不是很神奇？

程序中 detectMultiScale( )函数进行多个人脸检测，其中的参数如下。

- img：传入图像。
- scaleFactor：表示前后两次相继的扫描中，搜索窗口的比例系数。默认为 1.1，即每次搜索窗口扩大 10%。
- minNegihbors：表示构成每个人脸矩形保留相邻矩形的最小个数（默认为三个）。

其输出为一个 vector 矩阵，保存各个人脸的坐标和大小，需要注意的是，传入的图像必须为灰度图像，因为级联分类器检测需要接收灰度图像。

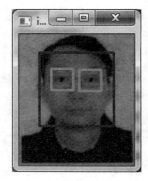

图 16-2　人脸检测识别

2. 在视频中检测人脸

在视频帧上重复上面的检测过程就能完成视频中的人脸检测。检测过程如下：打开摄像头或视频文件，读取帧，检测人脸，扫描检测到的人脸及眼睛，然后绘制矩形框。

```
import cv2
def Video_detected():                                    #从视频中进行人脸检测
    face_cascade = cv2.CascadeClassifier('haarcascade_frontalface_default.xml')
    eye_cascade = cv2.CascadeClassifier('haarcascade_eye.xml')
    camera = cv2.VideoCapture(0)                         #打开摄像头
    while(True):
        ret, frame = camera.read()                       #读取一帧图像 ret
        gray = cv2.cvtColor(frame, cv2.COLOR_BGR2GRAY)   #将测试图像转换为灰度图像
        faces = face_cascade.detectMultiScale(gray, 1.3, 5)  #人脸检测
        for (x,y,w,h) in faces:
            img = cv2.rectangle(frame, (x,y), (x+w,y+h), (255,0,0), 2)  #画矩形框选
                                                                         #脸部区域
            roi_gray = gray[y:y+h, x:x+w]
            eyes = eye_cascade.detectMultiScale(roi_gray, 1.03, 5, 0, (40, 40))
            for (ex,ey,ew,eh) in eyes:
                #画矩形框选眼部区域
                cv2.rectangle(img, (x+ex,y+ey), (x+ex+ew,y+ey+eh), (0,255,0), 2)
        cv2.imshow('camera', frame)
        if cv2.waitKey(10) & 0xff == ord("q"):
            break
    camera.release()
    cv2.destroyAllWindows()
if __name__ == "__main__":
    Video_detected()
```

3. 识别人脸

人脸检测是人脸识别的基础。人脸识别就是利用程序识别出图像中的人脸是谁的脸。实现方法之一就是利用一系列分好类的图像（人脸数据库）来训练程序，并基于这些图像进行识别。这就是 OpenCV 人脸识别的过程。

```
#调用 prepare_training_data()函数返回人脸和对应标签的列表
faces, labels = prepare_training_data("training_data")
#创建 LBPH 识别器并开始训练，当然也可以选择 Eigen 或者 Fisher 识别器
face_recognizer = cv2.face.LBPHFaceRecognizer_create()
face_recognizer.train(faces, np.array(labels))      #利用一系列分好类的图像训练
face, rect = detect_face(img)
#预测识别人脸
label = face_recognizer.predict(face)               #识别谁的脸
```

16.4 程序设计的步骤

16.4.1 检测人脸

检测人脸应该是程序最基本的功能。给出一张图片要先检测出人脸的区域，然后才能进行操作，OpenCV 已经内置了很多分类检测器，这里用 Haar 人脸识别分类器。

```
import cv2
import os
import numpy as np
def detect_face(img):
    #将测试图像转换为灰度图像,因为 OpenCV 人脸检测器需要灰度图像
    gray = cv2.cvtColor(img, cv2.COLOR_BGR2GRAY)
    #加载 OpenCV 人脸识别分类器 Haar
    face_cascade = cv2.CascadeClassifier('haarcascade_frontalface_default.xml')
    #检测多尺度图像,返回值是一张脸部区域信息的列表(x,y,宽,高)
    faces = face_cascade.detectMultiScale(gray, scaleFactor=1.2, minNeighbors=5)
    #如果未检测到面部,则返回原始图像
    if (len(faces) == 0):
        return None, None
    #目前假设只有一张脸,xy 为左上角坐标,wh 为矩形的宽高
    (x, y, w, h) = faces[0]
    #返回图像的正面部分
    return gray[y:y + w, x:x + h], faces[0]
```

16.4.2 获取人脸检测信息和对应标签

有检测人脸的功能后，就可以对事先准备的 training_data 训练数据集（文件夹）中图片数据进行预训练，返回所有训练图片的人脸检测信息和对应标签。也就是获取每张图片的人脸信息及谁的人脸这样的标签。

```python
def prepare_training_data(data_folder_path):
    # 获取数据文件夹中的子文件夹(每个人即主题对应一个子文件夹)
    dirs = os.listdir(data_folder_path)
    # 两个列表分别保存所有的脸部和标签
    faces = []
    labels = []
    # 浏览每个子文件夹并访问其中的图像
    for dir_name in dirs:
        # dir_name(str 类型)即标签
        label = int(dir_name)
        # 建立包含当前图像的目录路径
        subject_dir_path = data_folder_path + "/" + dir_name
        # 获取给定主题目录内的图像文件名
        subject_images_names = os.listdir(subject_dir_path)
        # 浏览每张图片并检测脸部,然后将脸部信息添加到脸部列表 faces[]
        for image_name in subject_images_names:
            # 建立图像路径
            image_path = subject_dir_path + "/" + image_name
            # 读取图像
            image = cv2.imread(image_path)
            # 显示图像 0.1s
            cv2.imshow("Training on image…", image)
            cv2.waitKey(100)
            # 检测脸部
            face, rect = detect_face(image)
            if face is not None:
                # 将脸添加到脸部列表并添加相应的标签
                faces.append(face)
                labels.append(label)
    cv2.waitKey(1)
    cv2.destroyAllWindows()
    # 最终返回值为人脸和对应标签的列表
    return faces, labels
```

该函数将读取所有的训练图像,从每个图像检测人脸并将返回两个相同大小的列表,分别为脸部信息和对应标签。

16.4.3 识别器训练

有了脸部信息和对应标签后,就可以使用 OpenCV 自带的识别器来进行训练。

```python
# 调用 prepare_training_data()函数返回人脸和对应标签的列表
faces, labels = prepare_training_data("training_data")
# 创建 LBPH 识别器并开始训练,当然也可以选择 Eigen 或者 Fisher 识别器
face_recognizer = cv2.face.LBPHFaceRecognizer_create()
face_recognizer.train(faces, np.array(labels))
```

16.4.4 识别人脸

训练完毕后就可以进行人脸预测了,可以设定一下预测的格式,包括用矩形框框出人脸并标出其名字,当然最后别忘了建立标签与真实姓名映射表。

```python
#建立标签与人名的映射列表(标签只能为整数)
subjects = ["zhaoliying", "liudehua"]
#此函数识别传递的图像中的人物并在检测到的脸部周围绘制一个矩形及其名称
def predict(test_img):
    #生成图像的副本,这样就能保留原始图像
    img = test_img.copy()
    #检测人脸
    face, rect = detect_face(img)
    #预测人脸,label 包含两项(1, 74.89582987641228),第一项为标签,第二项为系数,后者与具
    #体的识别算法有关,所以做标签值映射的时候用的是 label[0]
    label = face_recognizer.predict(face)
    #获取由人脸识别器返回的相应标签的名称
    label_text = subjects[label[0]]
    draw_rectangle(img, rect)       #在检测到的脸部周围画一个矩形
    draw_text(img, label_text, rect[0], rect[1] - 5)    #标出预测的名字
    #返回预测的图像
    return img

#根据给定的(x,y)坐标和宽度高度在图像上绘制矩形
def draw_rectangle(img, rect):
    (x, y, w, h) = rect
    cv2.rectangle(img, (x, y), (x + w, y + h), (128, 128, 0), 2)
#根据给定的(x,y)坐标标识出人名
def draw_text(img, text, x, y):
    cv2.putText(img, text, (x, y), cv2.FONT_HERSHEY_COMPLEX, 1, (128, 128, 0), 2)
```

最后,使用 test_data 中的图片进行预测并显示最终效果。

```python
#加载测试图像
test_img1 = cv2.imread("test_data/test1.jpg")
test_img2 = cv2.imread("test_data/test2.jpg")
#执行识别人脸预测
predicted_img1, pre_label_text1 = predict(test_img1)
predicted_img2, pre_label_text2 = predict(test_img2)
#显示两个识别后图像
cv2.imshow(pre_label_text1 + '1', predicted_img1)
cv2.imshow(pre_label_text2 + '2', predicted_img2)
cv2.waitKey(0)
cv2.destroyAllWindows()
```

程序最终识别的结果是在被测试的图像上框出人脸部分,同时显示出人名标签。
最后附上完整代码。

```python
import cv2
import os
import numpy as np
# 检测人脸
def detect_face(img):
    # 将测试图像转换为灰度图像,因为 OpenCV 人脸检测器需要灰度图像
    gray = cv2.cvtColor(img, cv2.COLOR_BGR2GRAY)
    # 加载 OpenCV 人脸识别分类器 Haar
    mypath = r'C:\Python\Python37\Lib\site-packages\cv2\data'
    face_cascade = cv2.CascadeClassifier(mypath + '/haarcascade_frontalface_default.xml')
    # 检测多尺度图像,返回值是一张脸部区域信息的列表(x,y,宽,高)
    faces = face_cascade.detectMultiScale(gray, scaleFactor = 1.2, minNeighbors = 5)
    # 如果未检测到面部,则返回原始图像
    if (len(faces) == 0):
        return None, None
    # 目前假设只有一张脸,xy 为左上角坐标,wh 为矩形的宽高
    (x, y, w, h) = faces[0]
    # 返回图像的正面部分
    return gray[y:y + w, x:x + h], faces[0]
def prepare_training_data(data_folder_path):
    # 获取数据文件夹中的子文件夹(每个人即主题对应一个子文件夹)
    dirs = os.listdir(data_folder_path)
    # 两个列表分别保存所有的脸部和标签
    faces = []
    labels = []
    # 浏览每个子文件夹并访问其中的图像
    for dir_name in dirs:
        # dir_name(str 类型)即标签
        label = int(dir_name)
        # 建立包含当前图像的目录路径
        subject_dir_path = data_folder_path + "/" + dir_name
        # 获取给定主题目录内的图像文件名
        subject_images_names = os.listdir(subject_dir_path)
        # 浏览每张图片并检测脸部,然后将脸部信息添加到脸部列表 faces[]
        for image_name in subject_images_names:
            # 建立图像路径
            image_path = subject_dir_path + "/" + image_name
            # 读取图像
            image = cv2.imread(image_path)
            # 显示图像 0.1s
            cv2.imshow("Training on image…", image)
            cv2.waitKey(100)
            # 检测脸部
            face, rect = detect_face(image)
            if face is not None:
                # 将脸添加到脸部列表并添加相应的标签
                faces.append(face)
                labels.append(label)
    cv2.waitKey(1)
```

```python
        cv2.destroyAllWindows()
    # 最终返回值为人脸和对应标签的列表
    return faces, labels

# 调用 prepare_training_data()函数
faces, labels = prepare_training_data("training_data")

# 创建 LBPH 识别器并开始训练,当然也可以选择 Eigen 或者 Fisher 识别器
face_recognizer = cv2.face.LBPHFaceRecognizer_create()
# cv2.face.FisherFaceRecognizer_create()
# cv2.face.LBPHFaceRecognizer_create()
# cv2.face.in_create()
face_recognizer.train(faces, np.array(labels))

# 根据给定的(x,y)坐标和宽度高度在图像上绘制矩形
def draw_rectangle(img, rect):
    (x, y, w, h) = rect
    cv2.rectangle(img, (x, y), (x + w, y + h), (128, 128, 0), 2)
# 根据给定的(x,y)坐标标识出人名
def draw_text(img, text, x, y):
    cv2.putText(img, text, (x, y), cv2.FONT_HERSHEY_COMPLEX, 1, (128, 128, 0), 2)

# 建立标签与人名的映射列表(标签只能为整数)
subjects = ["zhaoliying", "liudehua"]
# 此函数识别传递的图像中的人物并在检测到的脸部周围绘制一个矩形及其名称
def predict(test_img):
    # 生成图像的副本,这样就能保留原始图像
    img = test_img.copy()
    # 检测人脸
    face, rect = detect_face(img)
    # 预测人脸
    label = face_recognizer.predict(face)
    # 获取由人脸识别器返回的相应标签的名称
    label_text = subjects[label[0]]
    # 在检测到的脸部周围画一个矩形
    draw_rectangle(img, rect)
    # 标出预测的名字
    draw_text(img, label_text, rect[0], rect[1] - 5)
    # 返回预测的图像
    return img, label_text
# 加载测试图像
test_img1 = cv2.imread("test_data/test1.jpg")
test_img2 = cv2.imread("test_data/test2.jpg")
# 执行识别人脸预测
predicted_img1, pre_label_text1 = predict(test_img1)
predicted_img2, pre_label_text2 = predict(test_img2)

# 显示两个识别后图像
cv2.imshow(pre_label_text1 + '1', predicted_img1)
```

```
cv2.imshow(pre_label_text2 + '2', predicted_img2)
cv2.waitKey(0)
cv2.destroyAllWindows()
```

掌握人脸识别技术,如何将本程序改造成基于人脸识别的员工考勤,这个问题留给读者去思考。

游戏开发
提高篇

第17章　Pygame游戏编程——Flappy Bird游戏

第17章

Pygame游戏编程——Flappy Bird游戏

Pygame 最初由 Pete Shinners 开发,它是一个跨平台的 Python 模块,专为电子游戏设计,包含图像、声音功能和网络支持,这些功能使开发者很容易用 Python 写一个游戏。虽然不使用 Pygame 也可以写一个游戏,但如果能充分利用 Pygame 库中已经写好的代码,开发要容易得多。Pygame 能把游戏设计者从低级语言(例如 C 语言)的束缚中解放出来,专注于游戏逻辑本身。

由于 Pygame 很容易使用且跨平台,所以在游戏开发中十分受欢迎。因为 Pygame 是开放源代码的软件,也促使一大批游戏开发者为完善和增强它的功能而努力。

Flappy Bird(又称笨鸟先飞)是一款来自 iOS 平台的小游戏,本章采用 Pygame 设计电脑版 FlappyBird 游戏,玩家只需要用空格键或鼠标来操控,控制小鸟的飞行高度和降落速度,让小鸟顺利地通过画面中的管道,如果不小心碰到了管道,游戏便宣告结束。单击屏幕或按空格键,小鸟就会往上飞;不断地单击或按键就会不断地往高处飞。松开鼠标或释放按键则会快速下降。游戏的得分是,小鸟安全穿过一个管道且不撞上就是 1 分。当然撞上就直接游戏结束。

游戏运行初始界面和游戏结束界面如图 17-1 所示。

(a) 初始界面　　　　　　　　　　　　(b) 游戏结束界面

图 17-1　Flappy Bird 游戏运行初始和游戏结束界面

读者扫描二维码，可以浏览游戏的详细设计文档和视频讲解。

视频讲解 1　　　视频讲解 2　　　　文档

参 考 文 献

[1] 刘浪. Python 基础教程[M]. 北京：人民邮电出版社，2015.
[2] 郭炜. Python 程序设计基础及实践[M]. 北京：人民邮电出版社，2021.
[3] 菜鸟教程. Python 3 教程[EB/OL]. http://www.runoob.com/python3.
[4] 廖雪峰. Python 教程[EB/OL]. http://www.liaoxuefeng.com/.
[5] 雷明. 机器学习原理、算法与应用[M]. 北京：清华大学出版社，2019.
[6] 郑秋生，夏敏捷. Java 游戏编程开发教程[M]. 北京：清华大学出版社，2016.

图书资源支持

感谢您一直以来对清华版图书的支持和爱护。为了配合本书的使用,本书提供配套的资源,有需求的读者请扫描下方的"书圈"微信公众号二维码,在图书专区下载,也可以拨打电话或发送电子邮件咨询。

如果您在使用本书的过程中遇到了什么问题,或者有相关图书出版计划,也请您发邮件告诉我们,以便我们更好地为您服务。

我们的联系方式:

地　　址:北京市海淀区双清路学研大厦A座714

邮　　编:100084

电　　话:010-83470236　010-83470237

客服邮箱:2301891038@qq.com

QQ:2301891038(请写明您的单位和姓名)

资源下载:关注公众号"书圈"下载配套资源。

资源下载、样书申请

书　圈

图书案例

清华计算机学堂

观看课程直播